虚拟现实辅助装配
人机功效实时评价

姚寿文　庄金钊　唐正华　著

科学出版社

北京

内 容 简 介

装配是产品设计的核心,对产品的生产效率、性能和成本有着重要的影响。可装配性是产品的一种固有特性,是产品设计的核心。本书从可装配性概念出发,介绍其影响因素及评价方法,梳理虚拟现实辅助可装配性设计的关键技术——虚拟现实辅助装配技术、人体运动捕捉技术和人机功效评价。针对产品装配中的手工装配,本书详细介绍虚拟现实辅助动态装配方法、无标记人体运动捕捉系统设计和多台Kinect 人体骨骼数据融合与实验验证,虚拟环境多视角融合模型建模方法和基于全身运动捕捉数据的快速上肢评估实时评价方法。本书分别针对相关技术,开发相关软件进行验证。

本书可供机械工程技术人员参考,也可作为相关院校相关专业师生的参考书。

图书在版编目(CIP)数据

虚拟现实辅助装配人机功效实时评价 / 姚寿文,庄金钊,唐正华著.
—北京:科学出版社,2022.10
ISBN 978-7-03-073113-5

Ⅰ. ①虚… Ⅱ. ①姚… ②庄… ③唐… Ⅲ. ①虚拟现实-应用-工业产品-人-机系统 Ⅳ. ①TB472-39

中国版本图书馆 CIP 数据核字(2022)第 166085 号

责任编辑:孙伯元 / 责任校对:崔向琳
责任印制:吴兆东 / 封面设计:蓝正设计

科 学 出 版 社 出版
北京东黄城根北街 16 号
邮政编码:100717
http://www.sciencep.com
北京中石油彩色印刷有限责任公司 印刷
科学出版社发行 各地新华书店经销
*
2022 年 10 月第 一 版 开本:720×1000 B5
2024 年 1 月第二次印刷 印张:15 1/4
字数:292 000
定价:128.00 元
(如有印装质量问题,我社负责调换)

前　言

1962 年，美国专业电影摄影师 Morton Heilig 公开了一项名为"Sensorama Simulator"的发明，这是世界上第一台虚拟现实视频设备。2014 年，虚拟现实公司 Oculus 被互联网巨头 Facebook 以 20 亿美元收购。计算机技术的飞速发展，特别是中央处理器(central processing unit，CPU)、显卡和图形处理单元(graphics processing unit，GPU)的巨大发展，为全球虚拟现实的开发提供了坚实的硬件支持。

虚拟现实能够提供多样的感官体验，以及人与虚拟环境丰富的交互功能，具备无穷的潜力，已经在多个领域(如医疗、教育、娱乐等)获得了巨大的应用。然而，基于虚拟现实技术解决工程设计(如交互图形设计(替代计算机辅助设计)、结构静态性能(刚度、强度)、动态性能(模态、频率)及动力学性能等的仿真(替代计算机辅助工程))还有很长一段路要走。本质上，虚拟现实环境下的仿真都是基于物理模型的仿真，然而物理模型的基础，如接触力、碰撞力等理论还需要进一步完善，才能满足虚拟现实复杂的物理模型仿真需要。

依托国家自然科学基金面上项目(51375043，51975051)的支持，在虚拟现实领域深耕多年的基础上，本书以结构可装配性为重点，从面向装配设计出发，全面介绍可装配性概念及评价方法，以虚拟现实辅助装配技术、人体运动捕捉技术和人机功效评价作为出发点，系统介绍虚拟现实辅助动态装配、多传感器融合的无标记人体运动捕捉技术和多视角融合与评价，为虚拟现实辅助的可装配性设计提供关键技术解决方案。

虚拟现实技术必将成为未来解决工程问题不可或缺的手段，也是数字孪生和元宇宙的有效载体。这一天的到来，是所有科研人的共同心愿。

感谢国家自然科学基金的资助，感谢团队王瑀博士、林博硕士、黄德智硕士、张清华硕士、常富祥硕士、胡子然硕士、栗丽辉硕士、孔若思硕士和兰泽令硕士等的努力。最后，感谢我的家庭对本书出版的支持、鼓励和付出。

由于作者水平有限，书中不足之处在所难免，请读者指正。

目　　录

前言
第1章　虚拟现实辅助可装配性关键技术 ……………………………………… 1
　1.1　可装配性概念及评价方法 ………………………………………………… 1
　　1.1.1　可装配性影响因素 …………………………………………………… 2
　　1.1.2　可装配性评价方法 …………………………………………………… 4
　1.2　虚拟现实辅助装配技术 …………………………………………………… 6
　　1.2.1　虚拟装配技术 ………………………………………………………… 7
　　1.2.2　装配约束建模技术 …………………………………………………… 11
　1.3　人体运动捕捉技术 ………………………………………………………… 12
　　1.3.1　人体运动捕捉系统 …………………………………………………… 12
　　1.3.2　多台 Kinect 数据融合技术 ………………………………………… 14
　1.4　人机功效评价 ……………………………………………………………… 18
　　1.4.1　基于传统的人机功效评价方法 ……………………………………… 19
　　1.4.2　基于人体捕捉的人机功效评价方法 ………………………………… 19
　1.5　本书结构 …………………………………………………………………… 20
　参考文献 ………………………………………………………………………… 21
第2章　虚拟现实辅助动态装配方法 …………………………………………… 30
　2.1　动态装配零件建模方法 …………………………………………………… 31
　　2.1.1　动态装配的定义 ……………………………………………………… 31
　　2.1.2　动态装配的零件信息 ………………………………………………… 33
　2.2　面向装配过程的多层级动态约束装配方法 ……………………………… 36
　　2.2.1　现有约束求解方法及其特点 ………………………………………… 36
　　2.2.2　装配约束的定义和求解方法 ………………………………………… 38
　　2.2.3　单一及多约束下动态装配的约束识别和约束管理逻辑 …………… 48
　2.3　基于动态装配理论的装配实例 …………………………………………… 52
　　2.3.1　传动装置中某传动轴系的实际装配 ………………………………… 52
　　2.3.2　虚拟环境中传动轴系的动态装配仿真 ……………………………… 55
　　2.3.3　虚拟装配平台装配指导功能验证 …………………………………… 59
　2.4　本章小结 …………………………………………………………………… 61

参考文献 ·· 62

第3章　无标记人体运动捕捉系统设计 ································· 63
　3.1　一台 Kinect 人体运动捕捉存在的问题 ····················· 63
　　3.1.1　Kinect 原理与性能 ····································· 63
　　3.1.2　Kinect 问题原因分析 ··································· 65
　3.2　系统构成及关键硬件 ··································· 66
　　3.2.1　OptiTrack 运动捕捉系统 ····························· 66
　　3.2.2　头戴式显示系统 ······································· 68
　3.3　N-Kinect 系统布局研究 ································· 69
　　3.3.1　N-Kinect 布局设计 ··································· 69
　　3.3.2　N-Kinect 系统硬件配置 ······························ 72
　3.4　Kinect 数据采集及预处理 ····························· 74
　　3.4.1　一台 Kinect 的人体骨骼数据采集 ···················· 74
　　3.4.2　客户端数据预处理与可视化 ························· 76
　　3.4.3　系统开发工具与环境 ································· 78
　3.5　基于 ICP 的运动捕捉系统坐标标定与转换 ··············· 79
　　3.5.1　相机常用坐标标定方法与不足 ······················ 79
　　3.5.2　改进的 ICP 方法 ···································· 80
　　3.5.3　无标记运动捕捉系统空间标定 ······················ 83
　3.6　面部朝向的定义与更新 ································· 87
　　3.6.1　面部朝向与左右互换 ································· 87
　　3.6.2　面部朝向的初始化 ··································· 89
　　3.6.3　Holt 双参数滤波平滑面部朝向 ······················ 89
　3.7　标定修正及误差分析 ··································· 91
　　3.7.1　标定修正方法 ······································· 91
　　3.7.2　标定结果及误差分析 ································· 92
　3.8　本章小结 ··· 94
　参考文献 ·· 95

第4章　多台 Kinect 人体骨骼数据融合与实验验证 ··············· 97
　4.1　数据层骨骼数据预处理 ································· 98
　　4.1.1　Kinect SDK 捕捉状态 ································· 98
　　4.1.2　基于预测模型的置信度判断 ························· 98
　　4.1.3　用户与视场相对位置置信度 ························ 102
　4.2　系统层骨骼数据预处理 ································ 105
　　4.2.1　人体整体骨架置信度 ································ 105

4.2.2　方向角权重模型 ·· 105

4.3　基于粒子滤波的多传感器数据融合 ····································· 109

4.4　骨骼数据融合精度实验验证 ··· 113

　　4.4.1　典型动作及融合验证实验 ·· 113

　　4.4.2　典型运动数据融合精度分析 ······································ 114

4.5　无标记运动捕捉系统性能验证与应用 ··································· 117

　　4.5.1　面部朝向平滑与调整实验 ·· 117

　　4.5.2　虚拟环境中传动装置装配及系统性能 ······························ 118

　　4.5.3　面向装配的装配舒适性分析 ······································ 125

4.6　本章小结 ·· 128

参考文献 ·· 129

第5章　虚拟环境多视角融合模型建模方法 ·································· 130

5.1　1PP 和 3PP 研究现状 ·· 130

　　5.1.1　1PP 与 3PP 的特点 ·· 130

　　5.1.2　3PP 的种类 ·· 132

　　5.1.3　多视角的呈现方式 ·· 134

5.2　虚拟现实中主辅视角配置模式 ··· 137

　　5.2.1　1PP 建模方法 ·· 137

　　5.2.2　3PP 建模方法 ·· 138

　　5.2.3　主辅视角配置模式 ·· 139

5.3　虚拟现实中辅助视角融合方法 ··· 141

5.4　多视角融合模型建模 ··· 143

5.5　多视角融合方法用户调查实验 ··· 145

　　5.5.1　实验设计 ·· 146

　　5.5.2　用户调查实验指标与步骤 ·· 149

5.6　实验结果的客观测量指标分析 ··· 152

　　5.6.1　客观数据分析方法 ·· 152

　　5.6.2　穿墙时间 ·· 154

　　5.6.3　操作时间 ·· 155

　　5.6.4　碰撞时间比率 ·· 157

5.7　实验结果的主观测量指标分析 ··· 159

　　5.7.1　主观数据分析方法 ·· 159

　　5.7.2　直观性 Q1、Q2 和 Q3 ·· 161

　　5.7.3　碰撞感知 Q4、Q5 ··· 164

　　5.7.4　认知负荷 Q6、Q7 ··· 167

　　5.7.5　系统可用性 ·· 170

　　5.7.6　主观偏向性(排名) ·· 172

5.8　各观察方式间差异的定性分析 ····································· 174

　　5.8.1　$\overline{1PP\text{-}None}$ 与 $\overline{3PP\text{-}None}$ 的比较 ·························· 174

　　5.8.2　辅助视角的融合方法 ······································· 175

　　5.8.3　辅助视角的影响 ··· 176

5.9　实验结果讨论 ··· 177

　　5.9.1　辅助视角的影响 ··· 177

　　5.9.2　辅助视角的融合方法 ······································· 178

　　5.9.3　主辅视角的配置模式 ······································· 178

5.10　多视角融合模型的设计方法 ······································ 179

5.11　本章小结 ·· 184

参考文献 ··· 185

第6章　基于全身运动捕捉数据的 RULA 实时评价方法 ················ 188

6.1　RULA 实时评价方法的计算依据和流程 ························· 188

　　6.1.1　计算依据 ··· 188

　　6.1.2　计算流程 ··· 189

6.2　RULA 实时评价模型 ·· 191

　　6.2.1　RULA 实时评价模型的输入数据 ························· 191

　　6.2.2　矢状面计算 ··· 192

　　6.2.3　人体各部位姿势主分值计算 ······························· 195

　　6.2.4　人体各部位姿势修正分值计算 ····························· 200

　　6.2.5　RULA 分值计算方法 ······································ 206

6.3　RULA 实时评价验证 ·· 207

6.4　可装配性评价中的人机功效影响因子模型 ······················· 211

6.5　虚拟环境中考虑人机功效的可装配性评价实验 ··················· 212

　　6.5.1　某传动装置中前传动实际装配案例分析 ···················· 212

　　6.5.2　实验场景搭建与实验步骤 ·································· 212

　　6.5.3　实验的软硬件设备 ··· 213

6.6　可装配性评价实验 ·· 214

　　6.6.1　前传动箱装配实验过程 ···································· 214

　　6.6.2　前传动箱装配 RULA 评价结果 ··························· 216

6.7　考虑人机功效评价的可装配性评价结果分析 ····················· 220

6.8　本章小结 ··· 221

参考文献 ··· 222

附录 ··· 224
  附录 1　基本信息统计问卷 ··· 224
  附录 2　实验参数调查问卷 ··· 224
  附录 3　系统可用性量表调查问卷 ·· 225
  附录 4　实验后调查问卷 ·· 227
  附录 5　问卷星中一三视角融合实验调查问卷示例 ························ 228
  附录 6　RULA 评分标准 ·· 229

第1章 虚拟现实辅助可装配性关键技术

从 18 世纪 60 年代第一次工业革命开始，工业生产至今已经过了两百多年的发展，从最开始的家庭小作坊生产，到后来大规模流水线生产，再到如今全球化生产，工业产品的设计原则、设计方法、生命周期管理等概念经历了多次蜕变。工业产品的设计方法也由最开始的经验设计，转变为后来的规范化、公理化设计，发展到如今的面向产品生命周期各环节设计(design for X，DFX)的全生命周期设计。由此可见，产品生命周期的各个环节对产品的性能、成本和可用性均有重要的影响，需要在产品设计前期加以考虑。

装配是产品生命周期中至关重要的环节之一。零件可装配性(assemblability)，虽提高了单个零件的制造复杂度和产品总成本，但提高程度远低于不考虑产品可装配性而导致的装配复杂度和产品总成本的提高。但由于设计理念、方法、工具的不统一，"抛墙"式设计仍然存在，无法在产品设计初期对产品全生命周期的可装配性进行全面考虑。

1.1 可装配性概念及评价方法

可装配性是产品的一种固有特性。通常来说，可装配性被定义为产品从分离的零件或组件组装成具有功能性整体的难易程度[1,2]。根据 Boothroyd 等[1]的定义，可装配性的测量对象——装配(assembly)定义为将分离的组件或零件匹配或连接在一起，包含零件的操作(handling)与零件的插入(insertion)两个部分。Samy 等[3]及 Sinha 等[4,5]在 Boothroyd 等的装配操作定义的基础上，增加了对系统结构的考虑，建立了考虑零件复杂度、零件之间作用关系复杂度以及系统拓扑复杂度的产品装配复杂度模型。Alkan 等[6]通过模型计算证明了装配复杂度与装配任务难度的线性正相关关系，即装配复杂度越高，装配越难完成。因此，可装配性在系统层级的维度上，可分为零件固有特性导致的可装配性、零件之间的作用关系导致的可装配性，以及产品结构导致的可装配性。

装配对应的逆操作为拆解(disassembly)，即将零件从完整功能产品上拆卸下来，从而也衍生出描述产品拆解难易程度的量度——可拆解性(disassemblability)。可拆解性同样是产品的一种固有特性。可拆解性与可装配性有很强的对偶性，往往将二者合为一个特性进行研究[1,5,6]。

在产品的全生命周期中，装配和拆解不仅发生在产品的制造过程中，也会影响后期的维护和修理[7]过程。产品可维护性(maintainability)通常定义为，在规定维护和维修等级，采用规定方法和资源，由专业技术人员进行保养或恢复到一个特定的状态所需要的时间和资源的相对容易性和经济性[8]，也涉及产品的拆解和再装配。许多学者在分析产品的可维护性时，根据可装配性与可拆解性的定义与内容对可维护性进行测量和评价。鉴于产品可装配性、可拆解性与可维护性在定义与内容上具有相当高的重叠性，本书将狭义的可装配性定义为描述产品生产环节中由零件组装成具有完整功能的总成的难易程度，而广义的可装配性定义为全生命周期中产品装配与拆解的难易程度。本书的研究对象面向广义的可装配性。

1.1.1 可装配性影响因素

影响产品可装配性的因素有许多。Boothroyd 等[1]在装配设计的指导建议中，提出影响手工搬移零件时间的因素有零件的大小、厚度、重量、连接方式、缠连情况、易碎性、柔性、表面光滑度、表面黏性、是否需要双手操作以及是否使用工具抓取等。影响手工插入和紧固时间的因素有装配位置的可达性、装配工具的易操作性、装配位置的可见性、装配过程的易对齐性和自定位性以及装配行程等[9]。Alkan 等[6]与 Samy 等[3]以 Boothroyd 等的理论为基础，从零件操作属性、零件匹配属性以及系统结构三个方面计算装配复杂度来评价产品的可装配性。Diaz-Calderon 等[10]从工具可达性、可操作性与手部空间三个方面对装配任务的难度进行评价，以获得产品的可装配性。顾寄南等[11]将影响产品可装配性的因素分为三类：第一类为零件自身对可装配性的影响，如零件的输送、零件的装配方向辨认与零件的抓取和操作难度等；第二类为装配工艺对可装配性的影响，如装配顺序、装配路径和装配工位等；第三类是装配资源对可装配性的影响，如装配工位布局、装配夹具的类型等。Hsu 等[12]通过评价产品的每个组件在装配过程中的可达性来评估产品的可装配性。Mall 等[8]提出影响装配的因素有三种，分别是装配设计(结构、材料、零件数量、形状等)、装配任务(连接操作、装配操作等)，以及装配系统(工作场地布局、工具、工人和工装等)。其中，在对装配任务的影响因素进行评估时，主要考虑了装配工具的可达性与装配困难度(多连接点装配、视觉障碍和空间障碍等)。

随着人本思想的发展,工人在工作过程中的身体健康状况得到了更多的关注。工人不自然的工作姿势和危险的动作会导致工人骨骼肌肉失常[13]。人机功效欠佳的工位布置也会对生产力、产品质量、成本带来极大的负面影响[14]。在生产过程中，人机功效逐渐纳入产品设计的考虑范围。周凤等[15]将人机功效引入产品可装配性评价体系之中，从人机功效角度考虑将影响产品可装配性的因素分为装配特性因素(装配路径可达性、装配空间、操作工具和可视性)、生理疲劳特性因素与心理疲劳特性因素三个方面。户艳等[16]从视觉因素、舒适度以及能量消耗三个方面考虑了人的因素对产品装配效率和装配性能的影响。Peruzzini 等[17]基于认知工程学和 Norman 交互心理模型[18]，从身体负荷与认知负荷两个角度出发，提出了一种以人为中心的工位设计的人体工程学评价标准。

　　基于上述分析，本书将产品的可装配性影响因素归为零件属性、装配关系、系统属性与人的因素四个部分，分类如图 1.1 所示。需要注意的是，Alkan 等[6]和 Samy 等[3]的可装配性分析模型将可达性、可视性归类到零件间的交互作用因素，认为可达性与可视性是影响零件之间作用效果的因素。早期的零件可视性与可达性度量也只从产品构型与装配设计的角度进行建模[6,12]，但零件在装配过程中的可视性与可达性，不仅取决于产品构型与装配设计，还取决于人体生理结构与姿态等因素。若仅考虑零件在装配体中的结构可视性与可达性，忽略人体生理结构的限制，则会导致装配路径无法满足人体生理结构的要求。随着虚拟现实技术的发展，人体全身运动的仿真精度得到较大提高，从人体生理结构角度分析产品装配的可视性与可达性更加符合真实情况。出于上述考虑，本书将零件装配的可视性与可达性归类于人的因素范畴，与舒适度、人体姿态等人机功效因素共同分析。

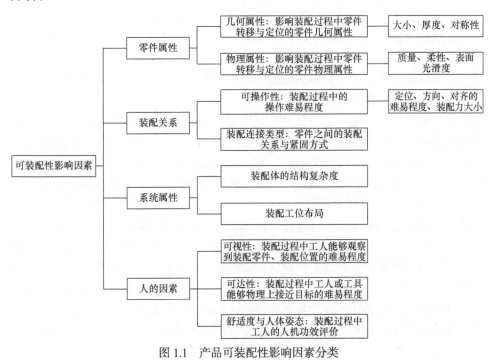

图 1.1　产品可装配性影响因素分类

1.1.2　可装配性评价方法

在早期面向装配设计(design for assembly，DFA)时，产品的可装配性评价是公理化定性评价。在Boothroyd[19]的DFA方法中，产品的可装配性通过三条原则进行优化。de Fazio等[20]从装配特征的属性、匹配关系等角度分析了产品的可装配性，提出了基于装配特征的产品装配设计规范。Warnecke等[21]则提出了一种面向装配的设计流程，在流程的每个环节中均有设计规则，作为设计者检索零件装配设计不足的参考。这种公理化定性评价的方法主观性较强，需要设计者具备丰富的设计知识与经验，难以反映产品的相对可装配性。

后来的学者开始采用量化的方法表示产品的可装配性。Boothroyd[19]根据大量的实验与经验，总结了影响产品可装配性的因素。针对每种因素的测量值给出对应的装配时间估计，以理论最短时间与实际装配时间的比值作为产品的可装配性评价指数，即DFA指数[22]。Lucas DFA方法从产品装配设计的功能零件比例、零件操作性与零件匹配性三个方面评价产品装配难度，基于评分表得到产品装配难度的量化值[23]。日本日立公司[24]的可装配性评价方法(assemblability evaluation method，AEM)将装配中可能涉及的动作进行编码，以"向下装入"动作为基础动作定义了每个动作的惩罚值。产品可装配性的量化值，即可装配性评价方法分数，是产品装配过程中所有动作惩罚值的统计结果。

本书定义基于之前的实验数据或者经验得到产品可装配性量化值的方法为查表法。这种方法在一定程度上降低了对设计者经验的依赖，但仍需要设计者依靠主观评价计算产品可装配性的量化值。装配体本身信息量巨大，影响装配的因素繁多，难以通过实验建立完善的数据库。对于不能完全匹配数据库中预设情况的设计，评价结果会偏离实际情况。

为了解决这一问题，郑寿森等[25]采用模糊评价方法，将专家经验引入产品可装配性评价。周凤等[15]通过数字企业精益制造互动式应用(digital enterprise lean manufacturing interactive application，DELMIA)仿真软件与专家评价得到单因素评价结果，基于专家经验得到量化评价值，采用多层模糊综合评价得到产品的可装配性量化值。Yu等[26]利用模糊评价方法评价了产品的可维护性，建立了具有交互功能的虚拟环境，并对产品可维护性进行评价，采用层级分析法对多层评价指标进行综合评价。Gao等[27]利用沉浸式虚拟环境对产品可维护性进行了仿真，采用模糊评价方法得到产品可维护性量化值。模糊评价方法适用于可装配性这种影响因素多、量化困难的评价对象，能够很好地将专家经验转变成评价量化值，而且可以与虚拟仿真结果相结合，具有较好的泛化能力。但这种方法过多依赖专家经验，评价结果含有较多的主观性，易受专家水平的影响。

基于信息熵与结构复杂度的评价方法则完全消除了可装配性量化评价中的主

观性。信息熵方法借助了信息论中的加权平均信息量与相对率原理[28]，对产品的装配复杂度进行评价。Diaz-Calderon 等[10]对产品装配过程中的工具可达性、工具可操作性与手部空间进行建模，利用信息熵理论得到了装配任务困难度的量化值。ElMaraghy 等[29]基于信息数量、信息差异性与信息内容三个元素建立了生产系统复杂度模型，提出了系统化的生产复杂度评价工具。Samy 等[3]基于 ElMaraghy 等的模型，借助 DFA 定义的产品操作属性和插入属性困难度因子，计算了产品装配过程中每个零件的装配复杂度，用加权平均的方法计算了产品整体装配复杂度。

基于结构复杂度的评价方法认为产品的装配复杂度包含三个部分：零件自身的复杂度、零件之间交互作用的复杂度以及装配体拓扑结构所包含的内在复杂度。Sinha 等[4,5]基于结构复杂度理论[30]建立了复杂产品架构的结构复杂度模型。该模型包含三部分，即零件自身内在复杂度、零件装配关系的邻接矩阵与邻接复杂度以及邻接矩阵的图能量。Alkan 等[6]基于 Hückel[31]的分子轨道模型建立了产品装配复杂度模型及其评价方法，得到了产品装配复杂度与装配时间的线性正相关关系。

基于信息熵与结构复杂度的产品可装配性评价方法提供了一种客观的可装配性度量模型，基本排除了主观因素的干扰。但评价过程与评价结果比较抽象，难以绝对地评价产品可装配性的好坏，只能用于不同装配设计之间的比较。受 DFA 理论限制，计算方法无法适应所有的产品装配设计。

在对可装配性影响因素的研究中，除了利用专家经验和对照数据库的方式进行定性评价的方法，许多国内外学者采用建模的方法描述可装配性影响因素对产品可装配性的作用，可分为基于模型的抽象评价和基于仿真的实践评价。基于模型的抽象评价是指将可装配性影响因素进行抽象化处理，分析其中的数学原理和物理规律，采用数学模型或者物理模型来描述可装配性影响因素对可装配性的影响[3-5,32-38]。

基于数学模型的评价方法简便有效，但难以反映可装配性影响因素所包含的物理规律。因此，许多学者基于装配过程中装配特征之间的物理作用以及人体动力学因素建立了基于物理模型的可装配性影响因素量化模型。需要注意的是，本书对于这个概念的物理模型定义不仅包含物理规律的计算模型，也包含人机功效学等与人的因素相关的模型。Wang 等[39]基于碰撞动力学与蒙特卡罗方法，建立了含几何公差的花键装配约束模型。张清华等[40]与姚寿文等[41]基于装配特征模型，研究了零件装配约束的自由度规约和求解方法，实现了虚拟环境下产品装配约束的动态建立与实时求解。Zhou 等[42]和 Guo 等[43]以传统的视角锥、包络球与扫略空间技术为基础，基于前后延伸逆向运动学(forward and backward reaching inverse kinematics，FABRIK)方法[44]与快速上肢评估(rapid upper limb assessment，RULA)评价方法[45]，建立了考虑人机工程的产品装配可视性、可达性与工作空间量化评价模型。

基于物理模型的量化评价方法更加全面地考虑了影响因素中的物理规律，很好地解决了对非人的因素的可装配影响因素量化问题。人的主观能动性难以用数学模型或者物理模型进行描述，采用建模方法对含有人的因素的可装配性影响因素进行量化表示难以满足真实性要求。因此，许多学者采用仿真方法量化评价含有人的因素的可装配性影响因素。早期的研究多采用 DELMIA、JACK 等产品生命周期管理(product lifecycle management，PLM)软件在虚拟环境中对产品可装配性进行分析和研究[15]。传统的 PLM 软件一般通过虚拟假人与动画关键帧设置，对装配过程中人的因素进行仿真分析，存在依赖工程师的专业知识、操作烦琐与功能较为单一的问题[43]。随着虚拟现实技术的普及，越来越多的学者采用更具直观性、交互性与启发性的沉浸式虚拟现实系统对产品的可装配性进行研究。

1.2　虚拟现实辅助装配技术

美国马里兰大学教授 Shneiderman 在 *Leonardo's laptop: Human needs and the new computing technologies* 中提出，过去，计算机技术等同于电脑；现在，计算机技术面向用户。传统的信息处理环境一直是"人适应计算机"，而当今的目标或理念要逐步使"计算机适应人"，人们要求通过视觉、听觉、触觉、嗅觉，以及形体、手势或语音，参与到计算机信息处理的环境中，从而获得身临其境的体验。这种信息处理系统已不再是建立在单维的数字化空间，而是建立在一个多维的信息空间。虚拟现实技术就是支撑这个多维信息空间的关键技术。

众所周知，计算机辅助技术(computer aided technology，CAT)是以计算机为工具，辅助人在特定应用领域完成任务的理论、方法和技术，如人们常用的计算机辅助设计(computer aided design，CAD)、计算机辅助工程(computer aided engineering，CAE)、计算机辅助制造(computer aided manufacturing，CAM)和计算机辅助工艺设计(computer aided process planning，CAPP)等。

虚拟现实辅助技术是以计算机为工具，利用空间定位技术，在虚拟环境中通过手势、肢体、语音等人机交互方式与虚拟环境进行交互，辅助设计人员解决相关工程问题的技术。目前，虚拟现实辅助技术应用较为广泛的是虚拟现实辅助装配技术。

广义的虚拟现实辅助装配技术包括 Pro/E、Catia、UG 等三维 CAD 软件的装配仿真。三维 CAD 软件通过指定零件的几何元素和约束类型依次对零件进行组装，能实现简单的装配仿真，但存在如下不足。

(1) 在三维 CAD 软件的装配中，设计人员只能通过二维鼠标和屏幕进行交互，缺乏立体感、沉浸感。

(2) 设计人员在使用三维 CAD 软件装配之前,需根据设计经验预先知道配合的几何面,而在实际装配时,工人无须关注哪两个几何面发生贴合。因此,这种装配方式与实际情况不太相符。

(3) 轴系零件是通过简单的同轴、共面、贴合等几何约束完成装配的,缺乏装配干涉检查,因此零件与零件之间,如花键或齿轮装配时常发生零件穿透现象,违背了零件装配的客观实际。

虚拟现实辅助装配技术可解决上述问题,即在交互式虚拟装配环境中,用户使用各类交互设备(数据手套/位置跟踪器、鼠标/键盘、力反馈操作设备等),像在真实环境中对产品的零件进行各类装配操作一样。在操作过程中,系统提供实时的碰撞检测、装配约束处理、装配路径与序列处理等功能,使得用户能够对产品的可装配性进行分析、对产品零件装配序列进行验证和规划、对装配操作者进行培训等。在装配结束后,系统能够记录装配过程的所有信息,并生成评审报告、视频录像等以供随后的分析使用。

1.2.1　虚拟装配技术

国外虚拟装配技术的研究起步较早。德国 Fraunhofer 工业工程研究所较早地进行了基于虚拟装配的装配规划系统的研究与开发[46]。美国 Sandia 国家实验室研究开发了一个名为 Archimedes 的交互式虚拟装配系统[47],用于生成、优化和检查装配工艺。它可以按照用户提供的指标优化装配工艺,允许用户自定义约束,自动生成装配工艺,支持当前主流 CAD 模型格式。德国的 Weyrich 等[48]通过调用 OpenGL、Inventor、Performer 和 Vega 库搭建了虚拟交互环境,借助液晶显示(liquid crystal display,LCD)眼镜、六维笔、三维鼠标和数据手套,用户能够直接对虚拟对象进行操作,实现运动仿真、装配碰撞检查等。

国内对虚拟装配技术的研究从 20 世纪 90 年代开始。浙江大学计算机辅助设计与图形学国家重点实验室的万华根等[49]为实现虚拟设计与虚拟装配过程的集成,构建了一个基于多通道、集成的虚拟设计与虚拟装配系统(virtual design and virtual assembly system,VDVAS)。设计者通过直接三维操作和语音命令直观、方便地建立机械零件及装配模型,通过交互拆装得到零件的装配顺序和装配路径等信息。清华大学国家计算机集成制造系统工程技术研究中心开发了一套虚拟装配支持系统(virtual assembly support system,VASS),可以在产品设计阶段基于实体模型实施数字化预装配,以可视化方式评价、展示和改进产品的可装配性,并生成具有实际指导意义的装配工艺卡片[50]。刘检华等[51,52]针对当前虚拟装配技术对质量、力等物理属性考虑不足,没有反映真实世界中零件装配运动的本质规律问题,提出了虚拟装配中基于多刚体动力学的物性装配过程仿真方法,开发了虚拟装配工艺规划(virtual assembly process planning,VAPP)系统。许晨旸等[53,54]针对虚拟装配对物性仿真的需求,将开源物理引擎 Bullet 集成到仿真系统中,提出几何约束与物性仿真技术相结合的装配流程。曹文钢等[55]给出了虚拟装配的具体设计流程,以汽车轮毂为例进行虚拟装配设计,并对结果进行了相应的装配检验,成功地在虚拟环境下完成了对产品的装配设计。郑太雄[56]对虚拟装配技术涉及的理论和方法进行了深入的分析和研究,提出了模糊神经网络可装配性评价模型。管强等[57]提出了一个虚拟环境下面向装配的虚拟设计(virtual design for assembly,VDFA)系统的体系结构,描述了虚拟人实时拆卸的过程,构建了可装配性评价体系,为产品和装配工艺规划的再设计提供了依据。

从技术方面分析,虚拟装配的根本目的是指导产品的生产制造,降低装配成本,优化产品设计。因此,虚拟装配的动态实时性、准确性、可操作性以及仿真数据可视化一直是重要的发展方向。目前,仍未有较为成熟的软件或者系统能完全实现以上功能,主要原因是其主要技术瓶颈,如动态约束识别求解方法、约束关系管理控制策略、带有几何特征零件的信息建模等还未能完全突破。

1. 零件特征信息提取与重构

当前,虚拟装配系统中使用的模型主要通过 CAD 软件构建。除包含零件几何信息外,模型中还包含许多工程语义信息,数据量较大。而在虚拟环境下,大量零件需要实时渲染。为保证渲染速度,使用三角面片模型存储零件信息所以无法直接在虚拟环境中使用 CAD 模型。目前,虚拟装配平台大都通过 CAD 软件的导出插件生成记录三角面片信息的中性文件,如立体光刻(stereolithography, STL)文件。虽然其能满足渲染要求,但丢失了大量信息,如零件体素信息,而这些信息是进行具有约束识别过程的动态虚拟装配所需要的关键信息。

如何将 CAD 软件中构造的模型信息导入虚拟环境中,重新构建适用于虚拟环境下装配约束计算的底层数据库,是实现动态虚拟装配的一个技术难题。数据库要涵盖足够的信息,能使数据结构与约束方法相匹配,不同的约束方法,可能需要不同的数据内容。

近年来,从 CAD 软件到虚拟环境的模型数据交换问题一直是虚拟装配领域的研究热点。美国伊利诺伊大学 Banerjee 等[58]通过在虚拟场景中构建装配模型信息,把产品间的优先约束关系、事件驱动控制等信息封装在图中各节点。在进行零件的装配时,读取节点的约束信息来检测模型是否可装配。这种方法是人为对场景节点中的零件添加信息,效率不高,适用于装配关系较为简单、零件数量不多的情况。

美国华盛顿州立大学 Wang 等[59]使用 CAD 二次开发的接口,将 CAD 与虚拟装配设计环境(virtual assembly design environment, VADE)之间的部分数据进行了共享,包括产品的树状结构、几何信息、物理属性、约束信息等,基于物理属性和几何信息的混合建模方法构建模型。VADE 系统可对 CAD 中零件模型提取关键参数信息，也可在虚拟环境中对模型进行修改，CAD 捕捉这种修改意图后，进行相应修改，并将修改后的模型重新载入 VADE 系统。

在 Pro/E 中，"特征"是建模的基础。创建特征时遵循整体的设计意图，一个一个地创建特征，各特征的组合体便形成了零件，这就是 Pro/E 基于特征的造型准则。据此可知零件由若干个特征组成，只要得到零件的各组成特征的相关信息，就能完整而准确地再现零件的三维实体。因此，提取零件几何信息的问题就转变成了提取组成特征相关信息的问题。天津大学的赵金才等[60]利用 Pro/Toolkit 提供的相关库函数访问 Pro/E 的单一数据库，以特征为单位对零件各组成特征的体素类型、形体尺寸、基点坐标、方向矢量等信息进行了提取，其困难在于 C++ 程序的逻辑方法及其代码实现。不过，这种方法为信息的提取和重构提供了一个可行的思路。

刘振宇等[61]提出了对虚拟装配中的产品属性和行为信息进行分层表述，建立了模型层次间的数据和约束映射。装配系统通过读入 CAD 生成的中性文件，建立产品层次信息模型。

针对 Pro/E 系统构建的装配模型，刘检华等[62]提出了分层的表达方式，每层之间使用数据与约束映射进行关联。通过对模型信息的提取及在虚拟环境中对信息的重构，解决了 CAD 与虚拟环境数据集成的问题。其中，对零件信息进行提取的部分，包括了对零件几何信息和对部分工程语义信息的提取，但仅限于一般零件的物理属性。信息的重构部分是基于构建的层次结构，采用参数匹配法判断三角面片与几何元素之间的映射关系。

万毕乐等[63]开发了转换模型为中性文件的接口，将 CAD 构建的模型转换成装配数据文件(assembly data file，adf)、零件模型几何数据文件(geometry data file，gdf)和零件面片描述文件(wrl，slp)等中性文件，通过读入.gdf 构建虚拟环境中的模型，通过读入.adf 来构建各组件模型。

章一通等[64]通过对三角面片模型信息进行处理，提出了一种通用的数据预处理方法，实现对三维模型的拓扑重建，提取了三维模型的几何特征。这种方法不需要从 CAD 模型文件中重新提取零件信息，而是通过对中性文件的分析直接获取几何特征，但只能提取一些简单模型的特征类型信息，复杂模型以及尺寸信息还无法获取。

2. 碰撞检测

碰撞检测是构建具有真实感的虚拟装配仿真的基础，用于确定零件在空间中的相对位置和接触关系。碰撞检测方法不仅要满足系统实时性的要求，而且要满足工业应用所需的准确性要求。

目前，空间分解法和层次包围盒法是两类主流的碰撞检测方法[65,66]。空间分解法是将空间中某一区域进行划分，得到相同体积的小区域，仅针对发生对象重合的小区域开展碰撞检测。层次包围盒法使用简单几何体作为包围盒来近似逼近检测对象，在碰撞检测发生时，通过在简单几何体之间执行相交测试来判断发生碰撞的几何体部分，进而获得精确的碰撞信息。

在虚拟装配中，碰撞检测不仅要能区分零件之间的相对关系，在保证运算速度的前提下，更希望碰撞检测方法能准确定位零件的具体特征。

Cohen 等[67]提出了在交互环境中运动物体之间的精确碰撞检测(interactive and exact collision detection，I-COLLIDE)方法，该方法对每个模型使用两级层次表达，选择性地计算物体之间的精确接触，达到实时计算的效果。

刘晓平等[68]运用空间层次划分技术，寻找多面体中充分接近的三角面片，计算空间多面体之间的距离实现碰撞检测。

刘检华等[69]提出了面向虚拟装配的分层次精确碰撞检测方法，根据所需计算精度定义了面片层和精确层，并对这两层的碰撞检测方法执行步骤进行了描述。

刘丽等[70]提出了基于距离的 GJK(Gilbert-Johnson-Keerthi)方法来实现凸体的快速连续碰撞检测(fast continuous collision detection，FCCD)方法。这种方法是对凸体上所有顶点进行遍历迭代。首先，利用 GJK 方法在有限步骤内计算得到最小距离，检测两物体是否发生碰撞；若两物体发生碰撞，则利用光线投影(ray casting)方法确定发生碰撞的精确位置，具有较高的实时性和准确性。碰撞位置的确定能有效定位发生碰撞的零件特征，但如何将特征与顶点建立关系是利用这种方法识别特征的难点。

张应中等[71]使用分离轴定理(separating axis theorem，SAT)，采用支撑点和投影技术剔除必定不发生碰撞的物体，以加快碰撞检测的速度。李学庆等[72]提出了基于启发式搜索分离向量方法，实现了凸多面体的碰撞检测。

3. 装配约束的表征、识别与建立

在虚拟装配中，需要有对装配约束进行识别和管理的机制，以及在约束作用下完成装配的精确定位方法。

国内外已有不少关于装配约束表征的研究。对于装配约束的定义和分类，许多文献都提出了相关方法。庄晓等[73]将约束概括为三类：面贴合及等距偏离、对齐和定向。葛建新等[74]将约束分为四类：面耦合、对齐、定向和插入。

根据分类标准的不同，对约束的定义可能不同，但约束本质都是点、线、面等几何元素之间的对应关系，装配约束满足的最终表现是装配实体之间受到几何位置限制，即自由度限制。自由度可分为旋转和平移两类，零件的任何运动能够被分解为平移部分和旋转部分，即可表示为沿一个给定方向的平移，或者绕一个给定轴线的旋转，或者一些平移和旋转的组合。

约束产生的效果都是对零件的自由度进行改变。换言之，零件受到的约束可以由零件自由度来表征。杨润党等[75]根据约束的不同对零件自由度的不同限制，制作了映射关系图表。黄学良等[76]根据约束度将三维几何约束详细分为 11 类。

在实际中，约束系统是非常复杂的，通常采用"分而治之"的策略，将一个复杂几何约束系统分解为一系列独立可解的子域，再采用代数或几何的方法分别求解这些子域，最后将各个独立的解合并来获得原有几何约束系统的解。李文辉等[77]提出了一种基于增量 LMA(incremental Levenberg-Marquardt algorithm，ILMA) 构造扩展 C-树，使获得的扩展 C-树总是系统的最大化分解。

常见的 CAD 装配软件，如 Pro/E 是通过设定零件之间的约束实现零件之间的相对位置关系，完成零件装配。装配中所涉及的全部约束都是预先定义的，是一个与自由度相匹配的约束集合。这一类方法现在已经很成熟。张志贤等[78]对这种方法进行了改进，实现了基于装配约束信息的运动副自动识别，提高了仿真处理的效率，但需要人为参与约束的建立过程。

另一种约束建立方法是基于零件模型的位置信息和几何信息，进行约束识别得到约束，并将约束作为属性传递给零件，对零件的位姿进行限制。

邓逸辰等[79]提出了约束特征信息的概念以及装配过程中特征自动识别的方法。约束特征信息记录零件中参与约束识别的点、线、面特征元素及其相关参数，通过约束特征信息的识别进行约束匹配，计算零件的位姿矩阵，直接改变零件位姿。该方法的局限性在于，位姿变换是一个瞬间过程，而实际装配中零件的移动是连续的。

4. 虚拟装配下的交互方式

在虚拟装配中，除了约束的建立和求解，装配的交互操作方式也很重要。文献[80]提到了使用数据手套在虚拟环境中进行交互操作的方法。目前，虚拟装配中应用的交互方式有基于位置的交互操作、基于约束的交互操作和基于语义的交互操作。产品装配过程中离不开手的参与。手势交互是虚拟装配环境中最自然的一种交互方式。如何根据约束条件对零件的位置进行改变和调整，是影响装配体验的因素。

1.2.2　装配约束建模技术

装配约束建模技术是虚拟装配的核心，包含了从抽象装配概念到具体装配结构的演化过程，需要通过逐步求精和细化来实现。因此，有效地描述和处理装配约束，建立合理的装配约束模型和建模体系，是实现自顶向下装配设计过程的关键问题。

伊国栋等[81]提出了基于配合面偶的装配约束建模方法。该方法根据装配约束基本要素定义了配合面偶，建立了装配约束框架网络图模型，配合约束扩展网络图模型表达装配结构及装配约束，通过装配约束的分解描述装配过程的演变。邵晓东等[82]提出了一种基于装配特征的产品快速装配建模方法。该方法首先由用户根据装配特征定义产品装配模型，然后由程序自动将基于特征约束的装配模型转换为常规的基于几何约束的装配模型，从而实现快速装配。

Mathew 等[83]开发了一个系统，通过 CAD 系统的应用程序接口(application program interface，API)提取零件装配数据，从而确定零件装配关系，生成可行的装配序列。Zhang 等[84]提出了装配特征对的概念，给出了基于装配特征对的装配建模-仿真框架。武殿梁等[85]给出了虚拟环境中装配约束的统一表达方法、约束与自由度的等价关系，以及运动自由度的归约等，提出了一套虚拟装配的约束处理方法。张丹等[86]提出了一种准确高效的用户装配意图捕捉方法，引入约束元素包围盒的概念，给出了虚拟装配环境中约束模型的表达和建模方法。隋爱娜等[87]研究装配约束的语义抽象与表达，从产品装配应用域中捕获知识，归纳装配约束基本语义并形式化表达，提出了一种扩展对象语义建模方法。田力等[88]提出了面向装配关系动态构建的零件分层次语义描述模型，通过装配过程语义匹配推理机制实现了装配关系的动态构建。邓逸辰等[79]提出了一种在虚拟环境下面向装配仿真的装配约束关系动态创建的方法，借助零件信息文件中约束特征信息的提取，在装配仿真过程中，两个零件间形成装配约束，利用识别所得的约束配对自动建立零件间的装配约束关系。张晓[89]分析了几何约束求解过程，给出了通过建立几何约束集合来提高装配效率的方案，提出了基于接触约束的装配方法，开发了约束虚拟装配系统(constraint virtual assembly system，CVAS)。

1.3　人体运动捕捉技术

1.3.1　人体运动捕捉系统

在虚拟环境中，人体运动捕捉系统主要包括电磁运动捕捉系统、超声波运动捕捉系统、惯性运动捕捉系统和光学运动捕捉系统等几大类。其中，主流的人体运动捕捉系统主要为惯性运动捕捉系统和光学运动捕捉系统，如表 1.1 所示。

表 1.1　主流人体运动捕捉系统对比表

类别	惯性运动捕捉系统	光学运动捕捉系统
典型厂商	Xsens、3DSuit、Animazoo	OptiTrack、ART、Vicon
应用	动画制作、电影特效、实时广播、视频游戏、舞台效果	虚拟现实、位置传感、工业训练、跟踪应用、面部捕捉

续表

类别	惯性运动捕捉系统	光学运动捕捉系统
优点	(1) 穿戴方便，可以快速设置与运动捕捉； (2) 传输距离远，对地点无过多要求； (3) 无线与有线两种连接方式； (4) 可以对身体重要关节进行实时捕捉	(1) 活动范围较大； (2) 移动自由，捕捉精度高； (3) 可以满足高速测量； (4) 反光点标记，便于扩充使用
局限	使用现场的环境有较大电磁场和金属物体时会干扰捕捉效果	(1) 造价高，后期处理工作量大； (2) 对现场光纤、反射条件有要求； (3) 装置标记较为烦琐； (4) 反光标记过多，容易混淆、遮挡

惯性运动捕捉系统主要使用单个或者多个加速度传感器[90]、运动捕捉传感器组成的运动捕捉服、三轴运动传感器[91]等捕捉人体的关节运动。国内外典型的解决方案有 Xsens MVN(图 1.2(a))、3Dsuit 和 Perception Neuron 等，它们虽具有采样频率高、捕捉稳定、可靠性强的优点，但存在以下明显的缺点。

(1) 易用性较差。传感器电池不方便充电与更换，电池电量用尽就要终止训练与使用。

(2) 身体佩戴的各种传感器标记会分散参与者的注意力。

(3) 运动捕捉传感器产生的微小定位误差会在训练期间累积。惯性运动捕捉系统仅在训练早期提供精确的关节位置数据，随着训练时长的增加，误差累积会导致姿态估计和动作识别不准确，从而降低系统的捕捉性能。

光学运动捕捉系统包含有标记和无标记两种。有标记光学运动捕捉系统主要是利用红外线、立体视觉等原理得到物体的深度以及 RGB 信息，进而分析捕捉物体所需的信息，典型代表有 OptiTrack[92,93](图 1.2(b))、Vicon[94]等。相对于惯性运动捕捉系统，有标记光学运动捕捉系统采样频率较低，但是它的精度和可靠性高、较为轻便、对用户的妨碍较少，常常被用作评价运动捕捉系统精度的地板真值对照组。有标记光学运动捕捉系统通过发出红外光，经过光学标记的反射后接收到红外光实现对物体的捕捉，因此用户必须穿上带有光学标记的衣服才能捕捉人体运动。然而捕捉区域内可能会存在其他能够反射红外光的材料，该光学运动捕捉系统无法区分正确的标记对象和能够反射红外光的非标记干扰对象[95]。同时，这些系统大多需要特定的硬件和软件，且需要大量的专用空间，存在价格高、安装时间长、安装步骤复杂和对现场反光环境要求较高的问题，灵活性差，不易于建立。

无标记光学运动捕捉系统主要是基于计算机视觉来实现的，虽然从图像数据中捕捉和提取人体姿势的方法已经存在了很久，但是红外传感器和计算能力的进步促进了新设备的出现，这些设备提供了对人体运动更稳健的、相对精确的无标记采集方案，代表设备有 Kinect V1、Kinect V2 和 LeapMotion[96]等。2010 年，微软 Kinect V1 的发布具有里程碑意义，首次通过一种低成本的传感器快速提供高质量的密集深度图像，用户不需要穿戴特殊衣服或者反光材料就可以利用视觉方法实现骨骼运动捕捉，这使得基于视觉的捕捉系统成为近年来的研究热点[97-99]。Kinect 可以通过深度传感器获取的原始数据来实现运动识别，用于包括游戏在内的各种人类交互应用中，在方便、低成本的情况下实现高精度的骨骼捕捉，在手势识别[100]、动作识别[101,102]、虚拟装配训练[103]、医疗康复训练[104]等方面已经得到广泛的商业化。

(a) Xsens MVN　　　　　　　　　　　　(b) OptiTrack

图 1.2　典型运动捕捉系统

1.3.2　多台 Kinect 数据融合技术

在进行人体运动捕捉时，Kinect 存在视野范围狭窄、自遮挡严重和无法区分人体正面与背面的问题，这会导致采集到的骨骼数据精度对于工业级应用严重不足，影响人机协作体验，产品的人机功效也无法得到正确评价。现有研究采用多个传感器在空间上进行信息互补来解决问题，这就是多传感器"数据融合"[105-108]。多台 Kinect 的数据融合可以分为以下两种。

(1) 基于 Kinect 深度信息进行数据融合。例如，Kai 等[109]利用四台 Kinect 从深度图像中提取了骨骼数据，通过对深度数据的处理来融合骨架信息，但是这种方法的计算量很大，运动捕捉系统的实时性比较差。

(2) 基于 Kinect 的软件开发工具包(software development kit，SDK)采集的骨骼数据进行实时融合。该方法的计算复杂度较低，是大多数研究者采用的方法。另外，使用的跟踪方法以及人体前向视图的前向量也很重要，其可以降低遮挡和噪声，提高骨骼全方位估计的精度。

针对一台 Kinect 采集数据空间范围狭窄、数据噪声明显的问题[110]，一些研究尝试将来自多台 Kinect 的骨骼数据进行融合，以实现更稳健的骨骼运动跟踪。Caon 等[111]计算出各个关节坐标之间的差值，对更可靠的位置信息进行加权，用于辅助智能环境下手势交互的上下文感知系统，用户测试系统示意图如图 1.3 所示。Haller 等[112]使用四台 Kinect V1 首先根据关节的捕捉状态(捕捉、推测和未捕捉)和彼此之间的距离选择关节，将选定关节的平均位置用作最终关节位置。Kaenchan 等[113]将三台 Kinect V1 在不同角度放置，对三台 Kinect V1 传感器中捕捉状态稳定的骨骼进行加权取平均值，捕捉状态为推测和未捕捉的骨骼不参与计算。

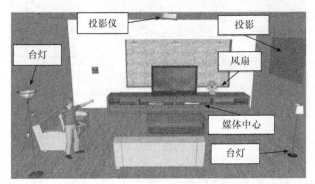

图 1.3　用户测试系统示意图[111]

多台 Kinect 观测数据的简单加权可以降低数据噪声和扩大跟踪范围，并在一定程度上解决了自遮挡问题。但一台 Kinect 采集的错误数据会严重影响简单加权求和的数据融合方法的精度，因此需要一种方法来估计每台 Kinect 观测数据的置信度，根据这些置信度值以适当的方式融合多个观测值。姚寿文等[114]提出了两台Kinect 自适应加权数据融合方法，通过分析用户的面朝方向与骨骼捕捉状态对骨骼数据进行多层级分配权重，分析了系统的实时性和运动捕捉性能，改善了自遮挡问题。Azis 等[115]使用两台 Kinect，根据一组对应关节到质心的距离来评估其可靠性，与单视情况相比，融合后的骨骼数据在动作识别精度上提高了 10%以上。Garcia 等[116]开发了一个多台 Kinect 分布式、可扩展的无标记捕捉系统，通过实时计算用户与 Kinect 之间的距离和俯仰角进行数据融合，用于生产计划车间的功效学评价，增大了跟踪范围，较好地改善了自遮挡现象，如图 1.4 所示。Asteriadis等[117]为了解决人体运动估计中由一台 Kinect V2 引起的问题，提出了一种融合来自多台 Kinect V2 信息的方法，该方法基于关节表达性、遮挡处理和预期身体姿势的置信度分配方法，对传感器的噪声进行模糊处理，改善了三维关节位置的遮挡或噪声估计问题的影响。

图 1.4　直接由无标记运动捕捉方法操作 DELMIA V5 DHM[116]

Kinect 每帧采集的骨骼数据都是相互独立的，不具有连续性，因此骨骼长度可作为判断捕捉数据置信度的因素之一，基于骨骼长度约束以及骨骼旋转角度约束的多台 Kinect 数据融合方法也是一大研究方向。Yeung 等[118]使用两台 Kinect 在不同视角获得两套骨骼数据。为了解决两套骨骼数据的不一致性问题，在约束优化框架下，Yeung 等提出了以骨骼长度和骨骼节点位置不一致性为约束的方法，大大提升了融合骨架的稳定性。图 1.5 表示该方法可以通过解决优化约束框架下的不一致性来纠正关节位置，同时保持骨骼长度。曾继平[119]针对 Kinect 测量视角有限，测量时容易产生肢体遮挡的问题，采用两台 Kinect 提出了基于骨骼长度约束的骨架运动优化模型，得到更合理的人体运动捕捉。高杰等[120]为了提高人体运动跟踪系统性能，针对惯性传感器和 Kinect 设计了基于多种约束的质量评价方法，该方法提高了系统的鲁棒性。

以上研究均是基于单帧数据实现骨骼融合的，没有对时间连续性(相干性)做出任何假设，没有考虑前一帧数据对后一帧数据的影响特性，同时运动是连续的，相邻帧的关节数据会产生一定的影响，因此基于多帧数据的融合方法得到了人们的广泛研究。针对骨骼数据不连续变化和有噪声的特征，卡尔曼滤波[121,122]等概率滤波方法可以很好地降低噪声并提高时间连续性。Masse 等[123]提出了一种从多

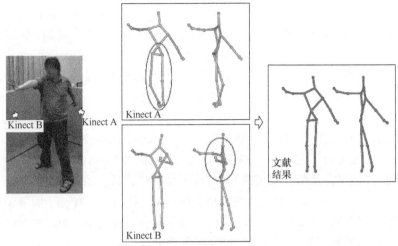

图 1.5　保持骨骼长度的前提下，通过解决约束优化框架下的不一致性来纠正关节位置[118]

台 Kinect 获取人体关节三维信息并将测量数据输入到阈值控制卡尔曼滤波器的方法，当测量残差低于阈值时，拒绝该骨骼数据。但是，这种拒绝测量的方法过于简单，完全依赖测量残差，常导致融合结果错误。Sungphill 等[124]搭建了一个人体骨骼跟踪系统，采用加权测量融合的卡尔曼滤波方法，将多个传感器的不同跟踪结果进行融合，提出了一种确定骨骼测量噪声的方法，进而确定每个跟踪关节三维位置的可靠性，根据测量噪声的大小分配置信度组合多个观测值，姿态表现如图 1.6 所示。Morato 等[125]通过卡尔曼滤波对每个局部传感器采集到的骨骼数据进行滤波处理，将四个传感器滤波处理的中值作为数据融合粒子滤波器的观测值输入，然而粒子滤波器的观测值对人的身体方向十分敏感，来自背部的错误数据对融合精度影响很大。

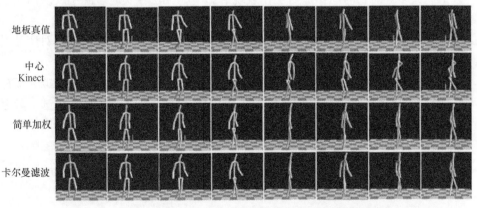

图 1.6　"行走"动作下中心 Kinect、简单加权与卡尔曼滤波关键帧姿态表现[124]

以上研究考虑了时间连续性，大大提高了人体骨架模型的稳定性，但是没有考虑人体正面和背面识别问题，这也是 Kinect 自身存在的严重问题。针对无法正确识别人体正面和背面的问题，学者们进行了一系列研究。Kwon 等[126]构建了一个 360° 运动捕捉系统，在人体周围安装了六台 Kinect，提出了一种前向向量跟踪(front vector tracing，FVT)方法来实时计算每台 Kinect 与人体正面和背面的相对位置，仅使用位于人体前方的三台 Kinect 进行数据融合，根据人体前方的 Kinect 采集骨骼数据的捕捉状态以及骨骼点与相应 Kinect 的距离进行分配权重。Kwon 等[126]对该系统进行了完善，并用于军事虚拟训练，但是每帧数据均舍弃了三台 Kinect 的骨骼数据，系统有很大的冗余，且不是严格意义上的 360°跟踪。Wu 等[127]分析了不同角度下 Kinect 对人体捕捉精度的影响，提出了一种基于面部朝向的自适应权重分配方法，对四台 Kinect 进行了数据融合，将人体背面的数据经过特殊处理后也参与了数据融合，进一步提高了数据融合质量。

1.4　人机功效评价

人机功效评价是基于美国职业安全卫生研究所(National Institute of Occupational Safety and Health，NIOSH)提举方程模型[128]、RULA 模型[129]、奥瓦科工作姿势分析系统(Ovako working posture analysis system，OWAS)模型[130]和快速全身分析(rapid entire body assessment，REBA)模型[131]等，在商用人机功效评价软件(如西门子的 JACK)中建立数字人体模型(digital human model，DHM)[132]，针对人体在工作过程中的提举能力、上肢肌肉疲劳程度，以及全身姿态健康程度进行评估。目前，人机功效评价的局限性主要体现在以下方面。

(1) 大多针对长时间作业对工作表现的影响，无法在实时装配中反映由工装设计不合理等因素导致的人机功效不合理对工作表现的影响。

(2) 大多针对工位布局、工作环境进行评价与优化，评价结果难以对产品设计提供指导。

(3) DHM 仿真过程是设置关键帧，以插值的方法通过动画方式模拟装配操作。为了提高人体动作的模拟精度，需要设置大量关键帧，前置工作量十分繁重。更为关键的是，动画无法考虑到人体的所有可能姿态，对经验的依赖程度较高。

所以，如何更科学地进行装配姿态仿真并保证其正确性是一个亟待解决的难题。

1.4.1　基于传统的人机功效评价方法

王异香[133]采用 JACK 软件构建了包括维修场景、维修工具、维修对象和人体模型等的虚拟维修环境，采用作业姿势评分、RULA 以及可达包络面(reach envelope)等方法，设计并开发了包含人体姿势库的辅助分析软件系统，计算了维修操作时间与工作负荷，实现了人机功效定性分析。这种建立人体姿势库的方法难以分析实时变化的人体作业姿势，且 JACK 软件人体运动模拟仿真精度低、前置工作量大，难以保证人体作业姿势的准确性。

孟琴[134]以加工中心外防护装配作业为研究对象，探寻了限定条件下作业舒适度与人体作业姿势的关系，基于 OWAS 方法建立一种细化 OWAS 人体作业姿势方法，给出了 360 种人体作业姿势的组合，根据优、良、差分为九个等级来说明人体作业姿势舒适度，以疲劳度为指标进行评价和验证。这种方法无法对连续的装配作业动作进行人机功效分析，装配步骤优化的针对性不强。

盛晚霞[135]选取负荷大、不良操作姿势多的排气系统安装工位为研究对象，应用人机工程学理论及评估工具进行工位评估，给出了改善措施，降低了操作工人的疲劳度，减轻了他们的肌肉骨骼疾患，为汽车装配中其他工位的改善提供了方法。但人体运动的仿真精度不高，人机功效评价可信度较低。

1.4.2　基于人体捕捉的人机功效评价方法

王朝增[136]基于 Kinect V1 实时运动捕捉获取真实人体运动数据，驱动 DELMIA 的 DHM 完成仿真装配，进行了包括 OWAS 分析、RULA、NIOSH 提举方程模型分析等人机功效分析。虽然 Kinect V1 捕捉的人体骨骼数据可被输入到 DELMIA、JACK 等商业软件中进行人机功效分析，但是 Kinect V1 缺少手腕关节的动作捕捉，而且身体自遮挡问题较为严重(显著影响双臂交叉、躯干弯曲、躯干扭转等姿势的评价)，也易受环境光照条件的影响，造成人体数据不准确，影响人机功效评价结果的准确性。

Kinect V2 是 Kinect V1 的升级版本，相比于 Kinect V1 采用的结构光深度相机技术，Kinect V2 采用了更精确的飞行时间(time of flight，TOF)深度相机技术，可捕捉包括手腕的 25 个关节点，在捕捉人体运动方面更加精确和具有鲁棒性，同时，对人工照明和阳光的耐受力更强。但是，目前基于 Kinect V2 的 RULA 评价方法的研究仍存在局限性，如只进行了静态姿势评价以及评测方法计算不精确等。

Manghisi 等[137]基于 RULA 模型和微软 Kinect V2，开发了半自动 RULA 评估软件 K2RULA，以实时检测并分析作业姿势，并与 JACK 评价结果和专家评价结果相比较。结果表明，K2RULA 结果与专家评价结果一致，优于 JACK 评价结果。但是，Manghisi 等仅评价了人体静态姿势，未对连续作业过程进行人机功效分析，且 Kinect 采集的是真实环境中人体静态姿势的数据，而不是人体与物体实际交互过程中的数据，难以反映人在实际作业中的姿势评价。

姜盛乾[138]以模特法和 RULA 方法为研究对象，以 Kinect V2 和 LeapMotion 采集的人体骨骼数据为数据基础，对操作者的姿势进行评价。但是，他的评测方法只计算了肢体各部位向量和世界坐标系的夹角，未考虑肢体各部分与身体的相对角度，也未考虑 RULA 中的修正分值。

1.5　本书结构

本书以产品装配中的可装配性设计为重点，以手工装配为基础，结合车辆紧凑传动装置，基于虚拟现实技术，围绕可装配性设计中的人机功效评价的关键技术开展介绍。

第 1 章针对产品可装配性设计与评价，在系统介绍可装配性概念及评价方法的基础上，围绕可装配性设计关键技术，如虚拟现实辅助装配技术、装配约束建模技术、人体运动捕捉技术和可装配性人机功效评价系统地介绍了国内外研究现状，指出了不足，为后续内容的开展指明了方向。

第 2 章围绕虚拟现实辅助装配，提出动态装配的概念，从传动装置中装配零件的几何特点出发，将几何特征信息抽象成数据结构，建立具有几何特征的零件数据模型。以现有的装配约束求解方法为基础，基于包围盒碰撞检测和零件几何特征匹配动态建立约束关系并求解零件位姿变换矩阵，通过约束树动态修正和自由度归约方法进行多零件约束下的约束管理和装配位置求解，实现在虚拟环境下高仿真度实时装配。

第 3 章根据 Kinect 采集数据的特点，以稳定捕捉面积、人体活动面积和装配面积覆盖率最大，以及正对 Kinect 互干扰最小为指标，研究多台 Kinect 数据采集系统的布局设计，然后确定基于用户数据报协议(user datagram protocol，UDP)的客户端服务器数据传输方式，最后使用 C#工具包完成客户端数据采集与预处理软件的开发，总结系统开发工具与环境。论述现有多相机标定的方式，考虑系统的易用性与最小化累计标定误差，研究基于迭代最近点(iterative closest point，ICP)的多台 Kinect 系统坐标标定方法，在 Unity3D 下完成 OptiTrack 与六台 Kinect 的坐标配准，并分析标定误差。定义面部朝向与左右互换，确定面部朝向的初始化方式，使用 Holt 双参数滤波进行平滑处理，解决一台 Kinect 无法区分人体正面和背面的问题。

第 4 章提出一套启发式骨骼融合方法。首先研究 Kinect 的可信度参数、用户在 Kinect 视场中的相对位置椭球模型与前一帧数据对当前帧数据置信度的影响规律，确定数据层骨骼数据预处理方法，研究方向角权重模型对不同部位肢体的置信度影响特点，确定系统层骨骼数据预处理方法，与数据层骨骼数据预处理方法共同组成多约束数据质量评价方法，最后将融合得到的骨骼信息作为粒子滤波的真实测量值输入，获得较为健壮的人体骨架模型，并采用典型动作对系统精度进行验证。

第 5 章介绍虚拟环境多视角融合模型建模方法。首先，建立第一人称视角(first-person perspective，1PP)和第三人称视角(third-person perspective，3PP)模型，研究两种主辅视角配置模式和三种辅助视角融合方法，建立五种多视角融合模型(实验组)和两种纯视角观察方式(对照组)，进行虚拟现实中多视角融合方法用户调查实验。设计包含避障任务和运送任务的实验任务，以用户调查实验为研究方法，对比分析穿墙时间、操作时间和碰撞时间比率等客观测量指标，以及直观性、碰撞感知、认知负荷、系统可用性和主观偏向性等主观测量指标。基于定量与定性结果，讨论辅助视角的影响、辅助视角的融合方法和主辅视角的配置模式，提出多视角融合模型的设计方法，先根据交互任务对用户空间感知和操作精度的需求，确定适合的主辅视角配置模式，再根据对辅助视角的信息丰富程度、直观性和用户介入程度的需求，确定适合的辅助视角融合方法。根据提出的设计方法，建立本书多视角融合最优模型。

第 6 章以 Kinect V2 和 LM(leap motion)捕捉的全身人体运动数据为输入参数，建立用于计算人体各部分相应角度的四个向量投影矢状面，推导评估人体各部位姿势的主分值判据计算公式和修正分值判据计算公式，建立虚拟现实中 RULA 分值实时计算方法，实现每一帧人体姿势的 RULA 评价。在介绍评价可装配性的基本装配复杂度评价方法后，分析人机功效因素与产品可装配性之间的关系。针对某综合传动装置前传动箱装配案例，在 JACK、原系统和改进系统中搭建虚拟装配场景，对比三者的 RULA 分值，验证本书研究的有效性。

参 考 文 献

[1] Boothroyd G, Alting L. Design for assembly and disassembly[J]. CIRP Annals-Manufacturing Technology, 1992, 41(2): 625-636.

[2] Harjula T, Rapoza B, Knight W A, et al. Design for disassembly and the environment[J]. CIRP Annals, 1996, 45(1): 109-114.

[3] Samy S N, ElMaraghy H. A model for measuring products assembly complexity[J]. International Journal of Computer Integrated Manufacturing, 2010, 23(11): 1015-1027.

[4] Sinha K, de Weck O L. Structural complexity metric for engineered complex systems and its application[C]// The 14th International Dependency and Structure Modelling Conference, Kyoto, 2012.

[5] Sinha K, de Weck O L. Structural complexity quantification for engineered complex systems and

implications on system architecture and design[C]//Proceedings of ASME 2013 International Design Engineering Technical Conferences and Computers and Information in Engineering Conference, Portland, 2013.

[6] Alkan B, Vera D, Ahmad B, et al. A method to assess assembly complexity of industrial products in early design phase[J]. IEEE Access, 2017, 6: 989-999.

[7] Cai K J, Zhang W M, Chen W Z, et al. A study on product assembly and disassembly time prediction methodology based on virtual maintenance[J]. Assembly Automation, 2019, 39(4): 566-580.

[8] Mall J, Staudacher S, Koch C. The assessment of assemblability and disassemblability of aero engines during preliminary design[C]//Proceedings of ASME Turbo Expo 2018: Turbomachinery Technical Conference and Exposition, Oslo, 2018.

[9] Rendle, J, Staudacher S. Assessment of the assemblability of aero engines on the basis of a LPT module[C]// Deutscher Luft- und Raumfahrtkongress, Rostock, 2015.

[10] Diaz-Calderon A, Navin-Chandra D, Khosla P K. Measuring the difficulty of assembly tasks from tool access information[C]//Proceedings of IEEE International Symposium on Assembly and Task Planning, Pittsburgh, 1995.

[11] 顾寄南, 庞伟, 张林鋆, 等. 基于装配单元的可装配性评价技术[J]. 农业机械学报, 2003, 34(3): 89-91.

[12] Hsu H Y, Lin G C I. Quantitative measurement of component accessibility and product assemblability for design for assembly application[J]. Robotics and Computer-Integrated Manufacturing, 2002, 18(1): 13-27.

[13] Buckle P, Devereux J. Work Related Neck and Upper Limb Musculoskeletal Disorders[M]. Luxembourg: European Agency for Safety and Health at Work, 1999.

[14] Hendrick H W. Applying ergonomics to systems: Some documented "lessons learned" [J]. Applied Ergonomics, 2008, 39(4): 418-426.

[15] 周凤, 安鲁陵. 基于人机工程的产品可装配性评价技术研究[J]. 机械制造与自动化, 2012, 41(6): 14-17.

[16] 户艳, 邵晓东, 高巍, 等. 考虑人的因素的虚拟装配引导方法[J]. 计算机集成制造系统, 2016, 22(3): 695-704.

[17] Peruzzini M, Pellicciari M, Gadaleta M. A comparative study on computer-integrated set-ups to design human-centred manufacturing systems[J]. Robotics and Computer-Integrated Manufacturing, 2019, (55): 265-278.

[18] Tenner E. The design of everyday things by donald Norman[J]. Technology and Culture, 2015, 56(3): 785-787.

[19] Boothroyd G. Design for assembly—The key to design for manufacture[J]. The International Journal of Advanced Manufacturing Technology, 1987, 2(3): 3-11.

[20] de Fazio T L, Edsall A C, Gustavson R E, et al. A prototype of feature-based design for assembly[J]. Journal of Mechanical Design, 1993, 115(4): 723-734.

[21] Warnecke H J, BäBler R. Design for assembly—Part of the design process[J]. CIRP Annals, 1988, 37(1): 1-4.

[22] 杰弗里·布思罗伊德. 装配自动化与产品设计[M]. 熊永家, 山传文, 娄文忠, 译. 北京: 机械工业出版社, 2009.

[23] Matuszek J, Seneta T. Evaluation of design manufacturability in new product production launches by Lucas DFA method[J]. Mechanik, 2017, 90(7): 523-525.

[24] Ohashi T, Iwata M, Arimoto S, et al. Extended assemblability evaluation method[J]. JSME International Journal. Series C: Mechanical Systems, Machine Elements and Manufacturing, 2002, 45(2): 567-574.

[25] 郑寿森, 祁新梅, 杜晓荣, 等. 产品可装配性技术指标模糊评价[J]. 机械工业自动化, 1998, 20(6): 27-30.

[26] Yu H Q, Peng G L, Liu W J. A practical method for measuring product maintainability in a virtual environment[J]. Assembly Automation, 2011, 31(1): 53-61.

[27] Gao W, Shao, X D, Liu H L. Virtual assembly planning and assembly-oriented quantitative evaluation of product assemblability[J]. The International Journal of Advanced Manufacturing Technology, 2014, 71(1-4): 483-496.

[28] Shannon C E. A mathematical theory of communication[J]. The Bell System Technical Journal, 1948, 27(3): 379-423.

[29] ElMaraghy W H, Urbanic R J. Modelling of manufacturing systems complexity[J]. CIRP Annals, 2003, 52 (1): 363-366.

[30] Udo L, Maik M, Thomas B. Structural Complexity Management: An Approach for the Field of Product Design[M]. Heidelberg: Springer, 2009.

[31] Hückel E. Quantentheoretische Beiträge zum problem der aromatischen und ungesättigten verbindungen III[J]. Zeitschrift Für Physik, 1932, 76(9-10): 628-648.

[32] 田广东, 储江伟, 金晓红, 等. 基于概率的产品可拆解性评价方法及数学描述[J]. 计算机集成制造系统, 2011, 17(6): 1164-1170.

[33] Lu C, Fuh J Y H, Wong Y S. Evaluation of product assemblability in different assembly sequences using the tolerancing approach[J]. International Journal of Production Research, 2006, 44(23): 5037-5063.

[34] Ziegler P, Wartzack S. A statistical method to identify main contributing tolerances in assemblability studies based on convex hull techniques[J]. Journal of Zhejiang University-Science A, 2015, 16(5): 361-370.

[35] 姚寿文, 黄德智, 王瑀. 虚拟装配下车辆传动装置的公差分析与设计[J]. 兵器装备工程学报, 2017, 38(6): 7-12.

[36] 康琰. 虚拟装配系统中视觉因素的量化计算技术研究[D]. 西安: 西安电子科技大学, 2015.

[37] Zhou D, Jia X, Lv C, et al. Using the swept volume to verify maintenance space in virtual environment[J]. Assembly Automation, 2014, 34(2): 192-203.

[38] Dong Z, Le K, Chuan L. A virtual reality-based maintenance time measurement methodology for complex products[J]. Assembly Automation, 2013, 33(3): 221-230.

[39] Wang Y, Yao S W, Yan Q D, et al. The contact dynamic modeling and analysis based on spline assembly feature information[C]//ASME 2016 International Mechanical Engineering Congress and Exposition, Phoenix, 2016.

[40] 张清华, 闫清东, 姚寿文, 等. 传动装置装配关系动态建立方法研究[J]. 系统仿真学报, 2016, 28(9): 2109-2117.

[41] 姚寿文, 林博, 王瑀, 等. 传动装置高沉浸虚拟实时交互装配技术研究[J]. 兵器装备工程学报, 2018, 39(4): 118-125.

[42] Zhou D, Zhou Q D, Guo Z Y, et al. A visual automatic analysis and evaluation method based on virtual reality in microgravity environment[J]. Microsystem Technologies, 2019, 25(5): 2117-2133.

[43] Guo Z Y, Zhou D, Zhou Q D, et al. A hybrid method for evaluation of maintainability towards a design process using virtual reality[J]. Computers & Industrial Engineering, 2020, 140: 106227.

[44] Aristidou A, Lasenby J. FABRIK: A fast, iterative solver for the inverse kinematics problem[J]. Graphical Models, 2011, 73(5): 243-260.

[45] McAtamney L, Nigel C E. RULA: A survey method for the investigation of work-related upper limb disorders[J]. Applied Ergonomics, 1993, 24(2): 91-99.

[46] Bullinger H J, Richter M, Seidel K A. Virtual assembly planning[J]. Human Factors and Ergonomics in Manufacturing & Service Industries, 2003, 10(3): 331-341.

[47] Kaufman S G, Wilson R H, Jones R E, et al. The Archimedes 2 mechanical assembly planning system[C]//Proceedings of IEEE International Conference on Robotics and Automation, Minneapolis, 1996.

[48] Weyrich M, Drews D. An interactive environment for virtual manufacturing: The virtual workbench[J]. Computers in Industry, 1999, 38(1): 5-15.

[49] 万华根, 高曙明, 彭群生. VDVAS: 一个集成的虚拟设计与虚拟装配系统[J]. 中国图象图形学报, 2002, 7(1): 27-35.

[50] 张林鋆, 顾寄南, 曾理, 等. 虚拟装配支持系统的研究开发及应用[C]//2006 中国科协年会, 北京, 2006.

[51] 张志贤, 刘检华, 宁汝新. 虚拟装配中基于多刚体动力学的物性装配过程仿真[J]. 机械工程学报, 2013, 49(5): 90-99.

[52] 刘检华, 侯伟伟, 张志贤, 等. 基于精度和物性的虚拟装配技术[J]. 计算机集成制造系统, 2011, 17(3): 595-604.

[53] 许晨旸, 张瑞秋, 刘林, 等. 集成几何约束与物性仿真技术的虚拟装配[J]. 图学学报, 2015, 36(3): 392-396.

[54] 许晨旸. 集成几何约束与物性仿真的虚拟装配研究[D]. 广州: 华南理工大学, 2015.

[55] 曹文钢, 陈帝江. 汽车部件虚拟装配技术的研究[J]. 汽车工程, 2009, 31(6): 561-564.

[56] 郑太雄. 虚拟装配理论与方法研究[D]. 重庆: 重庆大学, 2003.

[57] 管强, 刘继红, 钟毅芳, 等. 虚拟环境下面向装配的设计系统的研究[J]. 计算机辅助设计与图形学学报, 2001, 13(6): 514-520.

[58] Banerjee A, Banerjee P. A behavioral scene graph for rule enforcement in interactive virtual assembly sequence planning[J]. Computers in Industry, 2003, 42(2-3): 147-157.

[59] Wang Y, Jayaram U, Jayaram S. Physically based modeling in virtual assembly[C]//Proceedings of ASME 2001 International Design Engineering Technical Conference, Pittsburgh, 2001.

[60] 赵金才, 刘书桂. Pro/E 零件模型几何信息的自动提取[J]. 机床与液压, 2005, 33(12): 118-120, 142.

[61] 刘振宇, 谭建荣, 张树有. 面向虚拟装配的产品层次信息表达研究[J]. 计算机辅助设计与图形学学报, 2001, 13(3): 223-228.

[62] 刘检华, 姚珺, 宁汝新. CAD 系统与虚拟装配系统间的信息集成技术研究[J]. 计算机集成制造系统, 2005, 11(1): 44-47, 67.

[63] 万毕乐, 刘检华, 宁汝新, 等. 面向虚拟装配的 CAD 模型转换接口的研究与实现[J]. 系统仿真学报, 2006, 18(2): 391-394.

[64] 章一通, 文福安. 基于三角面片零件模型的装配特征信息提取方法[J]. 软件, 2011, 32(11): 65-67.

[65] Jiménez P, Thomas F, Torras C. 3D collision detection: A survey[J]. Computers & Graphics, 2001, 25(2): 269-285.

[66] Lin M C, Gottschalk S. Collision detection between geometric models: A survey [J]. The Visual Computer, 1995, 11(10): 542-561.

[67] Cohen J D, Lin M C, Manocha D, et al. I-COLLIDE: An interactive and exact collision detection system for large-scale environments[C]//Proceedings of the 1995 Symposium on Interactive 3D Graphics Monterey, Chapel Hill, 1995.

[68] 刘晓平, 翁晓毅, 陈皓, 等. 运用改进的八叉树方法实现精确碰撞检测[J]. 计算机辅助设计与图形学学报, 2005, 17(12): 2631-2635.

[69] 刘检华, 姚珺, 宁汝新, 等. 基于虚拟装配的碰撞检测方法研究与实现[J]. 系统仿真学报, 2004, 16(8): 1775-1778.

[70] 刘丽, 张国山, 邴志刚, 等. 基于 GJK 的凸体快速连续碰撞检测研究[J]. 河北科技大学学报, 2014, 35(5): 440-446.

[71] 张应中, 范超, 罗晓芳. 凸多面体连续碰撞检测的运动轨迹分离轴方法[J]. 计算机辅助设计与图形学学报, 2013, 25(1): 7-14.

[72] 李学庆, 孟祥旭, 汪嘉业, 等. 基于启发式搜索分离向量的凸多面体碰撞检测[J]. 计算机学报, 2003, 26(7): 837-847.

[73] 庄晓, 周雄辉, 阮雪榆, 等. 三维装配约束求解的解析方法[J]. 计算机辅助设计与图形学学报, 1999, 11(6): 497-499.

[74] 葛建新, 李海龙, 董金祥, 等. 基于约束的装配体位置描述及求解[J]. 自动化学报, 1996, 22(1): 41-48.

[75] 杨润党, 武殿梁, 范秀敏, 等. 基于约束的虚拟装配技术研究[J]. 计算机集成制造系统, 2006, 12(3): 413-419.

[76] 黄学良, 李娜, 陈立平. 三维装配几何约束组合的分类求解策略[J]. 图学学报, 2014, 35(2): 236-242.

[77] 李文辉, 孙明玉, 曹春红. 几何约束求解的扩展 C-树分解法[J]. 吉林大学学报(工学版), 2017, 47(4): 1273-1279.

[78] 张志贤, 刘检华, 宁汝新. 虚拟装配环境下运动副自动识别方法[J]. 计算机集成制造系统, 2011, 17(1): 62-68.

[79] 邓逸辰, 范秀敏, 邱世广. 基于装配约束动态创建的虚拟装配技术研究[J]. 组合机床与自动化加工技术, 2014, (7): 124-128.

[80] Leu M C, ElMaraghy H A, Nee A Y C, et al. CAD model based virtual assembly simulation,

planning and training[J]. CIRP Annals, 2013, 62(2): 799-822.

[81] 伊国栋, 谭建荣, 张树有, 等. 基于配合面偶的装配约束建模[J]. 浙江大学学报(工学版), 2006, 40(6): 921-926.

[82] 邵晓东, 殷磊, 陆源, 等. 一种基于特征的快速装配方法[J]. 计算机集成制造系统, 2007, 13(11): 2217-2223.

[83] Mathew A, Rao C S P. A CAD system for extraction of mating features in an assembly[J]. Assembly Automation, 2010, 30(2): 142-146.

[84] Zhang J, Xu Z J, Li Y, et al. Framework for the integration of assembly modeling and simulation based on assembly feature pair[J]. International Journal of Advanced Manufacturing Technology, 2015, 78(5/6/7/8): 765-780.

[85] 武殿梁, 杨润党, 马登哲, 等. 虚拟装配系统及其关键技术[J]. 上海交通大学学报, 2004, 38(9): 1539-1543.

[86] 张丹, 左敦稳, 焦光明, 等. 面向虚拟装配的约束建模与装配意图捕捉技术[J]. 计算机集成制造系统, 2010, 16(6): 1208-1214.

[87] 隋爱娜, 吴威, 陈小武, 等. 基于分布式虚拟环境的装配约束语义模型[J]. 计算机研究与发展, 2006, 43(3): 542-550.

[88] 田力, 范秀敏, 刘柯言, 等. 装配关系动态构建的语义建模与推理方法研究[J]. 系统仿真学报, 2014, 26(9): 1901-1906.

[89] 张晓. 基于几何可能集和接触约束的虚拟装配仿真技术研究应用[D]. 杭州: 浙江大学, 2007.

[90] Khan A M, Lee Y K, Lee S Y, et al. A triaxial accelerometer-based physical-activity recognition via augmented-signal features and a hierarchical recognizer[J]. IEEE Transactions on Information Technology in Biomedicine, 2010, 14(5): 1166-1172.

[91] Taylor G S, Barnett J S. Evaluation of wearable simulation interface for military training[J]. Human Factors Journal of Human Factors & Ergonomics Society, 2013, 55(3): 672-690.

[92] Kilteni K, Bergstrom I, Slater M. Drumming in immersive virtual reality: The body shapes the way we play[J]. IEEE Transactions on Visualization and Computer Graphics, 2013, 19(4): 597-605.

[93] Roth D, Lugrin J L, Büser J, et al. A simplified inverse kinematic approach for embodied VR applications[C]//IEEE Annual International Symposium Virtual Reality, Greenville, 2016.

[94] Rallis I, Doulamis N, Doulamis A, et al. Spatio-temporal summarization of dance choreographies[J]. Computers & Graphics, 2018, (73): 88-101.

[95] Hornung A, Sar-Dessai S, Kobbelt L. Self-calibrating optical motion tracking for articulated bodies[C]// IEEE Proceedings, Virtual Reality, Bonn, 2005.

[96] 姚寿文, 胡子然, 王瑀, 等. 面向虚拟维修的多点碰撞虚拟手研究[J]. 重庆理工大学学报(自然科学), 2019, 33(6): 45-52.

[97] Zhang Z Y. Microsoft Kinect sensor and its effect[J]. IEEE MultiMedia, 2012, 19(2): 4-10.

[98] Moeslund T B, Granum E. A survey of computer vision-based human motion capture[J]. Computer Vision and Image Understanding, 2001, 81(3): 231-268.

[99] Yeguas B E, Muoz S R, Medina C R, et al. Comparing evolutionary algorithms and particle

filters for markerless human motion capture[J]. Applied Soft Computing, 2014, 17(3): 153-166.

[100] Patsadu O, Nukoolkit C, Watanapa B. Human gesture recognition using Kinect camera [C]//The 9th International Joint Conference on Computer Science and Software Engineering, Bangkok, 2012.

[101] Liu T Y, Song Y, Gu Y, et al. Human action recognition based on depth images from microsoft Kinect[C]//Fourth Global Congress on Intelligent Systems, Hong Kong, 2013.

[102] Anjum M L, Ahmad O, Rosa S, et al. Skeleton tracking based complex human activity recognition using Kinect camera[C]//International Conference on Social Robotics, Sydney, 2014.

[103] Stork A, Sevilmis N, Weber D, et al. Enabling virtual assembly training in and beyond the automotive industry[C]//The 18th International Conference on Virtual Systems and Multimedia, Milan, 2012.

[104] Cassola F, Morgado L, de Carvalho F, et al. Online-gym: A 3D virtual gymnasium using Kinect interaction[J]. Procedia Technology, 2014, 13: 130-138.

[105] Khaleghi B, Khamis A, Karray F O, et al. Multisensor data fusion: A review of the state-of-the-art[J]. Information Fusion, 2013, 14(1): 28-44.

[106] 王耀南, 李树涛. 多传感器信息融合及其应用综述[J]. 控制与决策, 2001, 16(5): 518-522.

[107] Klein L. Sensor and data fusion concepts and applications[J]. IEEE Computer Graphics and Application, 1999, 25(6): 22-23.

[108] Hall D L. Mathematical Techniques in Multisensor Data Fusion[M]. Boston: Artech House, 1992.

[109] Kai B, Kai R, Schroeder Y, et al. Markerless motion capture using multiple color-depth sensors[C]//Vision, Modeling, & Visualization Workshop, Berlin, 2011.

[110] 郑熙映. 基于 Kinect2.0 的实时三维重建系统设计[D]. 西安: 西安电子科技大学, 2019.

[111] Caon M, Yue Y, Tscherrig J, et al. Context-aware 3D gesture interaction based on multiple Kinects[C]//International Conference on Ambient Computing, Barcelona, 2011.

[112] Haller E, Scarlat G, Mocanu I, et al. Human activity recognition based on multiple Kinects[C]// International Competition on Evaluating AAL Systems through Competitive Benchmarking, Berlin, 2013.

[113] Kaenchan S, Mongkolnam P, Watanapa B, et al. Automatic multiple Kinect cameras setting for simple walking posture analysis[C]//2013 International Computer Science and Engineering Conference, Nakhonpathom, 2013.

[114] 姚寿文, 栗丽辉, 王瑀, 等. 双 Kinect 自适应加权数据融合的全身运动捕捉方法[J]. 重庆理工大学学报(自然科学), 2019, 33(9): 109-117.

[115] Azis N A, Jeong Y S, Choi H J, et al. Weighted averaging fusion for multi-view skeletal data and its application in action recognition[J]. IET Computer Vision, 2016, 10(2): 134-142.

[116] Garcia R R, Zakhor A. Markerless motion capture with multi-view structured light[J]. Electronic Imaging, 2016, (21): 1-7.

[117] Asteriadis S, Chatzitofis A, Zarpalas D, et al. Estimating human motion from multiple Kinect sensors[C]//MIRAGE 13: Proceedings of the 6th International Conference on Computer

Vision/Computer Graphics Collaboration Techniques and Applications, Berlin, 2013.

[118] Yeung K Y, Kwok T H, Wang C C L. Improved skeleton tracking by duplex Kinects: A practical approach for real-time applications[J]. Journal of Computing & Information Science in Engineering, 2013, 13(4): 1-10.

[119] 曾继平. 基于双 Kinect 的人体运动重建[D]. 杭州: 浙江大学, 2016.

[120] 高杰, 刘鹏, 李蔚清. 基于质量评价的运动跟踪数据融合方法[J]. 合肥工业大学学报(自然科学版), 2019, 42(5): 646-650, 720.

[121] Gan, Q, Harris C J. Comparison of two measurement fusion methods for Kalman- filter-based multisensor data fusion[J]. IEEE Transactions on Aerospace and Electronic Systems, 2001, 37(1):273-279.

[122] Goh S T, Abdelkhalik O, Zekavat S A. A weighted measurement fusion Kalman filter implementation for UAV navigation[J]. Aerospace Science and Technology, 2013, 28(1): 315-323.

[123] Masse J T, Lerasle F, Devy M, et al. Human motion capture using data fusion of multiple skeleton data[C]//International Conference on Advanced Concepts for Intelligent Vision Systems, Poznań, 2013.

[124] Sungphill M, Youngbin P, Ko D W, et al. Multiple Kinect sensor fusion for human skeleton tracking using Kalman filtering[J]. International Journal of Advanced Robotic Systems, 2016, 13(2): 315-323.

[125] Morato C, Kaipa K N, Zhao B X, et al. Toward safe human robot collaboration by using multiple Kinects based real-time human tracking[J]. Journal of Computing and Information Science in Engineering, 2014, 14(1): 1-9.

[126] Kwon B, Kim J, Lee K, et al. Implementation of a virtual training simulator based on 360° multi-view human action recognition[J]. IEEE Access, 2017, 5: 12496-12511.

[127] Wu Y J, Wang Y, Jung S, et al. Towards an articulated avatar in VR: Improving body and hand tracking using only depth cameras[J]. Entertainment Computing, 2019, 31: 100303.

[128] Smith M J, Bayeh A D. Do ergonomics improvements increase computer workers' productivity: An intervention study in a call centre[J]. Ergonomics, 2003, 46(1-3): 3-18.

[129] Hoffmeister K, Gibbons A, Schwatka N, et al. Ergonomics climate assessment: A measure of operational performance and employee well-being[J]. Applied Ergonomics, 2015, 50: 160-169.

[130] Konz S. NIOSH lifting guidelines[J]. American Industrial Hygiene Association Journal, 1982, 43(12): 931-933.

[131] 谢凯. 高速列车司机室设备可维修性评估方法研究[D]. 北京: 北京交通大学, 2011.

[132] 马超. 基于虚拟维修任务仿真及功效学评估研究[D]. 天津: 中国民航大学, 2015.

[133] 王异香. 基于虚拟维修仿真的人机功效分析研究[D]. 南京: 南京航空航天大学, 2007.

[134] 孟琴. 基于功效学的某加工中心外防护装配作业姿势舒适度研究[D]. 沈阳: 沈阳工业大学, 2019.

[135] 盛晚霞. 人机工程学在汽车装配工人肌肉疲劳中的应用研究[D]. 上海: 上海海洋大学, 2017.

[136] 王朝增. 基于 Kinect 的装配仿真及其人机功效分析[D]. 杭州: 浙江理工大学, 2014.

[137] Manghisi V M, Uva A E, Fiorentino M, et al. Real time RULA assessment using Kinect V2 sensor[J]. Applied Ergonomics, 2017, 65: 481-491.

[138] 姜盛乾. 基于虚拟现实技术的装配及人因评价研究[D]. 长春: 吉林大学, 2019.

第2章　虚拟现实辅助动态装配方法

装配是现代制造的重要环节。装配工作量一般占整个制造工作量的20%~70%。根据物理样机的装配结果来调整设计参数导致制造周期长，费用高，因此在设计阶段就应该充分考虑装配对产品开发的影响。随着高新产品的出现，零件的复杂程度和装配精度要求也不断提高，使用物理样机进行装配实验的困难和成本进一步增加，通过构建虚拟样机进行装配是一个缩短周期、降低成本的有效手段。

虚拟环境是一个能够给使用者带来视觉、听觉、触觉等多感官感知的环境。在虚拟环境中进行装配具有沉浸感强、直观快速的优点，不仅可以在任意角度与位置观察产品的内部结构，还可以使设计者直观、快速地进行比较并分析多种设计方案。在虚拟环境中进行装配能将装配结果实时反馈给设计者，且装配的过程还能指导工人进行装配操作，因此在虚拟环境中进行产品装配是当前的热点技术和发展方向。但是，目前在虚拟装配方面仍存在许多技术难点和问题，导致装配过程实时性差、真实性不足、不符合实际。其主要的技术难点有动态的装配约束方法和约束管理、复杂几何特征装配模型和数据库构建，以及模型与场景的渲染交互等。

现有的主流虚拟造型和装配软件的装配过程是：基于已有的装配约束，人为指定零件之间的约束关系，根据约束条件和指定待装配零件在装配基体(简称基体)的最终位置，使得零件瞬间移动，完成装配。该过程缺乏约束的动态建立，没有贴合实际的动态装配过程。现有装配的另一不足在于，零件的约束建立既没有考虑零件间几何特征的匹配，又没有考虑零件的空间体积，只要设置了位置关系，零件无论穿透与否仍能进行装配，不符合物理规律。因此，考虑零件的几何特征和体积效应，实现动态的约束识别和约束管理是提高虚拟装配实用性和真实度的关键。

本章从传动装置中装配零件的几何特征出发，将几何特征信息抽象成数据结构，建立具有几何特征的零件数据模型。在现有装配约束求解方法的基础上，基于包围盒碰撞检测和零件几何特征匹配动态建立约束关系，通过约束树动态修正和自由度归约方法实现多零件约束下的约束管理和零件位姿的求解，实现虚拟环境下高仿真度实时装配。

2.1　动态装配零件建模方法

目前，工程上使用的三维模型都是通过 CAD 软件建模的。在建模过程中，零件模型数据除了几何外形信息，还包含了许多工程语义信息，数据量较大且丰富。这些数据以特定的数据结构封装在特定格式文件中，如 Pro/E 的.prt 格式文件、Solidworks 的.sldprt 格式文件等，用户无法直接解析该数据文件，获得数据。因此，零件模型只能通过中性格式文件，如 FBX、IGS、STL 等导入虚拟装配环境。这种方法虽可基本满足模型渲染要求，但都在不同程度上丢失了如体素类型及特征参数大小等关键信息。

为了在虚拟环境中满足动态装配中的约束识别和解算，本节提出动态装配的概念，结合传动装置中零件几何多为回转体的特点，建立所对应的零件模型数据结构，研究数据获取方法，实现动态装配零件的建模。

2.1.1　动态装配的定义

当前，虚拟环境中的零件模型缺乏几何特征信息的表达，使得现有的虚拟装配都是"一键式"装配①，本书以 Pro/E 中将一个圆柱销插入一个带孔特征的立方体装配为例说明。其主要过程包含以下三步。

(1) 设置零件初始状态。零件静置在装配空间中，如图 2.1 所示。

图 2.1　零件在装配空间的初始状态

(2) 指定零件之间的约束关系和约束特征，且约束条件必须使零件完全约束，如图 2.2 所示。

(3) 约束条件设定好后点击确认，待装配零件(圆柱销)瞬间抵达装配位置，无中间过程，如图 2.3 所示。

"一键式"装配缺乏零件几何之间的约束，即使约束特征方向设置错误，零件

---

① "一键式"装配是指约束设置后，只通过一个控件按钮实现装配。

图 2.2　设置装配约束条件

图 2.3　待装配零件瞬间抵达装配位置完成装配

也能够完成装配。如图 2.4 所示，由于没有考虑零件实际几何外形特征，装配零件之间发生了穿透。"一键式"装配的缺点如下。

图 2.4　装配零件之间发生了穿透

(1) 虚拟环境中的零件都是由三角面片模型表达的，装配过程仅以约束关系改变空间位姿，没有考虑零件的实体属性，因此零件之间即使相互穿透也可完成装配。

(2) 装配过程是一个从初始位置到装配位置的瞬间变化，与实际装配过程不符，无法体现装配路径中其他零件的影响，装配体验较差。

(3) 仅是装配特征之间位姿的配合求解，没有约束比较和参数匹配的过程，即使无法装配或者结构设计不合理的零件也能实现装配，不具备指导产品进行实际装配的参考价值。

(4) 装配约束一经指定，除非解除，否则不能改变。零件在实际的装配过程中，零件之间的约束条件是随着零件在空间中所处位置而变化的。

为改进"一键式"虚拟装配的不足，本节提出了动态装配的概念。动态装配是指在装配过程中根据零件相对位置关系和几何特征识别，实时更新约束的装配。其特点是约束体现为对运动自由度的限制，而非指定约束几何要素后对位置的限制；约束建立依赖几何特征和参数匹配，由计算机自动识别约束的建立和删除。

2.1.2　动态装配的零件信息

要实现动态装配，约束的动态识别和求解是关键。零件模型不仅在虚拟环境中要直观、准确地表征，还要能根据零件相关信息进行约束识别及物理模拟。因此，所需数据信息较为丰富，本节提出了以下四个方面的信息要求。

1. 几何外形信息

虚拟装配的零件模型必须包含零件的外形特征，用于在环境中进行表征。如图 2.5 所示，虚拟环境中零件的外形由三角面片构成，包含三角面片各个顶点的位置和连接顺序、材质和纹理数据、贴图数据、零件尺寸单位及缩放比例、坐标系原点位置和朝向。

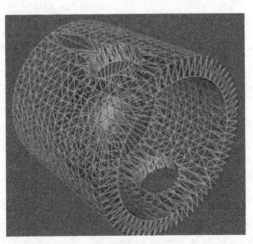

图 2.5　三角面片模型

2. 物理属性

在虚拟环境中，为了进行高精度的运动学仿真和力学模拟，零件必须具有物理属性。通过为刚性物体赋予真实的物理属性计算零件的运动、旋转和碰撞，表征零件模型的运动姿态。物理属性数据主要包含零件的质量 m，沿三个坐标轴的转动惯量 I_x、I_y、I_z，零件质心的位置，平移和转动过程中受到的阻尼力和重力加速度 g。

3. 几何特征

为实现动态装配，需要对零件模型的几何外部特征进行识别、匹配，然后建立约束，通过约束方法求解计算零件之间的相对位置关系。因此，几何特征数据的表征方式和结构特点直接决定了装配方法是否可行。

几何特征数据主要由几何特征类型、几何特征位置和几何特征参数数值三部分组成。根据传动装置零件的特点，将零件的特征类型划分为以下几种：轴、孔、轴肩、键、槽和齿轮。轴及轴上零件的主要特征都由以上特征组成。传动装置中零件多为回转体，其特征是沿轴向发生改变的。因此，本节根据距离轴端的轴向距离确定几何特征的位置。

一个轴类零件可以分为具有相同特征的多个轴段。根据基本特征的不同，图 2.6 将零件分为 A、B、C 三段。A 段具有一个孔特征和一个轴特征；B 段具有一个轴特征；C 段具有一个轴特征。其中，特征点 a、b、c、d 分别记录了轴段的起止位置。

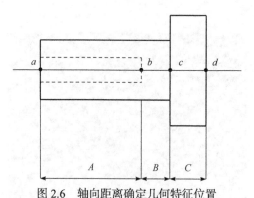

图 2.6　轴向距离确定几何特征位置

在基本特征类型、特征位置确定后，需要确定几何特征的参数个数和参数大小，用于区分和匹配特征。轴特征和孔特征都有一个特征参数，即直径。如果是齿轮特征，则它的参数为多个，包含了压力角、分度圆直径、齿轮模数和变位系数等，用于特征匹配。

4. 碰撞包围盒

在 CAD 建模软件中,零件外形仅由离散点集数据和描述特征的相关数据表征。在虚拟环境中,若零件之间不建立物理关系,则其可以相互穿透和重叠,不符合物理规律。为了实现特征识别,完成虚拟装配,首先需要准确描述零件相对位置关系的零件属性,然后还需要一个相对位置状态发生改变所引发的响应触发机制。

在计算机图形学与计算几何领域,通过碰撞包围盒组成一个包络零件的封闭空间,用于描述物体在空间的位置和体积。最常见的碰撞包围盒有轴向包围盒(axis-aligned bounding box,AABB)和包围球(bounding sphere,BS)。AABB 被定义为包含对象,且边平行于对象坐标轴的最小六面体。BS 是包含对象的最小球体。这两个包围盒的优点是相交测试计算迅速,缺点是精度低,无法识别装配特征,且无法描述局部细节的碰撞。

精度较高的包围盒是方向包围盒(oriented bounding box,OBB),它是包含该对象且相对于坐标轴方向任意的最小长方体。相比 AABB 和 BS,OBB 逼近物体的紧密性更好,能显著地减少包围盒的个数,从而避免了大量包围盒之间的相交检测,缺点是无法识别装配特征。

固定方向凸包围盒可以根据零件的几何构建凸包体,精确描述零件外形。其优点是精度高,缺点是相交检测运算时间长。

AABB、BS 和 OBB 的精度都较低,无法防止零件之间穿透,而固定方向凸包围盒精度较高,且可精确描述零件外形,因而本书采用固定方向凸包围盒。

在虚拟装配中,包围盒主要有以下两个功能:①区分零件与零件之间的位置关系,防止零件之间穿透;②识别零件与零件之间的特征是否发生接触。

根据装配功能要求,零件应在零件层和特征层分别建立碰撞包围盒。图 2.7 是用于零件穿透判定的零件层包围盒,图 2.8 是根据几何特征建立的零件特征层包围盒,用于特征识别判断。

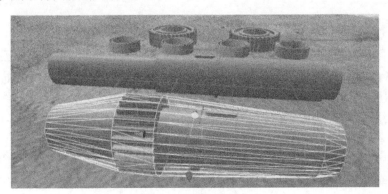

图 2.7　零件层包围盒

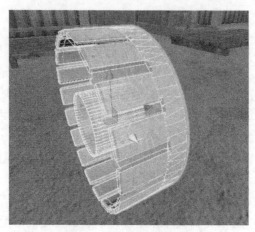

图 2.8　零件特征层包围盒

可以看出，两类包围盒的精度和个数都有区别，零件特征层包围盒由多个子包围盒构成，其缺点是运算时间长，计算方法复杂，因此在本书仅用于特征匹配时的碰撞检测，以保证虚拟环境的实时性。

2.2　面向装配过程的多层级动态约束装配方法

在 CAD 软件中的虚拟装配，如 Pro/E，是通过人为指定初始位置，再指定约束关系和数值，然后求解约束得到终止位置，实现产品的装配，是针对结果的装配。传统装配是一种点到点的静态装配，约束的生成完全依据人的主观设置，没有零件与零件之间的数据交互匹配，难以模拟实际的装配过程。

本节提出一种装配约束生成逻辑和装配约束求解方法，可根据零件的空间相对位置、几何特征匹配约束，通过约束求解方法实现动态装配，是一种面向过程的装配。

2.2.1　现有约束求解方法及其特点

三维几何约束的求解是实现零件装配的关键。约束求解方法的效率及稳定性直接影响装配的效果。三维几何约束求解主要分为数值计算方法和几何推理法。

数值计算方法是将装配约束转换为一系列的点线关系，生成一组非线性方程组，自变量为角度和位置坐标，采用 Newton-Raphson 方法或改进 Newton-Raphson 方法进行数值迭代，从而确定满足约束的几何实体的位置和关系。

Wu[1]采用矢量闭环法建立了约束闭环的矢量模型，建立最小规模的约束方程组，以降低迭代求解的规模。矢量闭环法求解约束闭环不具有通用性，仅能求解部分特殊约束闭环问题，需要通过其他预处理方式简化方程或者转换方程。文献[2]提到了用符号推理法将约束转换成代数方程组。该方法不是直接求解，而是通过使用 Wu-Ritt 特征集将方程组转换成新的形式，然后求解，使约束得到满足。

Kim 等[3]通过几何推理法识别刚体之间的约束构成，将几何约束转换为铰约束，采用切除铰技术将约束闭环的求解转换为逆向运动学问题的求解。该方法可以降低约束求解的规模，但 Kim 等仅讨论了独立约束闭环的求解，并没有给出铰切除的依据。

数值计算方法不仅能适应很大范围的约束类型，而且可以处理约束闭环，但数值计算方法的缺点也很明显，主要是依赖初始值和步长，稳定性较差，方程组的雅可比矩阵可能不满秩，也可能存在多个解或者无解，当方程组结构复杂时，求解速度无法满足实时装配的要求。而且，数值计算方法只适用于解决约束条件固定的系统，对于计算过程中自由度会发生变化的系统，数值计算方法需要重新构建约束矩阵。如果约束变化频繁，更新约束矩阵的过程将极大地耗费计算资源。数值计算方法对于接触碰撞等单边约束问题也缺少合理有效的解决方法。

几何推理法是基于代数求解的自由度分析法。每个零件都有自己的局部坐标系，同时整个装配体在一个公共坐标系之中。相对于公共坐标系，各零件的局部坐标系之间的几何位置关系可得到清晰表达。在计算过程中，零件相对于上一帧的位姿变换矩阵是通过分步削减自由度的方法确定各零件在公共坐标系中的位置，形成整个装配体模型[4]。在几何推理法的基础上，张清华[5]采用欧拉角逆向分解变换矩阵，得到基体与待装配零件之间的自由度信息，修正零件变换矩阵，求解零件约束。其不足在于，该方法仅针对一对一零件之间的约束，且没有提出自由度判断的具体流程和选择依据，没有考虑约束冗余的情形。文献[6]和[7]同样采用了基于自由度分析法来确定零件约束类型并求解约束矩阵的方法。

几何推理法的优点是通过两个零件之间的相对约束关系，计算零件之间的相对位姿矩阵，不需要求解非线性方程组，避免了无解或多解的情况，并且能直观地体现零件之间的相对位置关系，而且主要针对上一帧的运动状态实时更新，不受初始约束状态的影响，比较适用于约束条件时刻变化的系统。其缺点在于，这种方法下形成的约束模型是一种树状结构，节点之间不存在回路，无法求解约束闭环，且在实际装配中，同一个零件受到来自多个零件的约束，零件的自由度描述困难。

由于不考虑装配过程，现有的装配软件只需要根据约束方程求解最终位置，所以采用数值迭代法求解几何约束。这种方法使得虚拟装配只能计算结果，而无法模拟过程。本书针对实时动态的虚拟装配进行研究，实时改变零件之间的约束状态。几何推理法进行约束的识别和求解是一种较好的选择，但需要对该方法进行改进，以实现多零件约束的装配。

2.2.2　装配约束的定义和求解方法

　　零件的装配，本质上是约束的确定以及基于约束条件求解零件位置、姿态。本书装配约束定义为基体和待装配零件的装配特征对零件运动自由度的限制。

　　1. 零件位姿的数学描述和约束定义

　　装配的零件不能看成一个质点，因此空间中的零件不仅有坐标位置，还有朝向姿态。在空间几何中，用一个 4×4 齐次矩阵来描述零件的位姿，称为位姿矩阵，形式为

$$P = \begin{bmatrix} x_x & x_y & x_z & 0 \\ y_x & y_y & y_z & 0 \\ z_x & z_y & z_z & 0 \\ t_1 & t_2 & t_3 & 1 \end{bmatrix} = \begin{bmatrix} R & 0 \\ T & 1 \end{bmatrix} \tag{2.1}$$

式中，T 为物体相对世界坐标系的平移向量，表示该物体的局部坐标系相对于世界坐标系进行 $(t_1,t_2,t_3)^{\mathrm{T}}$ 向量的平移，(t_1,t_2,t_3) 是物体局部坐标系的原点在世界坐标系中的坐标。当物体的局部坐标系与世界坐标系重合时，$T=I$；矩阵 R 为物体相对于世界坐标系的旋转矩阵，其中 (x_x,x_y,x_z)、(y_x,y_y,y_z)、(z_x,z_y,z_z) 分别对应物体的局部坐标系坐标轴的单位方向向量在世界坐标系中的数值。当物体的局部坐标系相对于世界坐标系进行旋转时，矩阵 R 发生变化。特别地，当旋转轴为 x 轴时，有

$$R_x = \begin{bmatrix} 1 & 0 & 0 \\ 0 & y_y & y_z \\ 0 & z_y & z_z \end{bmatrix} = \begin{bmatrix} 1 & 0 & 0 \\ 0 & \cos\theta & \sin\theta \\ 0 & -\sin\theta & \cos\theta \end{bmatrix} \tag{2.2}$$

式中，θ 为旋转角。

　　同理，当旋转轴为 y 轴(旋转角为 ψ)和 z 轴(旋转角为 ϕ)时，旋转矩阵分别为

$$R_y = \begin{bmatrix} x_x & 0 & x_z \\ 0 & 1 & 0 \\ z_x & 0 & z_z \end{bmatrix} = \begin{bmatrix} \cos\psi & 0 & -\sin\psi \\ 0 & 1 & 0 \\ \sin\psi & 0 & \cos\psi \end{bmatrix} \tag{2.3}$$

$$R_z = \begin{bmatrix} x_x & x_y & 0 \\ y_x & y_y & 0 \\ 0 & 0 & 1 \end{bmatrix} = \begin{bmatrix} \cos\phi & \sin\phi & 0 \\ -\sin\phi & \cos\phi & 0 \\ 0 & 0 & 1 \end{bmatrix} \tag{2.4}$$

　　因此，只需要将位姿变换量表示成矩阵形式，与原位姿矩阵相乘得到的新齐次矩阵就是经过坐标变换后的零件位姿矩阵。

　　为便于计算分析，不考虑零件变形，视所有零件为刚体。刚体运动共有六个自由度，如图 2.9 所示。物体在空间中的位姿改变可以用绕 X、Y、Z 轴的旋转和沿 X、Y、Z 轴的平移六个运动的复合来表达，而约束的施加视为这六自由度限制的组合结果。

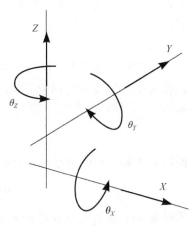

　　装配零件分为基体和待装配零件。以基体为参照物，装配约束表征为待装配零件在基体坐标系中六自由度限制的组合。如图 2.10 所示，基体为传动轴，齿轮为待装配零件。当齿轮和传动轴进行装配时，约束以基体坐标系 $O_B\text{-}X_BY_BZ_B$ 的三个坐标轴为参照，齿轮的初始状态是自由状态，没有自由度限制。当齿轮的内花键与传动轴的外花键匹配时，齿轮与传动轴的装配约束描述为齿轮在基体坐标系中沿 X_B 轴

图 2.9　刚体运动的自由度

和 Y_B 轴的平移自由度、绕 X_B 轴和 Y_B 轴的旋转自由度的限制，便可确定齿轮在基体坐标系中的位姿矩阵。

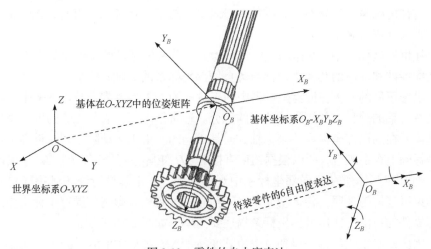

图 2.10　零件的自由度表达

2. 动态装配下被约束零件的运动描述

　　约束是对零件运动状态的限制。在装配过程中，操作者用手或者工具拾取零件并控制待装配零件的移动，即待装配零件的运动和操作者一致，同时由于存在

约束，该运动只有部分分量能够对零件产生实际作用。

为了让零件伴随操作者手进行平移及旋转，设待装配零件的位姿矩阵在世界坐标系中为 P，操作者手的初始位姿矩阵为 H。当零件被抓取时，手与零件的初始位置并不完全一致，因此直接将手的位姿矩阵赋给零件显然不符合零件的实际运动要求。本节提出一种位姿变换量修正方法，实现约束零件在虚拟手拾取条件下的运动。

在世界坐标系中，设第 n 帧操作者手在空间的位姿矩阵为 $H(n)$，第 $n+1$ 帧操作者手的位姿矩阵和位姿矩阵变换量分别为 $H(n+1)$ 和 ΔH，由矩阵变换公式可得

$$H(n)\Delta H = H(n+1)$$

则第 $n+1$ 帧，操作者手的位姿矩阵变换量 ΔH 为

$$\Delta H = H^{-1}(n)H(n+1) \tag{2.5}$$

零件第 $n+1$ 帧的位姿矩阵 $P(n+1)$ 为

$$P(n+1) = P(n)H^{-1}(n)H(n+1) \tag{2.6}$$

式中，$H^{-1}(n)$ 为 $H(n)$ 的逆矩阵。

将式(2.6)的位姿矩阵赋值给零件，便实现了在虚拟环境中用手控制零件的位姿。这种情况是理想状态，即零件本身未受到约束。在考虑约束时，ΔH 需要根据约束条件进行修正。

在世界坐标系中，基体的位姿矩阵为 B，待装配零件的位姿矩阵为 P。假设待装配零件和基体的几何轴线都与各自局部坐标系的 Z 轴共线。

设修正后的 ΔH 在世界坐标系中的表达式为 $\Delta H'$。首先，分离 ΔH 中零件的运动在各轴的分量，并剔除被约束的部分。通常情况下，表征 ΔH 的世界坐标系与基体所在的局部坐标系的坐标轴方向是不同的。由于运动限制，在世界坐标系的坐标轴上存在耦合，所以根据约束直接对 ΔH 矩阵进行修正得到 $\Delta H'$ 是很困难的。但对在基体所在的局部坐标系中观察到的 ΔH 矩阵进行修正则很简单，因为约束以基体为参照，各运动变量之间独立，没有相互影响。局部坐标系描述待装配零件的自由度比用世界坐标系描述要简单，如图 2.10 所示。

因此，修正流程是先得到位姿矩阵变换量 ΔH 在基体坐标系的表达式 ΔH_B，根据约束条件以 6 自由度分析法对 ΔH_B 进行修正得到 $\Delta H_B'$，再将 $\Delta H_B'$ 变换至世界坐标系，最终得到约束修正后 ΔH 在世界坐标系中的表达式 $\Delta H'$，再将修正后的位姿变换量 $\Delta H'$ 赋予待装配零件。整体的流程图如图 2.11 所示。

首先，计算位姿矩阵变换量 ΔH 对应在基体坐标系中的表达式 ΔH_B。设某零

件在世界坐标系中的位姿矩阵为 T，在基体坐标系中的位姿矩阵为 X，根据矩阵变换原理，有 $X = TB^{-1}$。在世界坐标系中做 ΔH 变换后的位姿等于在基体坐标系中做 ΔH_B 变换后再变换回世界坐标系的位姿，因此可得

$$X\Delta H_B B = T\Delta H \tag{2.7}$$

将 $X = TB^{-1}$ 代入式(2.7)，有

$$TB^{-1}\Delta H_B B = T\Delta H \tag{2.8}$$

整理得到 ΔH_B 的表达式为

$$\Delta H_B = B\Delta H B^{-1} \tag{2.9}$$

式(2.9)即为在基体坐标系中观察在世界坐标系中进行了 ΔH 变换的零件发生位姿改变量的表达式。基于几何推理法，式(2.9)用 6 自由度分析法进行修正后，便得到了约束条件下零件的运动改变量。

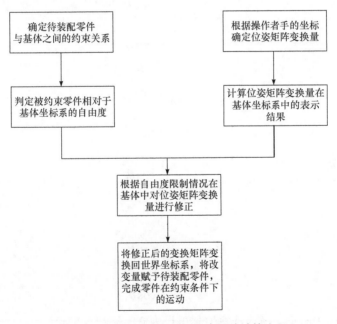

图 2.11　零件在约束条件下位姿矩阵计算流程

3. 运动改变量沿各轴分量的分离方法

通过 ΔH 和 B 计算得到 ΔH_B 之后，需要在基体坐标系中将复合运动在各轴上的分量分离出来，再根据约束条件对被限制量进行剔除修正。

设 ΔH_B 齐次矩阵表达形式为

$$\Delta H_B = B \Delta H B^{-1} = \begin{bmatrix} R_{11} & R_{21} & R_{31} & 0 \\ R_{12} & R_{22} & R_{32} & 0 \\ R_{13} & R_{23} & R_{33} & 0 \\ T_1 & T_2 & T_3 & 1 \end{bmatrix}$$

1) 对应基体局部坐标系，计算 ΔH 中各轴的转角

设 ΔH 带来的运动改变，使物体绕基体坐标系的 X_B 轴转动 θ 角，绕 Y_B 轴转动 ψ 角，绕 Z_B 轴转动 ϕ 角。根据文献[8]中的结论，运用欧拉角计算分析得到 ΔH 对应任意局部坐标系的各轴旋转角。

(1) 当 $R_{31} \neq \pm 1$ 时，有

$$\theta_1 = -\arcsin R_{31}$$

$$\theta_2 = \pi - \theta_1$$

$$\psi_1 = \arctan\left(\frac{\dfrac{R_{32}}{\cos\theta_1}}{\dfrac{R_{33}}{\cos\theta_1}}\right)$$

$$\psi_2 = \arctan\left(\frac{\dfrac{R_{32}}{\cos\theta_2}}{\dfrac{R_{33}}{\cos\theta_2}}\right)$$

$$\phi_1 = \arctan\left(\frac{\dfrac{R_{21}}{\cos\theta_1}}{\dfrac{R_{11}}{\cos\theta_1}}\right)$$

$$\phi_2 = \arctan\left(\frac{\dfrac{R_{21}}{\cos\theta_2}}{\dfrac{R_{11}}{\cos\theta_2}}\right)$$

(2) 当 $R_{31} = \pm 1$ 时，ϕ 为任意值，可设为 0。

当 $R_{31} = -1$ 时，有

$$\theta = \frac{\pi}{2}$$

$$\psi = \phi + \arctan\left(\frac{R_{12}}{R_{13}}\right)$$

当 $R_{31} = 1$ 时，有

$$\theta = -\frac{\pi}{2}$$

$$\psi = -\phi + \arctan\left(\frac{-R_{12}}{-R_{13}}\right)$$

2) 对应基体局部坐标系，计算 ΔH 中各轴的平移向量

ΔH 中对应基体局部坐标系的各轴平移向量，即 ΔH 在世界坐标系中的平移向量在局部坐标系中各轴上的投影。本节以基体局部坐标系的 Z_B 轴为例进行推导，根据式(2.1)可设基体局部坐标系的位姿矩阵在 Z_B 轴的向量为

$$Z_B = \left(Z_x, Z_y, Z_z\right)^{\mathrm{T}}$$

设 ΔH 的平移向量为

$$T_{\Delta H} = \left(Z_{x\Delta H}, Z_{y\Delta H}, Z_{z\Delta H}\right)^{\mathrm{T}}$$

则向量 $T_{\Delta H}$ 在向量 Z_B 上的投影 Z_1 为

$$Z_1 = \left|T_{\Delta H}\right| \cos\langle T_{\Delta H}, Z_B \rangle$$

即得 ΔH 对应基体局部坐标系中的 Z_B 轴平移向量。实际上，Z_1 的数值与式(2.9)中 ΔH_B 矩阵中的 T_3 相等，也可以通过计算 ΔH_B 得到。

运用同样的方法，就可逐一得到 ΔH_B 矩阵中各运动分量。

4. 基于自由度限制方法约束实例计算

在传动装置中，大多数零件都是回转件，因此定义如下基本约束：自由(无约束)、同轴不定向约束(可绕轴线旋转及沿轴线平移)、同轴定向约束(不可绕轴线旋转但可沿轴线平移)、同轴不定向面阻挡约束(可绕轴线旋转但不能沿轴线装配方向平移)、同轴定向面阻挡约束(不可绕轴线旋转及沿轴线装配方向平移)。以上约束中提及的轴线都是指基体轴线。针对这几类约束实例，本节分析并推导其数学表达式。

1) 同轴不定向约束

同轴不定向约束具有沿基体轴线移动和绕轴线旋转的 2 自由度，即 ΔH_B 矩阵只保留沿 Z_B 轴方向的移动量 T_3 和绕 Z_B 轴的旋转量 ϕ，则 $\Delta H'_B$ 为

$$\Delta H'_B = \begin{bmatrix} \cos\phi & \sin\phi & 0 & 0 \\ -\sin\phi & \cos\phi & 0 & 0 \\ 0 & 0 & 1 & 0 \\ 0 & 0 & T_3 & 1 \end{bmatrix}$$

2) 同轴定向约束

同轴定向约束只有沿基体轴线移动的 1 自由度，即 $\Delta \boldsymbol{H}_B$ 矩阵只保留沿 Z 轴方向的移动量 T_3，则 $\Delta \boldsymbol{H}_B'$ 为

$$\Delta \boldsymbol{H}_B' = \begin{bmatrix} 1 & 0 & 0 & 0 \\ 0 & 1 & 0 & 0 \\ 0 & 0 & 1 & 0 \\ 0 & 0 & T_3 & 1 \end{bmatrix}$$

3) 同轴不定向面阻挡约束

同轴不定向面阻挡约束包含绕 Z_B 轴旋转和沿 Z_B 轴移动的 2 自由度，但沿 Z_B 轴的平移受到方向限制。在实际装配中，当零件沿轴向装配时，如果受平面阻挡，那么只能沿零件装配的反方向移动。当 $T_3 > 0$ 时，沿零件装配方向 $\Delta \boldsymbol{H}_B$ 矩阵只保留绕 Z_B 轴的旋转量 ϕ，则 $\Delta \boldsymbol{H}_B'$ 为

$$\Delta \boldsymbol{H}_B' = \begin{bmatrix} \cos\phi & \sin\phi & 0 & 0 \\ -\sin\phi & \cos\phi & 0 & 0 \\ 0 & 0 & 1 & 0 \\ 0 & 0 & 0 & 1 \end{bmatrix}$$

当 $T_3 < 0$ 时，为零件装配的反方向，$\Delta \boldsymbol{H}_B$ 矩阵保留沿 Z_B 轴的移动量 T_3 和绕 Z_B 轴的旋转量 ϕ，则 $\Delta \boldsymbol{H}_B'$ 为

$$\Delta \boldsymbol{H}_B' = \begin{bmatrix} \cos\phi & \sin\phi & 0 & 0 \\ -\sin\phi & \cos\phi & 0 & 0 \\ 0 & 0 & 1 & 0 \\ 0 & 0 & T_3 & 1 \end{bmatrix}$$

4) 同轴定向面阻挡约束

同轴定向面阻挡约束有沿 Z_B 轴移动的 1 自由度，但沿 Z_B 轴的平移受到方向限制，若 $T_3 > 0$，沿零件装配方向 $\Delta \boldsymbol{H}_B$ 矩阵中只保留绕 Z_B 轴的旋转量 ϕ，则 $\Delta \boldsymbol{H}_B'$ 为

$$\Delta \boldsymbol{H}_B' = \begin{bmatrix} 1 & 0 & 0 & 0 \\ 0 & 1 & 0 & 0 \\ 0 & 0 & 1 & 0 \\ 0 & 0 & 0 & 1 \end{bmatrix}$$

若 $T_3 < 0$ 时，沿零件装配反方向，$\Delta \boldsymbol{H}_B$ 矩阵保留沿 Z_B 轴的移动量 T_3 和绕 Z_B 轴的旋转量 ϕ，则 $\Delta \boldsymbol{H}_B'$ 为

$$\Delta \boldsymbol{H}'_B = \begin{bmatrix} 1 & 0 & 0 & 0 \\ 0 & 1 & 0 & 0 \\ 0 & 0 & 1 & 0 \\ 0 & 0 & T_3 & 1 \end{bmatrix}$$

将 $\Delta \boldsymbol{H}'_B$ 变换回世界坐标系中得到修正后的 $\Delta \boldsymbol{H}' = \Delta \boldsymbol{H}'_B \boldsymbol{B}$。

5. 齿轮啮合约束模型

1) 齿轮啮合约束位姿矩阵的表示

图 2.12 为齿轮啮合约束示意图，齿轮 1 为待装配零件，空间位姿矩阵为 $\boldsymbol{P}_1$；齿轮 2 为基体，空间位姿矩阵为 $\boldsymbol{P}_2$。对于任一齿轮，$O_1\text{-}X_1Y_1Z_1$ 和 $O_2\text{-}X_2Y_2Z_2$ 分别为待装配零件和装配基体的局部坐标系，O_1、O_2 为齿轮质心，Z_1、Z_2 轴与齿轮轴线重合，Y_1、Y_2 轴穿过任一齿顶中心，X_1、X_2 轴根据左手定则分别与 Y_1、Z_1 和 Y_2、Z_2 轴垂直。

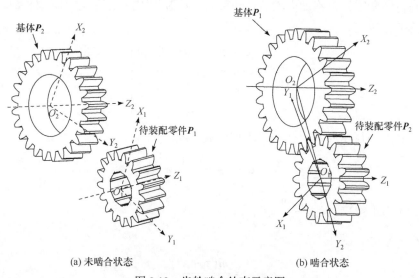

(a) 未啮合状态　　　　　　　　(b) 啮合状态

图 2.12　齿轮啮合约束示意图

在齿轮装配时，基体，即齿轮 2 保持固定。当处于啮合状态时，齿轮 1 与齿轮 2：①轴线平行；②轴线距离，即齿轮中心距在标准中心距微小范围内浮动；③两齿轮端面重合或近似重合；④齿啮合，即两齿轮局部坐标系的 Y 轴成某一固定角度 α。此时，齿轮 1 只能沿自身局部坐标系 Y 轴向远离齿轮 2 的方向移动，直至破坏齿轮啮合约束条件，齿轮啮合约束消失，如图 2.13 所示。

设基体的位姿矩阵为

$$P_2 = \begin{bmatrix} t_{11} & t_{12} & t_{13} & x_2 \\ t_{21} & t_{22} & t_{23} & y_2 \\ t_{31} & t_{32} & t_{33} & z_2 \\ 0 & 0 & 0 & 1 \end{bmatrix} \tag{2.10}$$

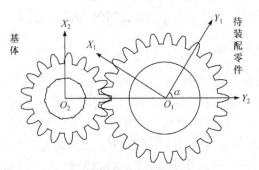

图 2.13　齿轮啮合约束平面示意图

在待装配零件被施加齿轮啮合约束后，待装配零件在基体局部坐标系中的位姿矩阵 $P_{1局}$ 为

$$P_{1局} = \begin{bmatrix} \cos\alpha & \sin\alpha & 0 & 0 \\ -\sin\alpha & \cos\alpha & 0 & a \\ 0 & 0 & 1 & 0 \\ 0 & 0 & 0 & 1 \end{bmatrix} \tag{2.11}$$

式中，α 为两齿轮局部坐标系的 Y 轴所成角度。

$$\alpha = \left(1 - \frac{2k-1}{n}\right)\pi \tag{2.12}$$

式中，k 为正整数，$k < \dfrac{n+1}{2}$。

a 为齿轮中心距：

$$a = \frac{m(z_1 + z_2)}{2} \tag{2.13}$$

式中，m 为齿轮模数；z_1 与 z_2 分别为两齿轮的齿数。

将 $P_{1局}$ 变换到世界坐标系中，即得到受齿轮啮合约束待装配零件的世界坐标系中位姿矩阵 P_1：

$$P_1 = P_2 P_{1局} = \begin{bmatrix} t_{11} & t_{12} & t_{13} & x_2 \\ t_{21} & t_{22} & t_{23} & y_2 \\ t_{31} & t_{32} & t_{33} & z_2 \\ 0 & 0 & 0 & 1 \end{bmatrix} \begin{bmatrix} \cos\alpha & \sin\alpha & 0 & 0 \\ -\sin\alpha & \cos\alpha & 0 & a \\ 0 & 0 & 1 & 0 \\ 0 & 0 & 0 & 1 \end{bmatrix} \tag{2.14}$$

2) 齿轮约束条件需同时满足的三个条件

(1) 两个齿轮的中心距离 d 满足

$$d \in \left(\frac{d_{a1} + d_{a2}}{2}, \frac{d_{a1} + d_{a2}}{2} + \varepsilon_1 \right) \tag{2.15}$$

式中，d_{a1} 与 d_{a2} 分别为两个齿轮的齿顶圆直径；ε_1 为大于 0 的一个微小值。

(2) 两个齿轮的轴线夹角 β 满足

$$\beta \in [0, \varepsilon_2] \tag{2.16}$$

式中，ε_2 为大于 0 的一个微小值。

(3) 两个齿轮的局部坐标系 Y 轴夹角 α 满足

$$\alpha = \left[\left(1 - \frac{2k-1}{n} \right)\pi - \varepsilon_3, \left(1 - \frac{2k-1}{n} \right)\pi + \varepsilon_3 \right] \tag{2.17}$$

式中，ε_3 为大于 0 的一个微小值；k 为正整数，$k < \dfrac{n+1}{2}$。

当待装配零件未被约束时，待装配零件的位姿矩阵 P_1 等于虚拟手的位姿矩阵 P_h。设

$$P_1 = P_h = \begin{bmatrix} r_{11} & r_{12} & r_{13} & x_1 \\ r_{21} & r_{22} & r_{23} & y_1 \\ r_{31} & r_{32} & r_{33} & z_1 \\ 0 & 0 & 0 & 1 \end{bmatrix} \tag{2.18}$$

则有

$$d = \sqrt{(x_1 - x_2)^2 + (y_1 - y_2)^2 + (z_1 - z_2)^2} \tag{2.19}$$

$$\alpha = \arccos \frac{t_{13}r_{13} + t_{23}r_{23} + t_{33}r_{33}}{\sqrt{(t_{13}^2 + t_{23}^2 + t_{33}^2)} \sqrt{(r_{13}^2 + r_{23}^2 + r_{33}^2)}} \tag{2.20}$$

或

$$\alpha = \arccos \frac{t_{12}r_{12} + t_{22}r_{22} + t_{32}r_{32}}{\sqrt{(t_{12}^2 + t_{22}^2 + t_{32}^2)} \sqrt{(r_{12}^2 + r_{22}^2 + r_{32}^2)}} \tag{2.21}$$

以上即为当零件受到相对于基体的五个基本约束时，约束矩阵的处理方法及运动表达。对于其他更复杂的约束可以依照相似的原理进行推导，本书不赘述。

2.2.3　单一及多约束下动态装配的约束识别和约束管理逻辑

2.2.2 节详细阐述了零件在约束条件下实现动态装配的运动规律和数学描述，运用这种方法可以对已知约束条件和装配基体的零件进行动态的位姿调整。本节详细介绍约束识别的方法及其实现，以及多约束动态装配的流程。

1. 基于碰撞检测和参数匹配的约束识别方法

2.1 节的零件建模阶段说明了零件根据轴段划分建立特征碰撞包围盒的方法。包围盒的碰撞检测方法非常成熟，其主要原理是采用分离轴定理(separating axis theorem，SAT)和 GJK 方法，这两类方法都有封装好的方法库，可以直接调用并运用到程序中，本书对其不进行讨论。

当零件与零件发生碰撞时，会立即对零件特征层包围盒进行检测，如果零件特征层包围盒也发生了碰撞，则调用响应函数，提取文件中对应轴段的特征信息，比对特征类型和参数大小；如果特征相匹配，则建立约束关系，通过 2.2.2 节的方法限制零件运动；如果特征不匹配，则该次碰撞响应不进行处理。根据约束识别和姿态控制的主要步骤，流程图如图 2.14 所示。

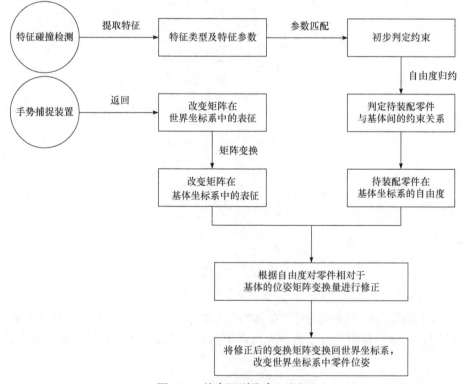

图 2.14　约束识别及建立流程

　　待装配零件在进行装配时，可能有一个或多个零件对该零件存在约束作用，这些限制件统称为装配基体。所有基体与零件之间约束的集合最终限制零件在世界坐标系中的位姿状态。因此，一个待装配零件可能同时受到多个约束的作用，而且约束的产生有先后顺序之分，需要各个约束产生的效果。

　　如图 2.15 所示，在齿轮的装配中，需要将待装配齿轮装配在轴上，此时待装配齿轮受到轴的约束，只能沿轴线平移并随轴转动。接着待装配齿轮需要与另一轴上的齿轮进行装配，如果两齿轮的啮合条件没有得到满足，那么待装配齿轮将无法再沿轴线移动，此时待装配齿轮受到两个零件的约束，即轴和齿轮。显然，任意零件之间的约束条件去限制齿轮的装配都是不合理的。

图 2.15　待装配齿轮自由度同时受轴和另一齿轮约束

　　因此，在图 2.14 所示的流程中，初步判定约束之后有一个自由度归约的步骤。自由度归约，是指在零件同时受到多个约束的情况下，将约束条件直接累加进行自由度限制出现重合或者耦合的情况时，需要进行合并处理。本书采用了几何推理法，仅需对 6 自由度的约束条件求并集即可实现自由度归约，经过归约后，重新修正位姿矩阵改变量 ΔH 。

2. 约束关系的存储及动态更新方法

　　在实际的装配中，零件数量较多，不仅是一个基体与一个待装配零件相装配，基体本身也可能是待装配零件或者是已经添加了约束的零件。同一个零件在很多情况下会与多个零件发生碰撞，产生约束，但以谁为参照基体，如何归约，位置发生变化时关联的零件如何移动，本书将这些问题统称为约束关系的存储及更新管理。

　　考虑到装配是由一个初始零件作为基体，然后不断装配新零件，在三维建模环境中，装配关系都采用树状的数据结构表达，考虑到约束和装配关系的对应关系，本书采用树状结构来表达约束关系。

对于一个零件，虽然有多个装配基体，但在装配过程中，约束的产生依然有先后顺序。首先对零件产生约束的基体称为主要基体，它对零件的自由度产生了限制。之后出现的次要基体只能对零件剩余的自由度再进一步限制。因此，零件及其所拥有的约束只能和一个装配基体关联，其他零件只是增大自由度限制作用，零件与零件之间的约束关系有关联但不会形成闭环。由离散数学知识可知，没有回路的连通图可以构成树，因此可以用约束树来描述多零件装配中复杂的约束关系。选取一个零件作为初始装配基体(主要基体)，场景中的每一个零件都在以这个零件为根节点的约束树上，装配约束树状图如图 2.16 所示。图中关联箭头则是零件之间 6 自由度表达的约束。每个零件都只有一个六自由度参考基体，但是当受到除基体之外其他零件的影响时，将约束效果等效到基体上，再进行自由度归约修正。

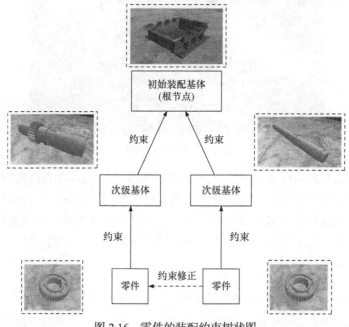

图 2.16　零件的装配约束树状图

在实际装配中，约束关系是随着位置和装配进程的改变而变化的。因此，装配约束树应具有随着装配过程的进行而不断更新，解除时删除该对象，生成新约束时在对应的基体下添加子节点的机制。其困难在于，不能仅以两个零件装配时约束更新的标准来确定，需要有一个管理约束树子节点添加和删除的逻辑与流程。

本书利用遍历回溯的优先级判断方法对装配约束树进行动态更新，方法如下：每当场景中有一个零件 A 被虚拟手选取时，就被认定为待装配零件。以根节点(初始装配基体)为起点，向下对所有子节点零件进行遍历，比较判断是否有子节点零件与根节点零件发生包围盒碰撞，若有碰撞发生，则设碰撞零件为 B，进行参数比较判断是否满足约束条件，如果能够构成约束关系，再判断零件是否已存在约束，如果已存在约束，则根据所有约束关系对零件在基体中的自由度进行归约。如果零件处于自由状态，则添加到约束树中，作为碰撞零件 B 的子节点，重复该流程直至遍历完所有子节点。约束树的建立流程如图 2.17 所示。

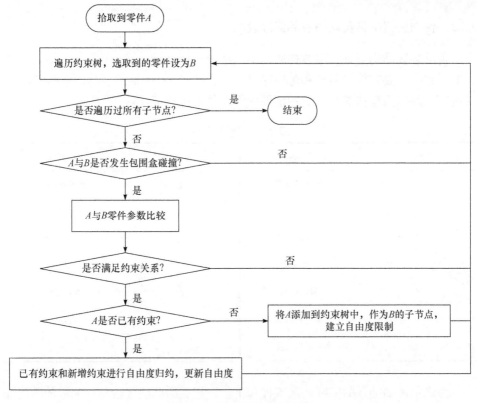

图 2.17 约束树的建立流程

图 2.17 的流程可以保证零件在进行特征碰撞识别时不遗漏、不重复，同时多层级的判断条件也保证了实时运算的速度。该方法可以实现约束树的实时建立和更新，管理多零件装配时复杂的约束关系，且该流程具有快速高效性，能满足在虚拟环境中进行仿真分析及图片渲染要求的运算速度，实现了符合实际装配情况的动态装配。

2.3　基于动态装配理论的装配实例

在研究了虚拟环境下动态装配的理论内容和技术难点的基础上，本节针对具体的装配实例对象进行装配分析，以验证理论的可行性和虚拟环境下装配平台功能。为了与虚拟装配进行比较，作者在实际装配车间进行了实物装配，记录了装配流程。同时，本节针对虚拟装配中出现的零件参数不匹配、装配顺序等情况进行装配实例分析，验证平台的装配指导功能。

2.3.1　传动装置中某传动轴系的实际装配

传动装置结构复杂，本节选取其中一根典型传动轴总成进行装配。表 2.1 为装配过程中主要零件的名称和对应序号，并在图 2.18 中给出了其二维图(部分非关键零件及作为整体参与装配的组件内部零件未进行标注)。

表 2.1　三轴零件表

零件序号	零件名称	零件序号	零件名称
1	中间轴承座	8	滚针轴承座
2	中间轴承	9	齿圈总成
3	辅助配油套	10	轴端轴承
4	隔环	11	滚针隔环
5	被动齿轮	12	配油轴套
6	离合器总成	13	配油套
7	离合器被动齿轮	—	—

为确定传动轴系的实际装配流程和工艺，作者团队前往哈尔滨某厂的装配车间，针对传动的三轴进行了装配及拆解流程，下面记录了主要装配步骤，同时对关键步骤进行配图表示。

(1) 图 2.19 为传动轴装配初始阶段，安装锁紧螺母，给三轴提供支撑面，稳定竖立三轴，便于后续装配(在实际装配时，已经安装中间轴承)。

(2) 将传动轴竖立，装配中间轴承座，如图 2.20 所示。

(3) 装配辅助配油套及配油套总成，如图 2.21 所示。

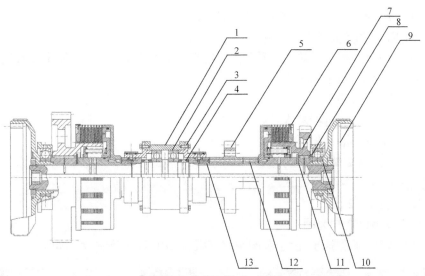

图 2.18 待装配轴系二维图

图 2.19 待装配三轴安装锁紧螺母

图 2.20 装配中间轴承座

图 2.21 装配辅助配油套及配油套总成

(4) 翻转轴，装配另一侧辅助配油套及配油套总成。

(5) 向辅助配油套内装配隔环、配油套。

(6) 装配 C3 被动齿轮，需要考虑齿轮与轴的花键对齐，还有轴上油孔槽与齿轮油孔槽对齐，如图 2.22 所示。

(7) 装配配油轴套。

(8) 装配 C2 离合器总成，如图 2.23 所示。

(9) 装配 C2 滚针隔环。

(10) 装配 C2 被动齿轮，如图 2.24 所示，装配时需要匹配摩擦片和齿轮角度位置。

(11) 装配 C2 滚针。

(12) 装配 C2 端齿圈。

(13) 装配锁紧螺母，由于装配空间有限，采用特殊工装拧紧，如图 2.25 所示。

图 2.22　装配 C3 被动齿轮　　　　　　图 2.23　装配 C2 离合器总成
(花键和油孔同时对齐)

图 2.24　装配 C2 被动齿轮　　　　　图 2.25　使用特殊工装装配锁紧螺母

(14) 翻转轴，按照相同步骤装配另一端离合器、齿圈、锁紧螺母。图 2.26 为装配完成后的三轴总成图。

图 2.26　装配完成后的三轴总成图

2.3.2　虚拟环境中传动轴系的动态装配仿真

为验证动态装配理论及虚拟装配平台系统的功能，本书在虚拟环境中对上述轴系进行装配。各零件模型以 2.1 节的方法建模后，导入虚拟环境中，绑定约束识别及拾取控制方法脚本，进行虚拟装配。

1. 虚拟环境搭建及其组成

本节采用 Unity3D 搭建三维虚拟场景，场景由零件模型、装配区域、交互式电子手册组成，场景图如图 2.27 所示，其中左侧为待装配零件放置区，正前方屏幕为交互式电子手册窗口，用于显示视频和文字信息，正中央区域为零件装配区域，在此空间内完成装配的零件将会被记录。

场景中所有零件都是可以用于拾取并装配的独立对象，为便于操作，取消了零件的重力作用。交互式电子手册采用虚拟交互面板远程控制，使用者可以用与自身同步的虚拟手进行操作，如图 2.28 所示，虚拟环境下操作面板可以用虚拟手进行交互操作，远程控制交互式电子手册进行图片切换及视频播放功能。

图 2.27　虚拟装配环境场景图

图 2.28　虚拟环境中交互式电子手册

2. 虚拟环境下传动轴的动态装配

针对某传动装置的三轴总成进行装配模拟，由于装配流程较为复杂，为便于表达，保留了主要步骤，划分为七组。装配特征是由几何特征决定的，为便于观察装配零件过程的细节，隐藏了部分紧固件。

(1) 将传动轴竖立，装配中间轴承。

如图 2.29 所示，图 2.29(a)中将传动轴垂直放置在水平面上，图 2.29(b)中将轴承装配在轴上。轴承与轴约束匹配成功后只能沿轴线移动，图 2.29(c)中当被轴肩阻挡无法继续向下运动时，表示轴承装配到位。

(a) 竖立传动轴　　　　　　(b) 装配中间轴承　　　　　　(c) 轴承装配到位

图 2.29　轴竖立放置后装配轴承

(2) 反转轴，装配另一侧轴承、轴承座和辅助配油套。

该装配步骤需要将辅助配油套和轴承座上的螺栓孔对齐，图 2.30(c)和(d)体现了辅助配油套周向角度的调整过程。

(a) 轴反转，装配轴承　　(b) 装配轴承座　　(c) 装配辅助配油套　　(d) 装配完成

图 2.30　装配轴承座及辅助配油套

(3) 装配隔环、配油套。

如图 2.31 所示，第一步在辅助配油套内、轴承外侧装配隔环。第二步调整配油套周向角度，使配油套的内花键和轴的外花键匹配。第三步沿轴移动配油套，直至与隔环发生接触，完成装配。

(a) 装配隔环　　　　　　(b) 拾取配油套　　　　　　(c) 调整配油套位置

(d) 配油套内花键和轴外花键对齐　　(e) 配油套沿轴向移动　　　　(f) 装配完成

图 2.31　装配隔环及配油套

(4) 装配被动齿轮及配油轴套。

本步装配需要进行被动齿轮内花键与轴上外花键的匹配。此外，传动轴上油孔开在键槽内，且油孔是间隔开的，因此在这一步装配中，还需要注意将齿轮内花键上的油孔与轴上具有油孔的外花键对齐，如图 2.32(a)中标记框处。齿轮模型在该特征处设置了角度参数进行匹配，当带有油孔的键槽与齿轮拥有油孔的键不匹配时，约束条件不满足，齿轮将无法进行装配。

(a) 被动齿轮装配

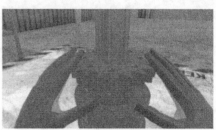
(b) 被动齿轮装配到位

(c) 配油轴套装配

(d) 配油轴套完成装配

图 2.32　装配被动齿轮及配油轴套

(5) 图 2.33 为装配离合器总成和滚针轴承隔环。

(a) 离合器总成内花键对齐

(b) 离合器总成完成装配

(c) 滚针轴承隔环装配

(d) 装配完成

图 2.33　装配离合器总成和滚针轴承隔环

(6) 装配离合器被动齿轮和齿圈。

离合器被动齿轮需要与离合器摩擦片内齿啮合后才能完成装配，图 2.34(a)和(b)为调整被动齿轮角度，被动齿轮装配完成后装配滚针轴承(本书略)，接着装配齿圈(轴端轴承已装配在齿圈内)，需要注意齿圈与轴的键槽角度匹配。

(7) 装配锁紧螺母，传动轴倒立，以前述相同步骤进行另一侧零件装配，完成三轴总成装配。

(a) 双手搬离合器被动齿轮

(b) 调整被动齿轮内花键角度

(c) 被动齿轮装配完成

(d) 装配齿圈

图 2.34　装配被动齿轮、滚针轴承及齿圈

　　锁紧螺母在汇流排齿圈内，没有空间放置扳手进行螺母拧紧，本节在虚拟环境下构建了一个工装模型，以满足装配空间工具可达性要求，因此定制了一个锁紧螺母的装配约束，当螺母与轴上螺纹发生匹配时，仅能在工装与螺母匹配后才能旋进。

　　至此，该轴系的一侧已完全装配完毕，只需反转轴，从另一侧再进行装配，装配过程中只有离合器和齿轮零件不同，流程基本一致，故将这一侧零件的装配过程略过，直接给出最终装配结果，如图 2.35 所示。

(a) 拾取锁紧螺母

(b) 装配锁紧螺母

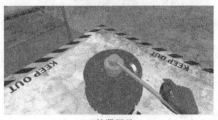

(c) 拧紧螺母

(d) 翻转传动轴

(e) 装配另一侧零件　　　　　　　　　　(f) 装配完成

图 2.35　装配锁紧螺母、反转轴端完成最终装配

由以上装配过程所达到的虚拟装配效果可知，本书中的动态装配理论及相应装配平台能够较好地模拟实际装配过程，装配可操作性强，可以满足装配工艺设计要求，且能发现装配错误，装配体验好。

2.3.3　虚拟装配平台装配指导功能验证

利用动态装配理论进行虚拟装配能够检验装配过程中的装配错误及参数不匹配情况，对零件设计、装配训练有积极意义。当在虚拟环境中进行装配时，所拾取的零件参数或者相对位置可能会发生不匹配的现象，本书中的动态装配系统可以检测到这种错误，并阻止零件进行下一步装配运动。以装配轴承座时轴承选择错误为例说明平台检测功能。

在本轴系装配中，共有两种球轴承零件，分别为轴端轴承和中间轴承，这两种轴承的轴径分别为 135mm 和 125mm，外形接近，在进行装配时可能会出现错误选择，如图 2.36 所示。

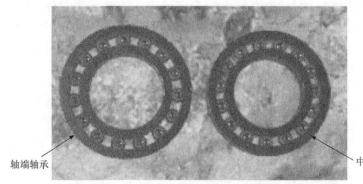

图 2.36　轴端轴承和中间轴承

在进行中间轴承座装配时，需要先在轴中部的轴肩两侧装配两个中间轴承，如选择 135mm 轴端轴承，轴承座是无法装配的，为检验此过程，将轴中一端装配 125mm 轴承，另一端装配 135mm 轴承，装配图如图 2.37 所示。

图 2.37　轴中间分别装配两种轴承

接下来进行轴承座的装配，由图 2.38 可知，轴承座可以穿过左侧中间轴承，轴承座右端面抵达右侧轴承左端面。

(a) 轴承座穿过左侧中间轴承　　　　　(b) 轴承座被右侧中间轴承阻挡

图 2.38　左侧中间轴承可以穿过轴承座

此时若继续装配，轴承座右侧特征层存储的内孔参数小于右端轴承的外径参数，参数不匹配，则轴承阻挡了轴承座进一步向右移动。若继续用手推动轴承座，则由于已经到达极限位置，所以系统将给出错误提示，如图 2.39 所示。

图 2.39　轴承和轴承座尺寸不匹配错误提示

接下来将右侧轴承替换为正确尺寸的中间轴承继续进行装配，操作过程如图 2.40 所示。

(a) 轴承装配错误   (b) 拆卸错误轴承   (c) 装配正确尺寸中间轴承

图 2.40 将错误轴承替换为正确尺寸中间轴承

轴承替换完成后，中间轴肩两端都是直径为 125mm 的球轴承，此时再进行轴承座装配，轴承座与轴承外形特征尺寸是匹配的，装配可以继续，结果如图 2.41 所示。

(a) 装配轴承座   (b) 轴承座装配完成

图 2.41 轴承座孔通过轴承完成装配

以上轴承座装配失败和成功实例能够说明动态装配平台下的零件装配能够匹配零件几何外形特征尺寸，进一步识别约束关系，并对错误装配给出信息提示。

2.4 本 章 小 结

本章针对传统虚拟装配模式存在的问题，如无法满足紧凑传动装置复杂轴系装配的需求、无法发现结构设计问题、不能指导装配工艺等，提出了动态装配的概念和相关理论，研究了约束表达和约束求解方法，主要内容包括 Pro/E 零件模型信息提取及虚拟环境下模型文件的重构方法、动态装配中约束的表达和识别方法、基于 Unity3D 构建的交互式装配平台系统等，通过某轴系的虚拟装配操作进行了理论验证，为后续可装配性人机功效评价提供装配功能。

（1）提出并详细阐述了动态装配的概念和特点，定义了满足动态装配需求的零件数据结构，该数据结构包含零件模型的几何外形信息数据、物理属性数据、几何特征数据和碰撞体包围盒数据。

（2）提出了用于虚拟环境下动态装配的约束识别方法和多约束下零件装配的约束管理逻辑，推导了动态装配方式中约束条件下零件运动的数学表达式，提出了用于表达零件之间约束关系的约束树概念，并给出了约束树实时更新的方法流程。

（3）通过某传动装置轴系的动态装配实例分析，与实际装配过程进行对照，验证了虚拟动态装配的理论和方法，提高了实际装配工艺的可行性。

参 考 文 献

[1] Wu Y M. Dynamic recognition and solution of 3D geometric constraint loops[J]. Journal of Computer-Aided Design and Computer Graphics, 2000, 12(8): 624-629.

[2] Gao X S, Chou S C. Solving geometric constraint systems. II. A symbolic approach and decision of Rc-constructibility[J]. Computer-Aided Design, 1998, 30(2): 115-122.

[3] Kim J S, Kim K S, Lee J Y, et al. Solving 3D geometric constraints for closed-loop assemblies[J]. The International Journal of Advanced Manufacturing Technology, 2004, 23(9/10): 755-761.

[4] 李健, 郭连水, 王凯, 等. 三维装配约束求解的几何推理法[J]. 机械设计, 2001, 18(7): 30-32.

[5] 张清华. 基于装配特征的传动装置轴系虚拟装配技术研究[D]. 北京: 北京理工大学, 2016.

[6] Kramer G A. Using degrees of freedom analysis to solve geometric constraint system[C]// Proceedings of the First ACM Symposium on Solid Modeling Foundations and CAD/CAM Applications, New York, 1991.

[7] 蒋勇, 王波兴, 陈立平. 三维几何约束求解的自由度归约方法[J]. 计算机辅助设计与图形学学报, 2003, 15(9): 1128-1133.

[8] Slabaugh G G. Computing Euler angles from a rotation matrix[J]. Retrieved August, 1999, (6): 39-63.

第 3 章　无标记人体运动捕捉系统设计

为了弥补一台 Kinect 捕捉人体的种种缺陷，以满足传动装置可装配性设计对人体精度的需求。本章在介绍系统主要硬件的原理与优缺点的基础上，以稳定捕捉面积、人体活动面积、装配面积覆盖率为指标，确定多传感器运动捕捉系统的布局方案。

系统中的多台 Kinect 以及 OptiTrack 运动捕捉系统捕捉人体的三维骨骼信息都是相对于自身坐标系的，所以在数据融合与精度验证分析之前必须完成多个坐标系的统一。本章利用改进的 ICP 方法，研究无标记运动捕捉系统的空间标定。

为了满足系统区分人体正面与背面的需求，本章提出面部朝向的概念，研究面部朝向的更新方法，采用 Holt 双参数滤波平滑面部朝向，提出 Kinect 标定修正方法，并对标定结果进行误差分析。

3.1　一台 Kinect 人体运动捕捉存在的问题

3.1.1　Kinect 原理与性能

无标记运动捕捉系统主要利用 Kinect 采集到的数据作为系统的输入。2010年，微软公司与以色列 PrimeSense 公司联手发布了第一代 Kinect V1，主要目的是搭配 XBOX 体感游戏机。2014 年，微软公司推出了新一代 Kinect V2，为了鼓励开发者利用 Kinect 进行体感产品的开发，相继发布两款 Kinect For Windows SDK。从功能上看，这两款传感器大致相同，都可以获得深度、彩色数据，且可完成运动捕捉、手势识别等功能，但是两款传感器的工作原理完全不同。图 3.1 为两代 Kinect。

Kinect V1 利用红外投影机向整个空间以 30Hz 的刷新率发射红外光谱，照射到目标物体后形成随机散斑，在整个空间打上随机衍射斑点结构光，整个空间都被标记[1]。当物体进入空间时，红外互补金属氧化物半导体(complementary metal-oxide-semiconductor，CMOS)相机通过接收物体反馈来的散斑判断物体的位置，非常适合在光照不足的区域使用，并且可以在一定范围内达到较高的测量精度。但是受到强自然光的影响，室外条件基本无法使用[2]。当物体材料可以吸收红外光时，红外 CMOS 相机无法捕捉发射的红外光，进而出现深度数据丢失的问题。

随着物体距离的增加，深度分辨率也急剧下降，且对小物体的感知能力较差。

(a) Kinect V1　　　　　　　　　　(b) Kinect V2

图 3.1　两代 Kinect

Kinect V2 采用了基于飞行时间(time of flight，TOF)[3]的测量方法。经过周期性调制的红外光连续向空间内发射，通过计算反射回来的红外光信号的相移距离，得到信号从发出到接收的时间差，计算发射器到物体表面的距离，最终获得一幅深度图像。因此，捕获图像的强度与三维空间中点的距离成比例[4]。与结构光的本质不同，基于飞行时间的测量方法提供了一个密集的深度图，可以在黑暗环境下检测物体，对光照要求较低，同时可以检测到较小的物体。但是，结果可能会受到来自场景内物体的光信号反射引起的伪影带来的影响。

由于工作原理的差异，相对于 Kinect V1，Kinect V2 在性能上得到了很大改善。Kinect V2 测量范围更大、数据分辨率更高、稳定捕捉人体关节数量更多且骨骼捕捉延迟更低[5]，同时对硬件性能的要求也更高。表 3.1 列举了两代 Kinect 性能及运行环境比较，根据主要性能差异，本书选用 Kinect V2 作为人体运动捕捉传感器。

表 3.1　两代 Kinect 性能及运行环境比较

性能及运行环境	Kinect V1	Kinect V2
深度测距原理	结构光技术	飞行时间原理
延迟/ms	90	60
FPS/Hz	30	30
彩色相机分辨率/dpi	640 × 480	1920 × 1080
深度相机分辨率/dpi	320 × 240	512 × 424
关节数量	20	25
检测范围/m	0.8～4.0	0.5～4.5
视角/(°)	水平 57，垂直 43	水平 70，垂直 60
人物数量	2	6
数据接口	USB2.0	USB3.0
Visual Studio 版本	无要求	不低于 2012 版本

续表

性能	Kinect V1	Kinect V2
系统要求	不低于 Windows7	不低于 Windows8
CPU	Dual-Core 2.66GHz	Dual-Core 2.66GHz
GPU	DirectX 9.0c	DirectX 11.0
RAM	2.0GB	2.0GB

注：RAM 为随机存取存储器；USB 为通用串行总线。

3.1.2　Kinect 问题原因分析

Kinect V1 SDK 获取骨骼三维数据的原理：使用经过训练的决策森林，将深度图像的每个像素分类为关节的一部分[6]。然而，在缺乏高精度深度信息的情况下，保证足够的捕捉精度对无标记运动捕捉是一个挑战，导致无标记运动捕捉无法直接应用于工业领域。2014 年，Kinect V2 成功发布，尽管与 Kinect V1 相比，Kinect V2 提供了更好的跟踪效果[5]，在图像获取的分辨率、深度数据获取的精度、捕捉范围、捕捉骨骼的数量、面部表情检测等方面都有较大的改善。但是，一台 Kinect V2 进行人体运动捕捉还存在很大的问题，如自遮挡、无法区分人体正面和背面、静止状态骨骼数据抖动等，如图 3.2 所示。这些问题产生的具体原因如下。

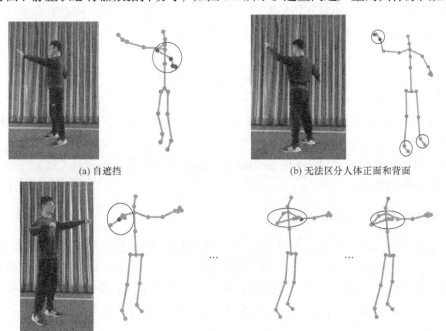

(a) 自遮挡　　　　　　　　　　　　(b) 无法区分人体正面和背面

(c) 静止状态骨骼数据抖动

图 3.2　1 台 Kinect V2 捕捉人体运动存在的问题

(1) 在捕捉关节时，Kinect V2 SDK 总是试图去推断未捕捉到的关节点，以获得完整的骨架。推测的关节点误差可能会超过 10cm，未捕捉的关节点坐标始终为 0。

(2) Kinect V2 的深度分辨率不仅取决于距离，还取决于测量平面的视角、人体在视场的位置和人体面部朝向与 Kinect V2 之间的夹角。

(3) Kinect V2 提取的骨骼是由单视角 RGB-D 数据生成的，因此一台 Kinect V2 的骨骼跟踪通常会存在运动不连续的问题。不必要的抖动、骨骼长度变化和自遮挡等问题，是造成骨架姿态很差的主要原因。

(4) Kinect 自身最大的缺陷是无法区分人体的正面与背面[7]。Kinect 的骨骼数据是假定用户正对 Kinect 时提供的，当用户背对 Kinect 时，骨骼信息不再正确，用户必须正对传感器站立才会有正确的捕捉结果。

针对一台 Kinect 在运动捕捉中存在的局限，国内外的研究大多集中在如何解决自遮挡问题。插值法[8]广泛应用于估计缺失的数据。但是，它需要知道缺失前、后的数据，因此不能满足实时性要求。虽然有一些解决方案通过改进单视图系统提取的骨架来提高捕捉精度，但是如自遮挡、无法区分人体正面与背面等问题仍无法得到解决。对于 Kinect 这种较低成本的相机，目前公认较好的解决方案是在一个工作空间内引入多台 Kinect，从不同角度对捕捉对象进行重叠测量，以保证处于自遮挡状态的骨骼在其他角度有 Kinect 对其进行稳定捕捉。通过融合来自不同 Kinect 的测量结果，实现比一台 Kinect 更精确和更稳健的骨骼跟踪。

3.2　系统构成及关键硬件

在进行多台 Kinect①数据采集系统布局研究之前，本节对系统中用到的其他硬件进行介绍，主要包括系统精度对照真值的 OptiTrack 运动捕捉系统工作原理，主流头戴显示系统 HTC Vive 与 Facebook Oculus 之间的差异，以及 Oculus Rift S 用于该系统的优势。

3.2.1　OptiTrack 运动捕捉系统

运动捕捉涉及人体关节位置与骨骼尺寸的测量。物理空间中物体的位置定位由计算机进行数据分析与处理。按照捕捉部位，运动捕捉系统可分为人体运动捕捉系统和动物运动捕捉系统。按照技术原理，运动捕捉系统可分为光学运动捕捉系统和惯性运动捕捉系统。运动捕捉系统广泛应用于商业、工业、游戏开发等。

---

① 后面的 Kinect，若不特指，都为 Kinect V2。

图 3.3 为 OptiTrack 运动捕捉系统在驾驶仿真中的应用。

图 3.3　OptiTrack 运动捕捉系统在驾驶仿真中的应用

现阶段，OptiTrack 运动捕捉系统在人体运动捕捉中的应用最为广泛。OptiTrack 运动捕捉相机具有精度高、布置灵活、无须线缆连接和限制人体移动自由的优点，其主要缺点为造价高、后期处理工作量大、对于现场的光线和反射条件具有较高的要求，而且需要在人体贴反光标记。OptiTrack 运动捕捉系统的工作原理为：通过多个 OptiTrack 相机进行图像采集，通过图像处理软件 Motive 对反光标记进行计算，通过 OptHub 处理器计算获得相机坐标系下的位置信息，如图 3.4 所示。理论上，对于空间中的一个点，只要能够同时被两台 OptiTrack 相机捕捉，根据两台 OptiTrack 相机拍摄的图像和相机参数就可以确定这一时刻该点在空间中的位置。当相机的拍摄速率超过 30Hz 时，就可以得到一个点的运动轨迹。一个较好的光学运动捕捉系统，需要配合多台 OptiTrack 相机一起使用，最好是 8 台或者更多。

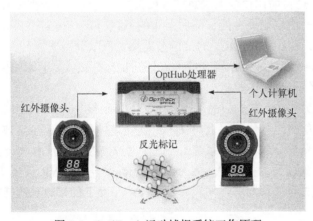

图 3.4　OptiTrack 运动捕捉系统工作原理

图 3.5 为北京理工大学机械与车辆学院视景仿真实验室的 OptiTrack 运动捕捉系统。在一个边长为 5m、距地面高约 4m 的正方形天花板上均匀分布了 12 个相机，分别从不同角度捕捉反光标记的位置，保证了空间内人体运动捕捉的精度。

图 3.5　北京理工大学机械与车辆学院视景仿真实验室的 OptiTrack 运动捕捉系统

3.2.2　头戴式显示系统

虚拟现实是一种通过高性能计算机和软件引擎开发虚拟三维环境，通过位置和触觉跟踪等输入设备进行交互，在显示设备上反馈给人眼以达到沉浸式体验的技术。作为反馈给用户的显示设备在虚拟现实系统中至关重要，常见的显示设备有头戴式虚拟现实(virtual reality，VR)显示系统(简称 VR 头显)、投影机、裸眼 3D 显示器等。综合考虑沉浸感和设备的便携性，本书的全身运动捕捉系统使用 VR 头显。

HTC Vive 是目前比较令人满意的 VR 头显，具有较好的视觉分辨率、较广的视场角和较高的定位捕捉性能。随后发布的 HTC Vive Pro 虽在外观上改变不大，但与 HTC Vive 相比，其显示屏的分辨率更高，双眼分辨率提升了 1.8 倍。同时，二代 Light House 定位捕捉系统支持的红外捕捉范围更大，可以满足更复杂的虚拟交互需求，增强了交互体验。

Oculus 是另一个 VR 头显品牌，其中作为基础款的 Oculus Rift S 和 Oculus CV 系列，在视场角和组合分辨率上与 HTC 系列差异不大，但是定位捕捉系统采用了主动式红外光学和九轴定位系统[9]。这种定位捕捉系统是由 VR 头显发出红外线，经过基站接收后，通过 PnP(perspective-n-point)方法对 VR 头显实现定位。HTC 系列的定位方式为基站发出红外线后，由 VR 头显上的接收系统接收该红外线实现定位。

Kinect 发出的红外线与 HTC 基站发出的红外线频率相似，均可以被 HTC 头显接收到。经过实验发现，HTC 头显无法在工作区域内正常使用，视场内经常出现"白茫茫"的一片。虽然 Oculus 基础款 Oculus Rift S 和 Oculus CV 定位原理完全相反，但由于红外线之间互相干扰，所以偶尔也出现定位丢失的现象，影响交互体验。为了解决这个问题，VR 头显采用计算机视觉定位的 Oculus Rift S 完全隔离了 Kinect V2 红外线对于 VR 头显捕捉的干扰。表 3.2 为 HTC Vive Pro 和 Oculus Rift S 两款头戴式显示器参数对照表。

表 3.2　HTC Vive Pro 和 Oculus Rift S 头戴式显示器参数对照表

参数	HTC Vive Pro	Oculus Rift S
视场角/(°)	110	110
FPS/Hz	90	80
内置耳机	有	有
调节功能	可调整瞳距和镜头距离	不可调整瞳距，可调整镜头距离
单眼分辨率/dpi	1440×1600	1440×1280
定位技术	SteamVR outside-in 捕捉技术	5 摄像头 inside-out 捕捉技术

3.3　*N*-Kinect 系统布局研究

考虑到传动装置的体积以及用户装配零件的活动范围，*N*-Kinect 系统的布局研究主要需要考虑工作空间形状、Kinect 的数量和 Kinect 布置情况等因素。本节以稳定捕捉面积、人体活动面积和装配面积覆盖率，以及 Kinect 之间的互相干扰最小为指标对系统进行设计，实现最大化完全跟踪关节、最小化系统成本和尽可能覆盖工作空间。

3.3.1　*N*-Kinect 布局设计

图 3.6 为 Kinect 跟踪范围的平面投影图，由图可知，Kinect 只能单方向地在一个锥形区域内发射红外光进行工作。因此，其有与深度传感器共同的问题——捕捉物体的自遮挡。

如图 3.7 所示，在某传动装置三轴的装配过程中，通过分析搬运离合器等典型装配姿态，发现身体在装配空间内移动时，身体的部分肢体会对其他肢体造成遮挡，被遮挡的骨骼节点数据无法被捕捉，造成采集的数据严重缺乏可信度。因此，本书采用多台 Kinect 从不同方向来捕捉人体骨骼，保证处于自遮挡状态的骨骼在其他角度有 Kinect 对其进行稳定捕捉。

传感器布局设计主要受工作空间形状、传感器数量、传感器位置和工作空间覆盖率的影响。直观地说，其目标是通过最大化跟踪关节数量，最小化传感器互

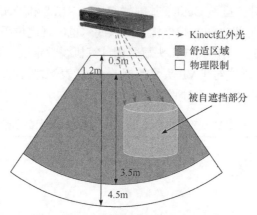

图 3.6　Kinect 跟踪范围的平面投影图

图 3.7　双手搬运传动装置换挡离合器

干扰，实现工作空间的最大覆盖。考虑到传动装置装配场地需求和 Kinect 工作视角，装配工作空间定为 3m×2.5m×2m，装配工作空间的中心与 N-Kinect(N 表示 Kinect 数量)的几何中心重合。考虑到图 3.6 中 Kinect 的舒适性跟踪区域为 1.2～3.5m，本节设计了如图 3.8 所示的四种 Kinect 布置方案，分别为在直径 4m 的圆上均匀分布 4-Kinect(方案 1)或 6-Kinect(方案 2)，以及在直径为 5m 的圆上均匀分布 4-Kinect(方案 3)或 6-Kinect(方案 4)。

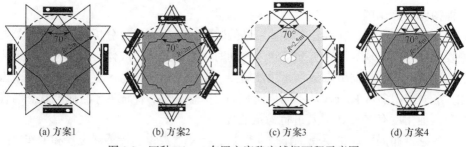

(a) 方案1　　　　(b) 方案2　　　　(c) 方案3　　　　(d) 方案4

图 3.8　四种 Kinect 布置方案稳定捕捉面积示意图

针对 *N*-Kinect 系统方案，本节提出了三个定量指标，即稳定捕捉面积、人体活动面积和装配面积覆盖率。

1. 稳定捕捉面积

稳定捕捉面积定义为舒适性捕捉的 Kinect 数量大于 *N*/2 的 Kinect 构成的区域，例如，4-Kinect 系统的稳定捕捉面积最少要有三台 Kinect 对区域进行稳定捕捉，6-Kinect 系统的稳定捕捉面积最少要有四台 Kinect 对区域进行稳定捕捉等。

2. 人体活动面积

考虑到在系统周围围上警戒线来保护系统以及 Kinect 的锥形捕捉范围，本书定义人体活动面积是以 Kinect 为顶点连接起来的多边形围成的面积，均为正多边形。图 3.9(a)中灰色区域为方案 4 用户可活动面积。

3. 装配面积覆盖率

针对本书提出的大小为 3m × 2.5m × 2m 的装配工作空间，定义稳定捕捉面积在装配工作空间内的面积与装配工作空间的比值为装配面积覆盖率。方案 4 的装配面积覆盖率示意图如图 3.9(b)所示。

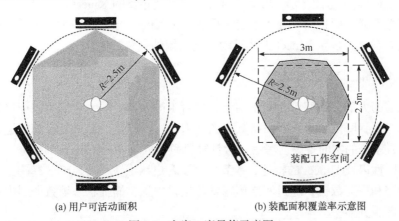

(a) 用户可活动面积　　　　(b) 装配面积覆盖率示意图

图 3.9　方案 4 度量值示意图

表 3.3 显示了三个定量指标在四种方案中的参数对比情况。通过分析,方案 2、3、4 的装配面积覆盖率明显大于方案 1，但是方案 2、3、4 彼此之间的稳定捕捉面积和装配面积覆盖率差距并不大。由于 *N*-Kinect 系统的分布半径不同，方案 3、4 的人体活动面积要明显大于方案 1、2 的人体活动面积。因此，首先舍弃方案 1 与方案 2，方案 3 与方案 4 还需要做进一步取舍。

表 3.3　四种 *N*-Kinect 系统方案指标对比

参数	方案 1	方案 2	方案 3	方案 4
Kinect 数量/台	4	6	4	6
最少稳定捕捉 Kinect 数量/台	3	4	3	4
人体活动面积/m^2	8.0	10.4	12.5	16.2
稳定捕捉面积/m^2	5.8	6.6	7.2	6.8
装配面积覆盖率/%	72.3	82.3	84.2	83.9

　　对于多个基于飞行时间或结构光的深度传感器，一旦传感器的锥体跟踪范围重叠，就会发生传感器之间的互干扰[10,11]，任何一个传感器都可以接收到其他传感器发出的红外光，从而错误地估计距离。研究者提出了一系列方法来消除干扰。曾继平[12]使用了基于偏心马达的干涉消除装置，常玉青[13]和姚寿文等[14]使两台Kinect 呈 90°对立布置等。基于飞行时间的测量方法调制的红外光产生的干扰噪声可以忽略不计，尤其是在应用于骨骼捕捉时。因此，在没有实施特殊抗干扰措施下，必须选择合适的 Kinect 数量以及布置方式使覆盖范围最大，而相邻两台Kinect 之间的互干扰最小。

　　相对于方案 3，在方案 4 中 Kinect 的轴线与装配工作空间的最近对角线产生了小角度偏移(参考图 3.8)，减少了两台方向完全相反的 Kinect 之间的互干扰。同时，在稳定捕捉面积内，处于稳定捕捉的最少 Kinect 数量也较大。因此，本书最终确定方案 4 为多台 Kinect 人体运动捕捉系统的布置方案。

3.3.2　*N*-Kinect 系统硬件配置

　　之前的大部分研究都是基于两台或多台 Kinect V1 的，它们可以连接到同一台计算机上，降低了系统对设备数量的要求。这样配置的结果是计算机运算负担较大，且系统的实时性差。考虑一台计算机只能处理一台 Kinect 的数据，兼顾系统的实时性以及 Kinect 的特性，本节采用了客户端-服务器的分布式系统。Kinect采集骨骼和深度数据，通过网络传输骨骼位置信息、捕捉状态等数据到中央处理单元，即服务器。

　　图 3.10 为全身运动捕捉系统整体布置图。*N*-Kinect 系统由六台 Kinect、六台客户端计算机和服务器组成。每台 Kinect 都配置一台独立的客户端计算机(英特尔NUC8i7BEH6，第八代酷睿 i7-8559U 四核八线程处理器，8GB RAM，256GBSATA-3 SSD，Windows10)。其中，固态硬盘(solid state disk，SSD)比传统机械硬盘有更高的写入速度，显著提高了数据处理速度。

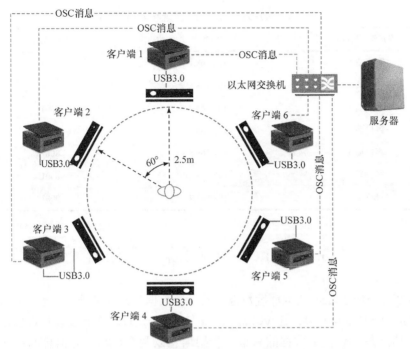

图 3.10 全身运动捕捉系统整体布置图

六台 Kinect 均匀分布在直径为 5m 的圆上，并用三脚架将每台 Kinect 安装在距地面 1.2m 的高度，以实现稳固和灵活地调整姿态，便于更好地捕捉全身运动。每台 Kinect 通过 USB3.0 接口连接到客户端计算机。每台客户端计算机通过微软提供的开源工具包 Kinect SDK 采集骨骼数据，然后将数据转换到世界坐标系，通过以太网交换机传输到服务器。

多源数据融合的前提是构建客户端和服务器端之间稳定的数据传输。常见的通信协议有传输控制协议(transmission control protocol，TCP)和 UDP[15]。考虑 N-Kinect 系统有六个客户端，对响应速度要求很高且不允许数据阻塞，但对数据的安全性要求不高，因此本书采用 UDP。系统中客户端与服务器的端口和互联网协议(internet protocol，IP)配置如表 3.4 所示。该系统中将客户端 Kinect 采集到的骨骼三维数据转换为 OSC(open sound control)的数据格式，用以太网交换机把客户端和服务器端连入一个局域网内，并通过 OSC 协议将数据传输到服务器(OSC 协议是基于 UDP 封装的局域网数据传输协议)。服务器对来自不同客户端的骨骼信息应用本书提出的数据融合方法进行融合，形成一个稳健的骨架模型，并用 Unity3D 进行可视化以及实验分析。本书对每个客户端的骨骼数据并没有进行时间同步，主要原因是每台 Kinect 的数据采集帧率为 30Hz，帧与帧之间不会有大的时间抖动，即使不考虑时间同步也可以实现精确的多源骨架信息融合。

表 3.4　客户端/服务器 IP 地址和 Port 端口

客户端/服务器	IP 地址	Port 端口
客户端 1	192.168.1	8001
客户端 2	192.168.2	8001
客户端 3	192.168.3	8001
客户端 4	192.168.4	8001
客户端 5	192.168.5	8001
客户端 6	192.168.6	8001
服务器	192.168.7	9001

3.4　Kinect 数据采集及预处理

本节在介绍 Kinect 获取深度数据以及骨骼数据方式的基础上，基于 C#语言，使用 Kinect SDK 开发包，在 Visual Studio 2019 开发环境下开发客户端软件。该软件的功能是实现关节数据的采集、骨架信息以及客户端状态信息的可视化预处理。

3.4.1　一台 Kinect 的人体骨骼数据采集

Kinect 的 RGB-D 传感器可采集彩色数据和深度数据。深度数据采集过程为：Kinect 根据深度图像中的距离信息分隔采集到的像素点，确定目标大致区域，通过图像处理技术确定人体边缘，然后利用训练的随机森林模型对确定的人体边缘区域进行肢体分隔，最后对分隔的人体部位进行多角度分析，进而识别出人体关节点。Kinect 人体关节识别过程[6]如图 3.11 所示。

Kinect 有三个坐标系，分别为彩色空间坐标系、传感器空间坐标系和深度空间坐标系。Kinect SDK 可以采集人体的彩色信息、深度信息和骨骼三维信息。人体 25 个骨骼数据的采集速率为 30Hz，坐标系为传感器空间坐标系。图 3.12 以"火柴人"的形式展示了 Kinect 提供的 25 个骨骼关节索引和名称。

Kinect SDK 提供了丰富的应用程序接口用于软件的二次开发[16]，方便开发者与传感器进行通信。Kinect SDK 主要包括 RGB 数据 API、深度数据 API 和音频数据 API。RGB 数据 API 通过二次开发可以应用于人脸识别。深度数据 API 通过二次开发可以应用于手势识别、姿势识别和骨架建模。音频数据 API 通过二次开发可以应用于语音识别，如图 3.13 所示。本书的无标记全身运动捕捉系统是使用深度数据 API 进行骨架建模的，具体包括 25 个骨骼节点的位置数据、旋转数据和捕捉状态以及用户的捕捉状态。其中，骨骼节点的位置数据由传感器坐标系下的 X、Y、Z 坐标表示。不同于彩色图像坐标，该坐标系是三维的，单位为 m。Z 轴表示红外摄像头光轴，垂直于图像平面。系统中的 Kinect 实时采集骨骼数据并传递至服务器端，作为系统运行的输入数据。

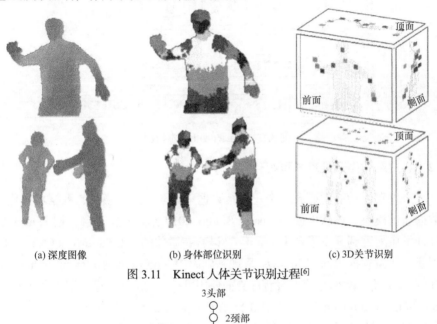

| (a) 深度图像 | (b) 身体部位识别 | (c) 3D关节识别 |

图 3.11　Kinect 人体关节识别过程[6]

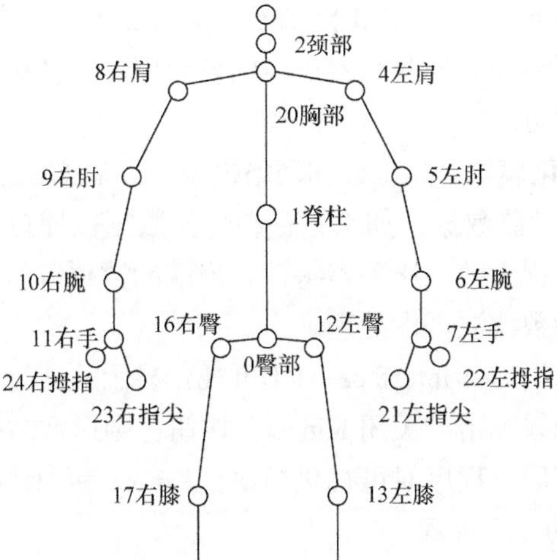

图 3.12　Kinect 提供的 25 个骨骼关节索引和名称

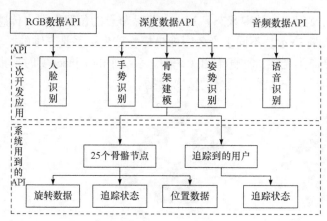

图 3.13　Kinect API 基本情况

3.4.2　客户端数据预处理与可视化

客户端软件功能主要有三个，包括数据采集与预处理模块、数据可视化模块和数据通信模块。该软件使用 Visual Studio 2019 作为开发平台，把 Kinect SDK 软件开发包配置到开发平台中，基于 C#语言在微软的.netFramework4.6.1 下实现，使用新一代微软推出的 Windows 呈现基础库(Windows presentation foundation，WPF)应用完成。WPF 语言开发程序界面使用可扩展的应用程序标记语言(extensible application markup language，XAML)，在面向对象的设计思想下，使用 C#语言开发程序逻辑，降低了界面开发与后台逻辑的耦合度，方便维护与更新。客户端工作流程图如图 3.14 所示。

(1) 初始化可视化模块、Kinect 和网络模块，开启 UDP。

(2) 采集用户的骨骼数据，如果不存在骨骼数据被捕捉到，则通过局域网告知服务器骨骼数据捕捉失败，服务器将该客户端的数据置信度置为 0，反之，则对骨骼数据进行双指数滤波平滑处理。

(3) 更新用户界面(user interface，UI)可视化显示，通过局域网向服务器端发送预处理的数据。如果单击"关闭 Kinect"按钮，则运行结束。

运行客户端程序后，程序对可视化模块、Kinect 和网络模块进行初始化，得到了如图 3.15 所示的交互界面。

(1) 左侧部分为当前客户端 Kinect 采集到的骨骼数据信息，包括骨骼的名称、骨骼的捕捉状态和骨骼位置的三维数据。

(2) 右侧上部分为客户端的工作状态信息，包括客户端程序运行的时间、客户端程序的刷新频率、即将连接到的服务器的 IP 以及端口号，开关"BodyIsTracked"表示当前客户端是否捕捉到人体。

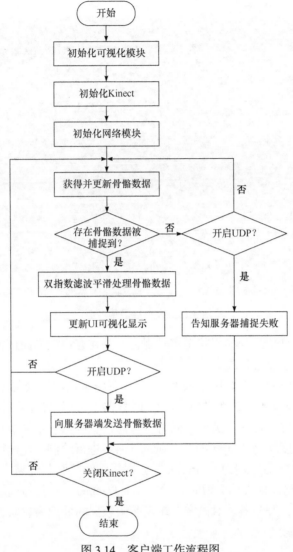

图 3.14　客户端工作流程图

(3) 下侧两个按钮分别控制 Kinect 与客户端计算机的通信、客户端计算机与服务器端的通信，右下角表示 Kinect 的开关状态。

(4) 中间偏右部分为骨骼图绘制区域。

单击"打开 Kinect"按钮，Kinect 与客户端计算机之间建立通信，右下角 Kinect 状态变为"Kinect 已打开"，客户端开始实时采集人体的骨骼信息。单击"UDP 通信"按钮，该按钮变为深灰色，客户端与服务器端建立通信。当人体被捕捉到时，为了使采集的骨骼数据更加稳定，对采集到的骨骼数据进行双指数滤波处理，

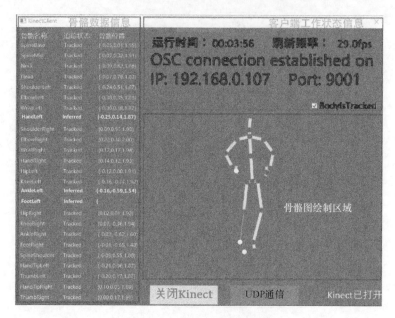

图 3.15　客户端采集界面

处理后的骨骼三维信息与捕捉状态实时刷新，并在客户端界面进行可视化展示，然后把数据发送至服务器端。

(1) 稳定捕捉骨骼点采用深色圆球绘制，骨骼采用粗线绘制。

(2) 骨骼数据捕捉状态为"Inferred"的骨骼点采用白色圆球绘制，如用户的"AnkleLeft"和"FootLeft"关节。同时，骨骼信息以白色字体醒目显示，骨骼左脚两端骨骼置信度均为"Inferred"，则该骨骼不进行绘制，左侧小腿两端骨骼一端为"Tracked"，另一端为"Inferred"，则用细线绘制其骨骼。

(3) 当客户端捕捉人体失败时，"BodyIsTracked"开关勾选取消，并将该消息告知服务器端，服务器端对该客户端当前帧数据的处理为忽略，也即不对数据融合做出任何贡献。

3.4.3　系统开发工具与环境

在分布式架构的基础上，本节无标记人体运动捕捉系统的开发环境工具表如表 3.5 所示。其中，基于 C#语言在.Net Framework 下进行数据采集与预处理、数据传输、系统标定以及融合方法的软件开发，并在 Unity3D 中进行数据分析、数据可视化以及功能验证，最后使用 MATLAB 进行数据分析，验证无标记人体运动捕捉系统的性能。

表 3.5 开发环境工具表

项目	工具	说明/功能
操作系统	Windows10	操作系统
开发工具	Visual Studio 2019	集成式开发环境
开发语言	C#	程序设计语言
第三方开发库	Rug.OSC	基于 UDP 的通信库
	MathNet.Numerics	C#.Net 框架数学运算库
	OculusOVR	Oculus 虚拟现实头显插件
	OptiTrack_Unity_Plugin_1.2.0_Final	OptiTrack&Unity 开发工具包
	Kinect SDK 2.0	Kinect V2 开发工具包
	LeapMotion Core 4.4.0	LeapMotion 核心工具包
辅助软件	Unity3D	渲染引擎
	MATLAB	数学软件
	Pro/E	三维建模软件
	PiXYZ	3D 模型轻量化
	Motive	有标记光学运动捕捉软件

3.5 基于 ICP 的运动捕捉系统坐标标定与转换

系统中的六台 Kinect、OptiTrack 运动捕捉系统捕捉人体的三维骨骼信息都是相对于自身坐标系的，所以在数据融合与精度验证分析之前必须完成多个坐标系的统一。本节首先分析常见的相机坐标标定方法的优缺点，然后基于 ICP 方法[17]将多个坐标系统统一在 Unity3D 中的世界坐标系。为了满足系统区分人体正面与背面的需求，3.6 节提出面部朝向的概念。

3.5.1 相机常用坐标标定方法与不足

虽然人体运动捕捉系统采用六台 Kinect 对人体姿态进行捕捉扩大了捕捉范围，但是每台 Kinect 在空间中的位置和视角均不同，而且采集到的骨骼数据都是以自身的深度相机坐标系为基准的，而骨骼数据的可视化是在 Unity3D 中完成的，因此需要通过标定方法将客户端采集到的骨骼数据经过处理统一到 Unity3D 的世界坐标系中，如式(3.1)所示：

$$\begin{bmatrix} \hat{X}_j \\ \hat{Y}_j \\ \hat{Z}_j \end{bmatrix} = \boldsymbol{R}_j \begin{bmatrix} X_j \\ Y_j \\ Z_j \end{bmatrix} + \boldsymbol{T}_j \tag{3.1}$$

式中，$(X_j,Y_j,Z_j)^{\mathrm{T}}$ 为第 j 台 Kinect 局部坐标系下的骨骼坐标；$(\hat{X}_j,\hat{Y}_j,\hat{Z}_j)^{\mathrm{T}}$ 为第 j 台 Kinect 在世界坐标系下的骨骼坐标，即 Unity3D 中的世界坐标；$\boldsymbol{R}_j$ 和 $\boldsymbol{T}_j$ 分别为第 j 台 Kinect 的旋转矩阵和平移矩阵，其中 $\boldsymbol{R}_j$ 为 3×3 矩阵，$\boldsymbol{T}_j$ 为 3×1 矩阵。在主服务器端进行数据融合之前，需要将骨骼数据统一到 Unity3D 的世界坐标系。

一台 Kinect 的标定过程主要包括单台 RGB-D 相机的内参标定和多台 RGB-D 相机之间的相对位姿矩阵标定[18,19]。在 Kinect 出厂时，内参已标定。对于多台 RGB-D 相机之间的位姿矩阵标定，最常用的是基于计算机视觉的方法。如 Raposo 等[20]使用 RGB 相机和带有棋盘格图案的校准板来实现、Zhang[21]提出的棋盘格标定法和 Kowalski 等[22]提出的基于二维空间标记的三维点云匹配法等。这些方法已比较成熟，也有很多开源的软件可以实现，如 MATLAB 的相机标定工具包 Camera Calibration Toolbox 和 LiveScan3D 等。

但是，基于计算机视觉的方法存在明显的缺陷。输入数据源均来自 RGB 相机，Kinect 提供的骨骼数据来自红外相机，然而在 Kinect 中的红外相机和 RGB 相机是相互独立的，两个相机之间还存在着空间距离。这样的标定仅实现了两个 RGB 相机之间的转换，需要进一步进行与深度相机之间的配准以及到 Unity3D 世界坐标系之间的转换。因此，Kinect 骨骼坐标系到 Unity3D 世界坐标系的转换矩阵需要经过多次坐标标定，标定过程的累计误差较大，降低了之后数据融合的精度。例如，棋盘格标定法需要从多个角度获得完整的棋盘图案，受光照、地面等因素影响，并非系统中每台 Kinect 都可以观察到二维空间标记物，因此需要大量的工作来手动改变标记物位置，以及手动处理标定矩阵等。在每次使用系统之前，均需要花费大量的时间进行重新标定，易用性较差。

3.5.2　改进的 ICP 方法

为了获得每台 Kinect 较为精确的旋转矩阵 $\boldsymbol{R}_j$ 和平移矩阵 $\boldsymbol{T}_j$，提高标定系统的易用性与可扩展性，本节使用来自深度相机的骨骼数据作为标定程序的输入数据，提出一种基于最小二乘解[23]的骨骼数据标定方法。数据来源为头部关节的三维位置坐标，因为该处数据具有前后不变性、不易被自遮挡和噪声误差小的优点，同时 Kinect 的 SDK 与 Unity3D 内 Oculus Rift S 的预制体组件中均可以获得头部的三维坐标数据，方便六台 Kinect、Oculus Rift S 和 LeapMotion 设备统一在

Unity3D 的世界坐标系内。空间点集 $\left\{\left(\boldsymbol{p}_{i,j}\right)\right\}$ 为第 j 台 Kinect 的头部数据点集，空间点集 $\left\{\left(\boldsymbol{q}_i\right)\right\}$ 为 Unity3D 世界坐标系下 Oculus 头显预制体的头部数据点集。根据索引(图 3.12)，两套点集具有一一对应关系。第 j 台 Kinect 的旋转矩阵和平移矩阵的求解就可以转换成误差平方和最小问题。误差平方和公式为

$$E\left(\boldsymbol{R},\boldsymbol{t}\right)=\frac{1}{N}\sum_{i=1}^{N}\left\|\boldsymbol{q}_i-\left(\boldsymbol{R}\boldsymbol{p}_{i,j}+\boldsymbol{t}\right)\right\|^2 \tag{3.2}$$

式中，$\boldsymbol{R}$ 为传感器的旋转矩阵；$\boldsymbol{t}$ 为传感器的平移矩阵；i 为骨骼关节编号；j 为 Kinect 编号；N 为骨骼关节数目。

点集 $\left\{\left(\boldsymbol{p}_{i,j}\right)\right\}$ 和 $\left\{\left(\boldsymbol{q}_i\right)\right\}$ 的质心坐标 $\boldsymbol{\mu}_{p,j}$ 和 $\boldsymbol{\mu}_q$ 计算公式为

$$\boldsymbol{\mu}_{p,j}=\frac{1}{N}\sum_{i=1}^{N}\boldsymbol{p}_{i,j}\ ,\quad \boldsymbol{\mu}_q=\frac{1}{N}\sum_{i=1}^{N}\boldsymbol{q}_i \tag{3.3}$$

并做如下处理：

$$\begin{aligned}
E\left(\boldsymbol{R},\boldsymbol{t}\right)&=\frac{1}{N}\sum_{i=1}^{N}\left\|\boldsymbol{q}_i-\boldsymbol{R}\boldsymbol{p}_{i,j}-\boldsymbol{t}-\left(\boldsymbol{\mu}_q-\boldsymbol{R}\boldsymbol{\mu}_{p,j}\right)+\left(\boldsymbol{\mu}_q-\boldsymbol{R}\boldsymbol{\mu}_{p,j}\right)\right\|^2\\
&=\frac{1}{N}\sum_{i=1}^{N}\left\|\left[\boldsymbol{q}_i-\boldsymbol{\mu}_q-\boldsymbol{R}\left(\boldsymbol{p}_{i,j}-\boldsymbol{\mu}_{p,j}\right)\right]+\left(\boldsymbol{\mu}_q-\boldsymbol{R}\boldsymbol{\mu}_{p,j}-\boldsymbol{t}\right)\right\|^2\\
&=\frac{1}{N}\sum_{i=1}^{N}\left\{\begin{array}{l}\left\|\boldsymbol{q}_i-\boldsymbol{\mu}_q-\boldsymbol{R}\left(\boldsymbol{p}_{i,j}-\boldsymbol{\mu}_{p,j}\right)\right\|^2+\|\boldsymbol{\mu}_q-\boldsymbol{R}\boldsymbol{\mu}_{p,j}-\boldsymbol{t}\|^2\\+2\left[\boldsymbol{q}_i-\boldsymbol{\mu}_q-\boldsymbol{R}\left(\boldsymbol{p}_{i,j}-\boldsymbol{\mu}_{p,j}\right)\right]^{\mathrm{T}}\left(\boldsymbol{\mu}_q-\boldsymbol{R}\boldsymbol{\mu}_{p,j}-\boldsymbol{t}\right)\end{array}\right\}
\end{aligned} \tag{3.4}$$

注意到式(3.4)最后一项中，有

$$\begin{aligned}
&\sum_{i=1}^{N}\left[\boldsymbol{q}_i-\boldsymbol{\mu}_q-\boldsymbol{R}\left(\boldsymbol{p}_{i,j}-\boldsymbol{\mu}_{p,j}\right)\right]^{\mathrm{T}}\left(\boldsymbol{\mu}_q-\boldsymbol{R}\boldsymbol{\mu}_{p,j}-\boldsymbol{t}\right)\\
&=\left(\boldsymbol{\mu}_q-\boldsymbol{R}\boldsymbol{\mu}_{p,j}-\boldsymbol{t}\right)^{\mathrm{T}}\sum_{i=1}^{N}\left[\boldsymbol{q}_i-\boldsymbol{\mu}_q-\boldsymbol{R}\left(\boldsymbol{p}_{i,j}-\boldsymbol{\mu}_{p,j}\right)\right]\\
&=\left(\boldsymbol{\mu}_q-\boldsymbol{R}\boldsymbol{\mu}_{p,j}-\boldsymbol{t}\right)^{\mathrm{T}}\left(N\boldsymbol{R}\boldsymbol{\mu}_{p,j}-\sum_{i=1}^{N}\boldsymbol{R}\boldsymbol{p}_{i,j}-N\boldsymbol{\mu}_q+\sum_{i=1}^{N}\boldsymbol{q}_i\right)\\
&=\left(\boldsymbol{\mu}_q-\boldsymbol{R}\boldsymbol{\mu}_{p,j}-\boldsymbol{t}\right)^{\mathrm{T}}\left(N\boldsymbol{R}\boldsymbol{\mu}_{p,j}-N\boldsymbol{R}\boldsymbol{\mu}_{p,j}-N\boldsymbol{\mu}_q+N\boldsymbol{\mu}_q\right)=\boldsymbol{0}
\end{aligned} \tag{3.5}$$

同时将每个点集中的每个点减去相应的质心，结果如式(3.6)所示：

$$\boldsymbol{P}'=\left\{\boldsymbol{p}_{i,j}-\boldsymbol{\mu}_{p,j}\right\}=\left\{\boldsymbol{p}'_{i,j}\right\},\quad \boldsymbol{Q}'=\left\{\boldsymbol{q}_i-\boldsymbol{\mu}_q\right\}=\left\{\boldsymbol{q}'_i\right\} \tag{3.6}$$

式中，$\boldsymbol{p}'_{i,j}$ 为第 j 个 Kinect 头部关节数据减去质心的点集；$\boldsymbol{q}'_i$ 为 Unity3D 内 Oculus Rift S 头显预制体位置数据减去质心的点集。

因此，目标函数可简化为

$$E(\boldsymbol{R},\boldsymbol{t})=\frac{1}{N}\sum_{i=1}^{N}\left(\left\|\boldsymbol{q}'_i-\boldsymbol{R}\boldsymbol{p}'_{i,j}\right\|^2+\|\boldsymbol{\mu}_q-\boldsymbol{R}\boldsymbol{\mu}_{p,j}-\boldsymbol{t}\|^2\right) \tag{3.7}$$

式(3.7)右边两项均大于等于 0。如果式(3.7)的最小二乘解为 $\hat{\boldsymbol{R}}_j$，两个点集的质心 $\boldsymbol{\mu}_{p,j}$ 和 $\boldsymbol{\mu}_q$ 也为确定值，那么一定存在一个最优平移矩阵 $\hat{\boldsymbol{T}}_j$ 使得第二项 $\|\boldsymbol{\mu}_q-\boldsymbol{R}\boldsymbol{\mu}_{p,j}-\boldsymbol{t}\|^2$ 为 0，优化问题可以简化为

$$\hat{\boldsymbol{R}}_j=\underset{\boldsymbol{R}_j}{\arg\min}\frac{1}{N}\sum_{i=1}^{N}\left\|\boldsymbol{q}'_i-\boldsymbol{R}\boldsymbol{p}'_{i,j}\right\|^2 \tag{3.8}$$

$$\hat{\boldsymbol{T}}_j=\boldsymbol{\mu}_q-\hat{\boldsymbol{R}}_j\boldsymbol{\mu}_{p,j} \tag{3.9}$$

展开式(3.8)，得

$$\hat{\boldsymbol{R}}_j=\underset{\boldsymbol{R}_j}{\arg\min}\frac{1}{N}\sum_{i=1}^{N}\left(\boldsymbol{q}'^{\mathrm{T}}_i\boldsymbol{q}'_i-2\boldsymbol{q}'^{\mathrm{T}}_i\boldsymbol{R}_j\boldsymbol{p}'_{i,j}+\boldsymbol{p}'^{\mathrm{T}}_{i,j}\boldsymbol{R}^{\mathrm{T}}_j\boldsymbol{R}_j\boldsymbol{p}'_{i,j}\right)^2 \tag{3.10}$$

由于旋转矩阵 $\boldsymbol{R}_j$ 为正交矩阵，同时点集 $\boldsymbol{P}'$ 和 $\boldsymbol{Q}'$ 是确定的，对最小化的计算没有影响，所以式(3.8)最小化等价于

$$\underset{\boldsymbol{R}_j}{\arg\min}\left(-2\sum_{i=1}^{N}\boldsymbol{q}'^{\mathrm{T}}_i\boldsymbol{R}_j\boldsymbol{p}'_{i,j}\right) \tag{3.11}$$

即求

$$\underset{\boldsymbol{R}_j}{\arg\max}\left(\sum_{i=1}^{N}\boldsymbol{q}'^{\mathrm{T}}_i\boldsymbol{R}_j\boldsymbol{p}'_{i,j}\right) \tag{3.12}$$

由于 $\boldsymbol{q}'^{\mathrm{T}}_i\in\mathbf{R}^{1\times3}$、$\boldsymbol{R}_j\in\mathbf{R}^{3\times3}$、$\boldsymbol{p}'_{i,j}\in\mathbf{R}^{3\times1}$，所以式(3.12)为标量，由迹的性质 $\mathrm{tr}(\boldsymbol{AB})=\mathrm{tr}(\boldsymbol{BA})$，可得

$$\underset{\boldsymbol{R}_j}{\arg\max}\left(\sum_{i=1}^{N}\boldsymbol{q}'^{\mathrm{T}}_i\boldsymbol{R}_j\boldsymbol{p}'_{i,j}\right)=\underset{\boldsymbol{R}_j}{\arg\max}\sum_{i=1}^{N}\mathrm{tr}\left(\boldsymbol{q}'^{\mathrm{T}}_i\boldsymbol{R}_j\boldsymbol{p}'_{i,j}\right)=\underset{\boldsymbol{R}_j}{\arg\max}\sum_{i=1}^{N}\mathrm{tr}\left(\boldsymbol{R}_j\boldsymbol{p}'_{i,j}\boldsymbol{q}'^{\mathrm{T}}_i\right) \tag{3.13}$$

令 $\boldsymbol{W}=\sum_{i=1}^{N}\boldsymbol{p}'_{i,j}\boldsymbol{q}'^{\mathrm{T}}_i$，$\boldsymbol{W}$ 的奇异值分解(singular value decomposition，SVD)可以表示为

$$W = U\Lambda V^{\mathrm{T}} = U \begin{bmatrix} \sigma_1 & 0 & 0 \\ 0 & \sigma_2 & 0 \\ 0 & 0 & \sigma_3 \end{bmatrix} V^{\mathrm{T}} \tag{3.14}$$

式中，U、$V \in \mathbf{R}^{3\times3}$ 为正交矩阵；$\sigma_1 \geqslant \sigma_2 \geqslant \sigma_3$ 为矩阵 W 的奇异值，那么式(3.13)可以表示为

$$\underset{R_j}{\arg\max} \sum_{i=1}^{N} \mathrm{tr}\left(R_j p'_{i,j} q'^{\mathrm{T}}_i \right) = \mathrm{tr}\left(R_j U\Lambda V^{\mathrm{T}} \right) = \mathrm{tr}\left(\Lambda V^{\mathrm{T}} R_j U \right) \tag{3.15}$$

式中，U、V 和 R_j 均为正交矩阵，这三个矩阵的积也为正交矩阵，令

$$M = V^{\mathrm{T}} R_j U = \begin{bmatrix} m_{11} & m_{12} & m_{13} \\ m_{21} & m_{22} & m_{23} \\ m_{31} & m_{32} & m_{33} \end{bmatrix} \tag{3.16}$$

那么，$\mathrm{tr}\left(\Lambda V^{\mathrm{T}} R_j U \right) = \mathrm{tr}\left(\Lambda M \right) = \sigma_1 m_{11} + \sigma_2 m_{22} + \sigma_3 m_{33}$。由于正交矩阵内的元素均小于 1，所以只有当 M 为单位矩阵时，目标值才能达到最大，也即 $M = V^{\mathrm{T}} R_j U = I$。那么，最优旋转矩阵为

$$\hat{R}_j = V U^{\mathrm{T}}$$

此外，还需要对最优旋转矩阵进行行列式检测。如果 $\det\left(\hat{R}_j \right) = 1$，那么最优旋转矩阵即为所求矩阵；如果 $\det\left(\hat{R}_j \right) = -1$，则代表点集 $\left\{ p'_{i,j} \right\}$ 为共面或共线点集，应当重新采集数据进行标定，当然这种情况极少发生。最后，计算最优平移矩阵，坐标标定流程图如图 3.16 所示。

在标定过程中，用户佩戴 Oculus Rift S 头显在场地内移动。六台客户端的 Kinect 和服务器端的头显同时采集头部数据，并在服务器端进行统一处理。因此，坐标统一只需要一次标定。然而，头部数据的使用存在一个缺陷。由于用户的移动在一个平坦的地板平面上，所以所采集到的数据几乎位于同一个平面上，Y 轴的数据变化并不明显(Y 轴为 Unity3D 中世界坐标系的 Y 轴)。为避免所采集点集共线或者共面的问题，在数据采集的过程中需要用户在可活动范围内做弯腰或下蹲动作，来弥补 Y 轴数据的缺失。

3.5.3　无标记运动捕捉系统空间标定

运动捕捉系统涉及的坐标空间主要有 Unity3D 的世界坐标系、初始化确定的 OptiTrack 运动捕捉系统坐标系和 6 台 Kinect 的自身坐标系，需要使用 3.5.2 节中描述的方法将坐标系统一到 Unity3D 的世界坐标系中。

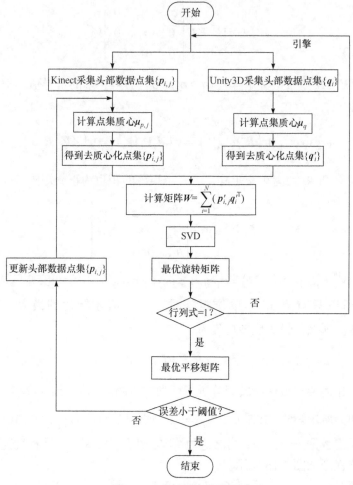

图 3.16 坐标标定流程图

1. OptiTrack 与 Unity3D 坐标系转换。

为了配准 OptiTrack 运动捕捉坐标系和 Unity3D 世界坐标系，首先需要建立 OptiTrack 捕捉真实空间中人体坐标系。图 3.17 所示标定杆 A 和标定杆 B 是在 Motive 软件中对 OptiTrack 运动捕捉系统进行空间标定以及创建 OptiTrack 运动捕捉坐标系的工具。用户在运动捕捉空间中手持标定杆 A 不断移动并且挥动标定杆 A，Motive 软件会从 12 台 OptiTrack 相机中不断采集标定杆 A 上的三个光学标记点(图 3.17(a)中的三个圆为标记点)的空间位置信息，生成 12 组点云数据，经过 Motive 软件的计算获得 12 台 OptiTrack 相机之间的相对位置。为获得高精度的标定结果，每个点云数据的样本量要大于 2500 个。标定杆 B 的作用为设定坐标系的原点以及各轴的朝向，坐标系的轴如图 3.17(b)所示。将标定杆 B 放置在地面上，在 Motive 软件自动计算地面坐标系后，完成 Motive 软件的标定以及坐标系建立。

(a) 标定杆A　　　　　　　　　(b) 标定杆B

图 3.17　OptiTrack 标定工具

　　Motive 软件建立的坐标系和 Unity3D 中的世界坐标系是不重合的。它们是不同软件下的不同坐标系统，因此需要将真实人体姿态映射到 Motive 软件中的位姿信息与 Unity3D 的世界坐标系内的人体位姿信息进行配准。在 Unity3D 中导入 OptiTrack_Unity_Plugin_1.2.0_Final 插件包，该插件包主要建立 Unity3D 与 Motive 软件之间的联系，接收 Motive 软件传递的骨骼节点三维数据以及四元数旋转数据。在导入 Unity3D 的插件包中有 Avatar 模型以及多种预制体可用，并且有示例场景对插件的功能进行可视化演示。

　　在无标记运动捕捉系统的标定软件中拖入 OptiTrack_Client 预制体，该预制体可以获得 Motive 软件传递来的各种数据，并且由 Avatar 模型对传递来的位姿数据进行可视化。打开 Motive 软件的数据传输选项后，同时采集 OptiTrack 运动捕捉系统的头部三维坐标点云和 Oculus Rift S 在 Unity3D 中头显预制体 Transform 组件的 Position 信息三维坐标点云作为输入，采用 3.5.2 节描述的基于 ICP 的配准方法获得两个坐标系的 4×4 配准矩阵。图 3.18 显示了配准结果。其中，图 3.18(a) 为用户在真实空间中做拳击动作，图 3.18(b)为在 Motive 软件中映射得到的拳击动作位姿，图 3.18(c)为 Motive 软件将位姿信息传输到 Unity3D 中可视化后得到的拳击动作 Avatar(虚拟人)模型，这些模型都已经完成人体等身。

　　2. 多台 Kinect 与 Unity3D 坐标系转换

　　在进行多台 Kinect 与 Unity3D 坐标系配准之前，需要将多台 Kinect 采集到的数据传输到 Unity3D 系统中进行可视化，以验证基于 UDP 的 OSC 数据传输的可靠性。在进行坐标转换之前传输来的骨骼节点三维位置信息都是以各自 Kinect 坐标系原点为基准的，将传递来的三维坐标赋值给对应"火柴人"的对应关节游戏

(a) 真实空间中人体姿态

(b) Motive软件Avatar姿态

(c) Unity3D中Avatar姿态

图 3.18　OptiTrack 与 Unity3D 坐标系配准结果

物体，当用户站在装配区域中心时，距离各台 Kinect 近似相同，因此在 Unity 3D 中可视化结果应为六个"火柴人"均匀围绕在原点的圆上，如图 3.19 所示。确认数据可靠传输之后，根据 3.5.2 节提出的方法对两套坐标系进行配准。

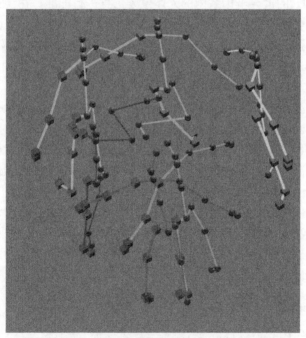

图 3.19　六台 Kinect 数据传输至 Unity3D 可视化

在坐标配准完成后，用户站在训练场景的中心做"抬起右手"动作。图 3.20 显示了六台 Kinect 捕捉到的用户姿态可视化结果。其中，胶囊体节点代表脊柱部分关节，球体节点代表左侧身体关节，正方体节点代表右侧身体关节。虽然每台

Kinect 都转换成了 Unity3D 的世界坐标系, 但是转换后的骨骼在这个坐标系中并没有完全统一。图 3.20 为在假设用户正对 Kinect V2 情况下捕获的人体数据关节图。其中, 图 3.20(b)为正确捕捉, 捕捉到的用户骨架均正确地抬起了右手, 而图 3.20(c)发现用户骨架的脚是朝向身体背面的, 原因是 Kinect 从后方视角捕捉到用户骨架, 且图中 Kinect 4 和 Kinect 5 显示用户错误地举起了左手, 图 3.20(c)中 Kinect 6 用户几乎完全侧对 Kinect, 自遮挡十分严重, 导致捕捉到的骨架出现扭曲。这种对左右肢体的误判将会导致融合方法的输入数据有 50%是完全错误的, 因此需要提出一种区分人体正面与背面的方法。

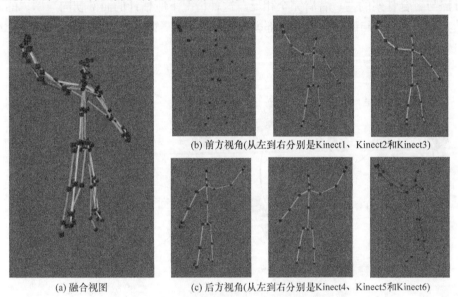

(b) 前方视角(从左到右分别是Kinect1、Kinect2和Kinect3)

(a) 融合视图　　　　　(c) 后方视角(从左到右分别是Kinect4、Kinect5和Kinect6)

图 3.20　坐标转换后骨架的可视化结果

3.6　面部朝向的定义与更新

根据采集数据的原理, Kinect 无法区分人体的正面与背面, 从而导致左右误判, 使得采集的数据无法使用。因此, 本节提出面部朝向的定义方式、初始化方法以及更新方法, 通过跟踪前视向量的方法区分人体是否正对当前的 Kinect, 判断是否需要对关节三维数据以及捕捉状态进行左右互换。

3.6.1　面部朝向与左右互换

如图 3.21 所示, 两套骨骼点和方向向量分别用实线和虚线来表示。其中, 实线是融合得到的健壮骨架信息, 虚线是基于当前 Kinect 的骨架信息确定的估计向量。假设系统中用户的面部朝向向量为 v_F，$v_{s,i}$ 为第 i 台 Kinect 捕捉到的人体骨骼的关节向量，从左肩指向右肩。第 i 台 Kinect 捕捉到骨骼的前向向量 $v_{f,i}$ 由 $v_{s,i}$ 逆时针旋转 90°确定。

图 3.21(a)显示了用户面对 Kinect 的情况，融合骨架的面部朝向向量 v_F 和第 i 台 Kinect 获取的骨架计算的前向向量 $v_{f,i}$ 指向相同的方向，因此两个向量的内积 $v_{f,i} \cdot v_F > 0$。图 3.21(b)显示了与图 3.21(a)相反的情况。当用户背对传感器时，Kinect 仍然假设用户面向自身，因此提供了错误的信息，导致该传感器判断的左、右肩骨骼与融合骨架的左、右肩完全相反。这种情况下所估计的面部朝向与用户的原始方向相反，即与融合骨架的面部朝向相反。此时，两个向量的内积 $v_{f,i} \cdot v_F < 0$。

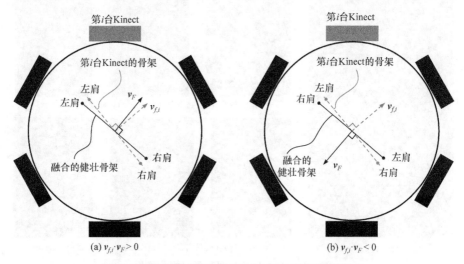

(a) $v_{f,i} \cdot v_F > 0$ (b) $v_{f,i} \cdot v_F < 0$

图 3.21　面部朝向向量与肩膀向量确定前视传感器

在面部朝向识别过程中，系统中每台 Kinect 每帧执行一次。每帧用户的面部朝向和位置都在改变，因此用户是否正面朝向 Kinect 都是相对的和暂时的。在用户不断运动的过程中，由于自遮挡，有可能无法采集到肩膀的骨骼数据，这会导致预测的面部朝向出现重大失误。为了提高系统的鲁棒性，排除了左、右手腕，左、右手，左、右脚踝和左、右脚等肢体末端捕捉精度较低、噪声较大的骨骼节点，选择骨架中左、右成对出现的左、右肩，左、右肘，左、右盆骨和左、右膝盖四对骨骼点实现面部朝向的确定。其具体方案为对该四对骨骼点计算可信度，如果一对骨骼点的骨骼捕捉状态均为 "Tracked"，则满足要求。这四对骨骼点从上到下依次计算，找到满足要求的一对骨骼点即可。对于判断为用户背对的 Kinect，很难正确地识别身体骨架的关节，在进行多源传感器数据融合之前，需要进行左右变换(left right swap, LRS)处理，包括交换骨骼点对应的位置信息与捕捉状态。

3.6.2　面部朝向的初始化

人体的面部朝向捕捉是确定人体运动所需的重要向量参数,将对正反面判断、LRS 计算以及关于面部朝向的系统层权重计算产生重要的影响。面部朝向信息的主要来源为融合后的骨架信息,但是融合骨架的第一帧并没有完整的骨架信息,因此需要对面部朝向进行初始化。其具体方法为用户进入装配区域,正对一个 Kinect 做姿势"T-pose(T 形姿势)",使用正对 Kinect 的左右肩计算身体向量,通过从左肩到右肩的向量逆时针旋转 90°得到面部朝向的初值。之后,面部朝向的每帧更新则由融合后的身体骨架计算。

使用 25 个关节(图 3.12)的"火柴人"表示用户的骨架,并添加一条来自脊柱上部的细线来表示计算得到的用户面部朝向。系统正确工作状态下的面部朝向情况如图 3.22(a)所示。在实验过程中发现,当用户在实验场景中周向转动速度较快或者肩膀自遮挡情况严重时,用户面部朝向会出现反向情况,并且一直保持,无法进行自我修正,如图 3.22(b)所示。这会干扰 LRS 方法的应用,进而影响数据融合的效果。本书提出的解决方案是将 Oculus Rift S 头显预制体在 Unity3D 中的 Z 轴在 XY 平面内的投影作为面部朝向参考向量,实时修正计算得到的面部朝向。当面部朝向向量与面部朝向参考向量相反时,及时进行修正,以增强系统的鲁棒性。

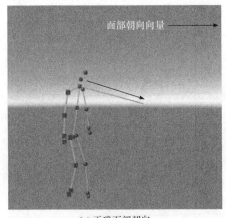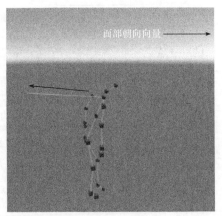

(a) 正确面部朝向　　　　　　　　　　　　(b) 错误面部朝向

图 3.22　两种面部朝向情况

3.6.3　Holt 双参数滤波平滑面部朝向

面部朝向的获取来源于融合骨架。当用户在装配区域内移动、旋转速度较快时,面部朝向的变化速率也较快,使得面部朝向的变化不平滑,不利于 4.2.2 节方向角权重模型中权重的计算。本书选择 Holt 双参数中值滤波[24,25]对面部朝向进行平滑处理，方法流程如图 3.23 所示，具体步骤如下。

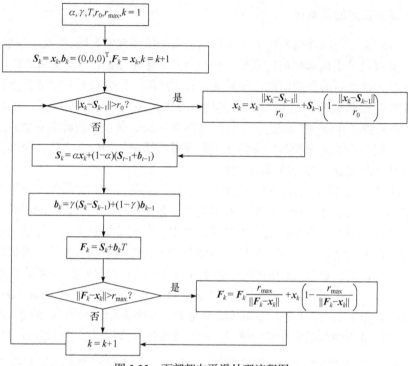

图 3.23　面部朝向平滑处理流程图

(1) 对转换平滑参数 α、γ、T、r_0、$r_{\max}$ 赋初值。

(2) $k=1$。

(3) 初始化滤波位置 $S_k = x_k$ 和当前帧斜率 $b_k = (0,0,0)^{\mathrm{T}}$，$F_k = x_k$，$k = k+1$；

(4) 计算 $\|x_k - S_{k-1}\|$，如果大于抖动半径 r_0，则对面部朝向初始位置重新赋值

$$x_k = x_k \frac{\|x_k - S_{k-1}\|}{r_0} + S_{k-1}\left(1 - \frac{\|x_k - S_{k-1}\|}{r_0}\right)。$$

(5) 更新滤波值与斜率 $S_k = \alpha x_k + (1-\alpha)\left(S_{t-1} + b_{t-1}\right)$，$b_k = \gamma\left(S_k - S_{k-1}\right) + (1-\gamma)b_{k-1}$。

(6) 预测未来以减小延迟 $F_k = S_k + b_k T$。

(7) 如果预测值与原始值之间的差值 $\|F_k - x_k\| > r_{\max}$，则需对预测值进行修

正：$F_k = F_k \dfrac{r_{\max}}{\|F_k - x_k\|} + x_k\left(1 - \dfrac{r_{\max}}{\|F_k - x_k\|}\right)$。

(8) $k = k+1$，转(4)。

图 3.23 中，α 为平滑参数，数值越低，滤波值越接近原始数据；γ 为平滑参

数，数值越低，矫正原始数据的速度越慢；T 为预测未来的帧数；r_0 为减少抖动的半径阈值；r_{max} 为允许滤波坐标偏离原始数据的最大半径；x_k 为第 k 帧面部朝向的原始值；S_k 为第 k 帧得到的面部朝向滤波值；b_k 为第 k 帧得到的面部朝向变化斜率；F_k 为第 k 帧面部朝向的预测值，也即使用双参数滤波方法对面部朝向原始值滤波后的目标值。

3.7　标定修正及误差分析

3.7.1　标定修正方法

在完成面部朝向的定义、初始化与更新方法之后，可以根据面部朝向与当前 Kinect 前视图朝向之间的夹角来判断人体是否正对当前 Kinect。当判断为背对 Kinect 时，需要使用 LRS 来对数据进行处理，之后才能用于多台 Kinect 的数据融合。因此，面部朝向与 LRS 处理是对无标记运动捕捉系统空间标定的修正与补充。完整的 Kinect 标定过程如图 3.24 所示。

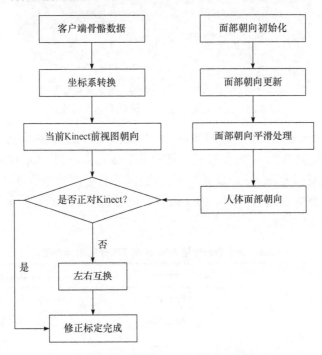

图 3.24　完整的 Kinect 标定过程

3.7.2　标定结果及误差分析

在 OptiTrack 运动捕捉系统确定的坐标系统、六台 Kinect 坐标系统使用修正后的标定方法与 Unity3D 世界坐标系完成配准后，对配准结果进行可视化并分析配准误差。配准结果可视化如图 3.25 所示，方块的数据来源于六台 Kinect，圆球的数据源自 OptiTrack 运动捕捉系统。

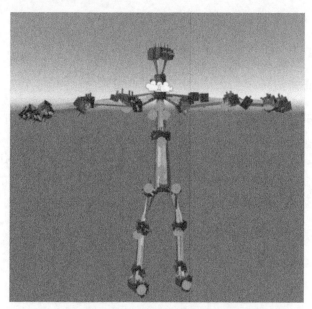

图 3.25　无标记运动捕捉系统配准结果可视化

从 OptiTrack 运动捕捉系统导出的 3D 骨架模型由 20 个关节组成，Kinect 导出的 3D 骨架模型由 25 个关节组成。观察图 3.25 可以发现，OptiTrack 运动捕捉系统的骨架模型和 Kinect 的 3D 骨架模型略有不同，有的骨骼节点可以进行匹配，而有的骨骼节点无法进行匹配。为了进行精度分析，本节选择了能够匹配的 15 个关节，如表 3.6 所示。

表 3.6　OptiTrack 与 Kinect 的 3D 骨架模型匹配

骨骼名称	Kinect	OptiTrack
盆骨	SpineBase	Cfx-Hip
脊柱	SpineMid	Cfx-Chest
脖子	Neck	Cfx-Head
左肩	LeftShoulder	Cfx-LUArm
左肘	ElbowLeft	Cfx-LFArm

续表

骨骼名称	Kinect	OptiTrack
左手腕	WristLeft	Cfx-LHand
右肩	RightShoulder	Cfx-RUArm
右肘	ElbowRight	Cfx-RFArm
右手腕	WristRight	Cfx-RHand
左胯	HipLeft	Cfx-LThigh
左膝盖	KneeLeft	Cfx-LShin
左脚踝	AnkleLeft	Cfx-LFoot
右胯	HipRight	Cfx-RThigh
右膝盖	KneeRight	Cfx-RShin
右脚踝	AnkleRight	Cfx-RFoot

完成骨骼节点匹配后，需要计算标定方法的精度。客户端与服务器软件运行成功之后，用户站立在装配区域中心摆出动作"T-pose"，顺时针缓慢旋转肢体，在 Unity3D 中采集至少 3000 帧数据。参考表 3.6 的骨骼节点，以 OptiTrack 运动捕捉系统传递来的骨骼数据作为地板真值，对六台 Kinect 采集的骨骼数据求平均误差，结果如表 3.7 所示。

表 3.7　六台 Kinect 传感器标定误差　　　　　　（单位：cm）

骨骼名称	Kinect1	Kinect2	Kinect3	Kinect4	Kinect5	Kinect6	平均值
盆骨	3.71	3.76	3.72	3.58	3.30	3.27	3.56
脊柱	3.87	3.09	2.56	2.43	2.66	3.74	3.06
脖子	2.02	3.13	3.08	2.15	2.56	2.31	2.54
左肩	5.98	7.00	6.30	5.35	7.13	8.54	6.72
左肘	4.78	5.09	6.43	5.96	5.84	5.29	5.56
左腕	4.88	5.89	5.47	7.10	4.85	4.65	5.48
右肩	5.64	8.50	5.76	6.05	4.50	5.30	5.96
右肘	5.69	4.92	5.40	4.31	6.04	5.25	5.27
右手腕	4.10	5.40	5.70	5.96	5.97	4.42	5.26
左胯	5.45	4.50	5.94	6.55	5.53	5.25	5.54
左膝盖	6.97	5.79	6.38	6.28	7.01	5.55	6.33
左脚踝	7.24	4.92	6.94	4.11	6.03	7.21	6.08

骨骼名称	Kinect1	Kinect2	Kinect3	Kinect4	Kinect5	Kinect6	平均值
右胯	4.45	4.84	6.21	7.36	6.84	4.81	5.75
右膝盖	5.51	5.74	5.21	6.80	6.19	5.56	5.84
右脚踝	5.65	5.71	4.69	5.82	5.40	5.19	5.41
平均值	5.06	5.22	5.32	5.32	5.32	5.09	5.22

分析表 3.7 可知，位于脊柱上骨骼节点的平均误差小于 4cm。相对而言，位于四肢的骨骼节点由于容易发生自遮挡等因素，误差较大。误差包括标定误差和 OptiTrack 运动捕捉系统的骨骼节点与 Kinect 识别的骨骼节点之间的系统误差。每台 Kinect 的平均标定误差约为 5cm，可以接受。因为，该误差中还包含了 OptiTrack 相机与 Kinect 本身的系统误差。因此，本书提出的基于 ICP 的多台 Kinect 系统标定方法有效。

3.8　本章小结

本章对全身运动捕捉系统的主要硬件进行了介绍，研究了多台 Kinect 数据采集系统的布局方案，开发了客户端骨骼数据采集与预处理可视化软件，并确定了系统开发使用的主要工具与配置环境。在介绍了现有相机标定的常用方法基础上，为了系统的易用性，研究了基于改进的 ICP 方法的坐标系统一方法，提出了确定面部朝向与左右互换的方法，用于区分人体的正面与背面，以纠正数据。本章主要内容如下。

(1) 介绍了 Kinect 的发展过程，进行了性能对比，分析了 Kinect 的优势，介绍了 OptiTrack 运动捕捉系统的工作原理，根据显示系统和 Kinect 特性确定使用 Oculus Rift S 头显。

(2) 根据一台 Kinect 采集数据的特点以及装配工作空间大小，以稳定捕捉面积、人体活动面积和装配面积覆盖率为指标，并使正对 Kinect 之间的互干扰最小，研究了多台 Kinect 系统的布局方案，确定了系统的客户端-服务器分布式架构和基于 UDP 的数据传输方式。

(3) 为满足服务器端对客户端状态的可视化需求，对 Kinect V2 SDK 进行了二次开发，结合 Visual Studio 2019 开发环境，使用 C#语言，基于 WPF 工具包开发了客户端可视化软件。

(4) 研究了多台 Kinect 系统坐标标定方法。在系统硬件以及准备工作完成的基础上，以 Oculus 头显预制体在 Unity3D 中的位置信息为目标点集，OptiTrack

运动捕捉系统头部关节数据以及六台 Kinect 的头部关节数据为待转换点集，基于 ICP 方法将系统涉及的坐标系统移到 Unity3D 的世界坐标系，获得了旋转矩阵 $\hat{\boldsymbol{R}}_j$ 和平移矩阵 $\hat{\boldsymbol{T}}_j$，分析了标定误差。

(5) 提出了确定面部朝向与左右互换的方法。为了解决 Kinect 不能区分人体正面与背面的问题，确定了面部朝向初始化与更新方法，采用 Holt 双参数滤波对面部朝向进行平滑处理，确定了面部朝向矢量与肩膀向量矢量作为骨骼三维数据与捕捉状态进行左右互换的依据，修正了标定方法。

参 考 文 献

[1] 杨晗芳, 张国山, 王欣博, 等. 基于 Snake 方法的深度图像人体目标跟踪[J]. 天津理工大学学报, 2014, 30(5): 41-45.

[2] Zennaro S, Munaro M, Milani S, et al. Performance evaluation of the 1st and 2nd generation Kinect for multimedia applications[C]//2015 IEEE International Conference on Multimedia and Expo, Turin, 2015.

[3] Mutto C D, Zanuttigh P, Cortelazzo G M. Microsoft Kinect™ Range Camera[M]. Boston: Springer, 2012.

[4] Yang L, Zhang L Y, Dong H W, et al. Evaluating and improving the depth accuracy of Kinect for windows V2[J]. IEEE Sensors Journal, 2015, 15(8): 4275-4285.

[5] Wang Q F, Kurillo G, Ofli F, et al. Evaluation of pose tracking accuracy in the first and second generations of microsoft Kinect[C]//IEEE International Conference on Healthcare Informatics , Dallas, 2015.

[6] Shotton J, Fitzgibbon A, Cook M, et al. Real-time human pose recognition in parts from single depth images[C]//CVPR 2011, Colorado Springs, 2011.

[7] Wu Y J, Wang Y, Jung S, et al. Towards an articulated avatar in VR: Improving body and hand tracking using only depth cameras[J]. Entertainment Computing, 2019, 31: 100303.

[8] 杨华, 苏势林, 闫雨奇, 等. 基于关键姿态约束的人体运动序列插值生成[J]. 沈阳航空航天大学学报, 2019, 36(3): 59-65.

[9] 王蒙蒙. Kinect 和 LeapMotion 数据融合技术的研究与应用[D]. 长春: 长春理工大学, 2018.

[10] 张田田. 多 Kinect 人机交互模型研究[D]. 西安: 陕西师范大学, 2018.

[11] Mallick T, Das P P, Majumdar A K. Characterizations of noise in Kinect depth images: A review[J]. IEEE Sensors Journal, 2014, 14(6): 1731-1740.

[12] 曾继平. 基于双 Kinect 的人体运动重建[D]. 杭州: 浙江大学, 2016.

[13] 常玉青. 人机协作中基于多 Kinect 的人体行为识别研究[D]. 长春: 吉林大学, 2018.

[14] 姚寿文, 栗丽辉, 王瑀, 等. 双 Kinect 自适应加权数据融合的全身运动捕捉方法[J]. 重庆理工大学学报(自然科学), 2019, 33(9): 109-117.

[15] 刘杰. UDP 通信在工业控制中的应用[J]. 电子技术与软件工程, 2017, (2): 30.

[16] Hernandez P. Microsoft opens door to Kinect apps for windows[EB/OL]. http://www.eweek.com/DC-hardware/microsoft-opens-door-to-Kinect-apps-for-windows/[2014-10-24].

[17] 赵正彩. 钛合金空心风扇叶片前后缘自适应数控加工研究[D]. 南京: 南京航空航天大学, 2017.

[18] Mokhov S A, Song M, Llewellyn J, et al. Real-time collection and analysis of 3-Kinect v2 skeleton data in a single application[C]//ACM Press ACM SIGGRAPH 2016 Posters, Anaheim, 2016.

[19] Chen C, Yang B S, Song S, et al. Calibrate multiple consumer RGB-D cameras for low-cost and efficient 3D indoor mapping[J]. Remote Sensing, 2018, 10(2): 328.

[20] Raposo C, Barreto J P, Nunes U. Fast and accurate calibration of a Kinect sensor[C]//2013 International Conference on 3D Vision, Seattle, 2013.

[21] Zhang Z. A flexible new technique for camera calibration[J]. IEEE Transactions on Pattern Analysis and Machine Intelligence, 2000, 22(11): 1330-1334.

[22] Kowalski M, Naruniec J, Daniluk M. Livescan3D: A Fast and inexpensive 3D data acquisition system for multiple Kinect V2 sensors[C]//2015 International Conference on 3D Vision(3DV), Lyon, 2015.

[23] Arun K S, Huang T S, Blostein S D. Least-squares fitting of two 3-D point sets[J]. IEEE Transactions on Pattern Analysis and Machine intelligence,1987, 9(5): 698-700.

[24] 曾杰. 基于 LabWindows/CVI 的电源变换装置测试系统设计[D]. 太原: 中北大学, 2018.

[25] 区建聪. 基于机器视觉的鞋底精加工轮廓检测系统的研发[D]. 广州: 广东工业大学, 2018.

第 4 章　多台 Kinect 人体骨骼数据融合与实验验证

无标记运动捕捉系统的客户端采集到骨骼数据后进行双参数滤波处理，将处理得到的骨骼三维数据、捕捉状态和用户与视场相对位置置信度发送至服务器端，通过标定系统获得位姿矩阵，将六台 Kinect 数据转换到 Unity3D 世界坐标系内。

本章首先研究人体朝向约束、预测模型对 Kinect 采集信息精度的影响规律，构建用户与视场相对位置置信度的椭球模型，提出一种多约束下的一台 Kinect 数据质量评价方法来确定每台 Kinect 采集信息的可信度，最后基于粒子滤波对多台 Kinect 信息进行融合，获得健壮的人体骨架模型，对系统精度进行定量和定性验证，为后续驱动虚拟化进行人机功效分析提供高精度人体骨骼数据。本书构建的双层人体骨骼数据融合方法框图如图 4.1 所示。

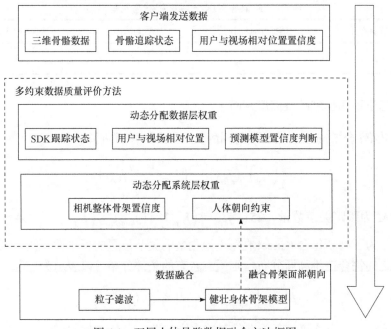

图 4.1　双层人体骨骼数据融合方法框图

4.1　数据层骨骼数据预处理

本节首先研究 Kinect SDK 捕捉状态、基于预测模型的置信度判断以及用户与视场相对位置对 Kinect 采集数据精度的影响规律；然后根据该影响规律对 Kinect 返回的数据进行处理，排除无用信息，并对可用信息分配置信度；最后将数据层权重直接作用于每台 Kinect 采集的每个骨骼节点。

4.1.1　Kinect SDK 捕捉状态

Kinect 的 SDK 以三种状态播报人体关节的捕捉状态[1]。其中，"Tracked"表示该关节的捕捉具有很高的置信度，"Inferred"表示该关节信息是通过 PnP 方法从其他骨骼的位置推测出来的，"Not Tracked"表示关节信息未捕捉。根据捕捉状态，本节定义第 i 台 Kinect 采集到的第 m 个关节可信度参数权重为 $\lambda\left(s_{i,m}\right)$，如表 4.1 所示。

表 4.1　**Kinect SDK 三种捕捉状态及置信度**

捕捉状态	捕捉(Tracked)	推测(Inferred)	未捕捉(Not Tracked)
置信度 $\lambda\left(s_{i,m}\right)$	1	0.5	0

4.1.2　基于预测模型的置信度判断

定义第 i 台 Kinect 在第 k 帧得到的关节 3D 位置列向量 $\boldsymbol{y}_k^i$ 为

$$\boldsymbol{y}_k^i = \left[\left(\boldsymbol{j}_{k,1}\right)^{\mathrm{T}}\left(\boldsymbol{j}_{k,2}\right)^{\mathrm{T}}\cdots\left(\boldsymbol{j}_{k,m}\right)^{\mathrm{T}}\cdots\left(\boldsymbol{j}_{k,M}\right)^{\mathrm{T}}\right]^{\mathrm{T}} \tag{4.1}$$

式中，M 为跟踪关节数量，25；$\boldsymbol{j}_{k,m}=\left[\left(\boldsymbol{j}_{k,m}\right)_x \quad \left(\boldsymbol{j}_{k,m}\right)_y \quad \left(\boldsymbol{j}_{k,m}\right)_z\right]^{\mathrm{T}}$ 为第 m 个关节列向量。为了判断每台 Kinect 在第 k 帧测量的关节位置的可靠性，假定测量值与预测值之间符合三维高斯分布，则预测状态的条件分布可以表示为

$$p\left(\boldsymbol{j}_{k,m}^i\middle|\hat{\boldsymbol{x}}_{k,m|k-1,m}\right) = N\left(\hat{\boldsymbol{x}}_{k,m|k-1,m},\sigma^2\boldsymbol{I}\right) \tag{4.2}$$

式中，$\hat{\boldsymbol{x}}_{k,m|k-1,m}$ 为预测状态条件分布的均值向量，由 $k-1$ 帧的融合骨架中骨骼节点 m 的融合位置信息 $\boldsymbol{x}_{k-1,m}$ 和速度信息 $\dot{\boldsymbol{x}}_{k-1,m}$ 通过式(4.3)计算得到；$\sigma^2\boldsymbol{I}$ 为 3×3 协方差矩阵；$\boldsymbol{I}$ 为 3×3 单位矩阵。

$$\hat{x}_{k,m|k-1,m} = x_{k-1,m} + \Delta t \dot{x}_{k-1,m} \tag{4.3}$$

式中，Δt 为 Unity3D 中生命周期每帧的更新频率。在 Unity3D 中，Update 函数与当前平台的帧数有关，也就是函数更新频率和设备的性能有关。FixedUpdate 函数刷新频率是固定的，是真实时间，不受帧率影响。因此，处理物理逻辑时一般使用 FixedUpdate 函数。本书 Δt 使用 FixedUpdate 函数的更新时间，大约等于 0.0167s。

第 i 台 Kinect 在第 k 帧测量得到的第 m 个关节点的位置信息噪声 $v_{k,m}^i$ 为

$$v_{k,m}^i = \frac{1}{p\left(j_{k,m}^i \middle| \hat{x}_{k,m|k-1,m}\right)} \tag{4.4}$$

也即是说，如果当前测量值的可信度很高，那么噪声值就会很小。该测量值就会对融合位置信息具有较大的贡献，反之则会对融合位置信息贡献较小。应当注意，式(4.4)中的测量噪声随着概率的增大而减小，反之亦然。将每个测量值噪声的倒数用作权重，那么测量噪声影响下的权重计算公式可以表示为

$$w_{m,v}^i = \frac{\left(v_{k,m}^i\right)^{-1}}{\sum_{i=1}^{6}\left(v_{k,m}^i\right)^{-1}} \tag{4.5}$$

根据三维高斯分布模型，在三维坐标空间内六台 Kinect 获得的每个骨骼节点测量值与对应骨骼节点的预测值之间距离"越近"，就认为它的测量噪声越小，相应的可信度也就越高。三维高斯分布模型的协方差矩阵 $\sigma^2 I$ 影响着预测状态条件分布 $N\left(\hat{x}_{k,m|k-1,m}, \sigma^2 I\right)$ 的"胖瘦"(图 4.2 以一维高斯分布为例展示了同一均值和同一自变量下，具有不同的可信度)。因此，三维高斯分布模型的协方差矩阵 $\sigma^2 I$ 需要进行优化。

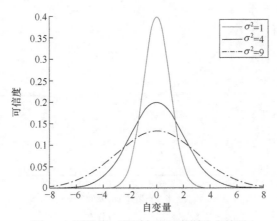

图 4.2　同均值、不同方差下高斯分布情况

本章采用具体运动进行协方差矩阵 $\sigma^2 I$ 的优化，运动方案如表 4.2 所示。肢体调整类中拳击、挥手和鼓掌三个任务动作，分别在场景中心和以场景中心为圆心、直径为 2m 的圆上，分别面向 Kinect1、Kinect3 和 Kinect5 采集四套数据。每套数据重复完成五次动作。每次动作约采集 400 帧数据。人体移动类则在以场景为中心、直径为 2m 的圆上完成指定任务动作，每个任务动作大概采集 700 帧数据。

表 4.2　协方差矩阵 $\sigma^2 I$ 优化的运动方案

运动类型	运动名称	运动描述
人体移动类	步行	以较慢速度环形移动
	弯腰行走	弯腰以较慢速度环形移动
	慢跑	以较快速度环形跑动
肢体调整类	拳击	双拳交替前冲
	挥手	双手交替在身体两侧挥动
	鼓掌	保持站立，手臂在身体前部拍手

根据实际情况，在本章提出的融合方法中，每帧数据更新速率为 0.0167s。因此，每帧位置信息数据变化应该在厘米级，分别采用 12 个协方差矩阵 $\sigma^2 I$ 输入融合方法。矩阵对角线的数值分别为 0.002、0.004、0.006、0.008、0.01、0.02、0.04、0.06、0.08、0.1、0.15 和 0.2，包含了 0.001、0.01 和 0.1 三个数量级。在当前协方差矩阵下，融合方法得到的每个动作融合骨架数据，分别与 OptiTrack 运动捕捉系统采集的数据作为地板真值计算误差和平均值。结果作为当前协方差矩阵下训练动作的整体误差，如图 4.3 所示。

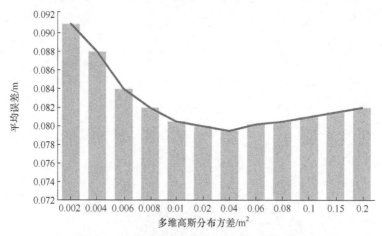

图 4.3　平均误差随多维高斯分布方差变化图

　　图 4.3 中，当协方差矩阵对角线数值(多维高斯分布方差)为 0.002～0.04 时，平均误差迅速减小，当协方差矩阵对角线数值为 0.04～0.2 时，平均误差缓慢增大，0.1～0.2 跨度很大但是平均误差增长率仅有 1%。这个现象可以通过 3σ 原则做出解释，如图 4.4 所示。对于一个正态分布，σ^2 越来越大，导致六台 Kinect 测量得到的数据几乎全落在 $(\mu-3\sigma,\ \mu+3\sigma)$ 范围内，甚至是 $(\mu-\sigma,\ \mu+\sigma)$ 范围内。此时，所有测量数据都获得了极高的可信度，对于位置信息融合的贡献几乎相同，权重计算方法相当于不再发挥作用，因此平均误差会缓慢上升，最终趋于平稳。当 σ^2 越来越小时，置信度的分配越来越苛刻，例如，当 σ^2=0.002 时，多维高斯分布十分"瘦"，极少数的测量数据会在 3σ 范围内获得很高的权重，大量数据分布在 3σ 范围外，权重几乎为 0，权重的分配十分不平滑，方法的稳定性极差。经过实验验证，最终确定协方差矩阵对角线数值为 0.04。

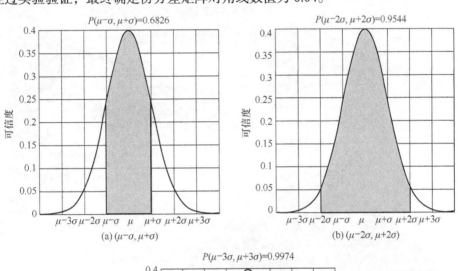

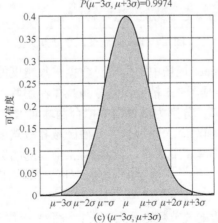

图 4.4　3σ 示意图

4.1.3　用户与视场相对位置置信度

对于当前帧数据采集置信度,除了考虑 Kinect SDK 播报的捕捉状态和上一帧数据,还需要考虑人体在 Kinect 锥形视场内的位置对采集精度的影响,如超出视场锥形区域无法捕捉到、在视场边缘捕捉精度很低等。Yang 等[2]通过实验的方法对 Kinect 的深度扫描范围及精度进行了测试,总结出关键位置的精度满足垂直方向为 60°、水平方向为 70°的椭圆锥。本书采用三种图例(方格、散点和斜线)将精度误差分布的空间分成三个区域来显示不同的精度区域,如图 4.5 所示。具体来说,在水平面和垂直面的方格区域内深度平均精度误差小于 2mm、散点区域内深度平均精度误差为 2~4mm、斜线区域内深度平均精度误差大于 4mm。在图 4.5 中,水平面和垂直面的黑点为数据采集的关键位置。

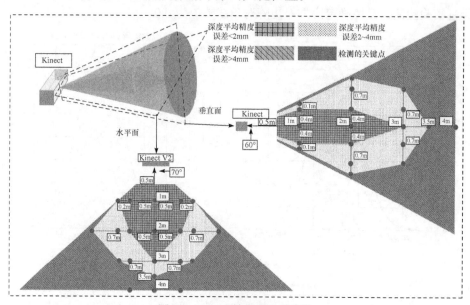

图 4.5　Kinect 精度误差分布[2]

本书将用户在 Kinect 视场中的位置对数据采集精度的影响整合到融合方法内,具体的措施是:根据图 4.5 精度误差分布规律使用两个椭球置信度曲面拟合精度误差分布以及边界,分别为低置信度拟合椭球面(图 4.6(a))和高置信度拟合椭球面(图 4.6(b)),分别对应于图 4.5 中方格区域和散点区域的边界、散点区域与斜线区域的边界。图 4.6 中"*"点为图 4.5 中检测的关键点位置的对应点。椭球中的 x 轴、y 轴和 z 轴分别为 Kinect 的红外传感器空间坐标系的 X 轴、Y 轴和 Z 轴。

本书将 Kinect 采集的关节数据分为三类:骨骼节点位于高置信度椭球面内、骨骼节点位于高置信度椭球面与低置信度椭球面之间和骨骼节点位于低置信度椭球面外。如图 4.7 所示，将两个置信度椭球面做剖视图，分别得到高置信度椭圆和低置信度椭圆。

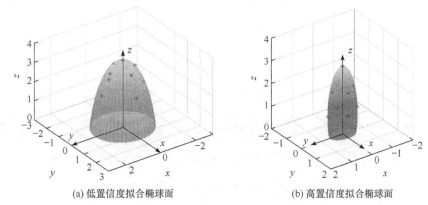

(a) 低置信度拟合椭球面　　　　　　　(b) 高置信度拟合椭球面

图 4.6　置信度曲面拟合图

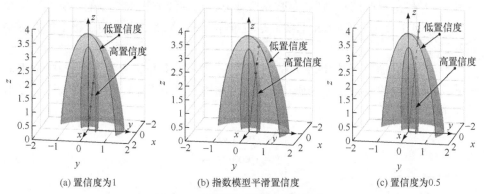

(a) 置信度为1　　　　　(b) 指数模型平滑置信度　　　　　(c) 置信度为0.5

图 4.7　置信度曲面对权重的影响

图 4.7(a)为骨骼节点位于高置信度椭球面内的情况。"*"为采集到的骨骼节点在三维空间中的位置，该区域内的捕捉状态最好。因此，当第 i 台 Kinect 采集到的第 m 个骨骼节点满足这种情况时，节点位置 p 的置信度 $w_{m,p}^{i}=1$。

图 4.7(b)为骨骼节点位于低置信度椭球面与高置信度椭球面之间的情况。高置信度交线与低置信度交线之间的"*"为采集到的骨骼节点在三维空间中的位置。从相机坐标原点引一条射线，分别与低置信度椭球面和高置信度椭球面相交，两交点间的区域情况较为复杂，且骨骼位置信息出现在这个范围的概率较大。为了方法的稳定性以及关节位置的连续性，这个区域内的权重变化是连续的而不是阶跃的。因此，以骨骼节点与相机坐标原点的距离为变量，将高置信度交点"*"的1 到低置信度"*"的 0.5 之间的权重按指数变化，联立以下三个方程：

$$w_{m,p}^{i}(\rho) = e^{-\alpha(\rho-\rho_0)} \tag{4.6}$$

$$w_{m,p}^{i}(\rho_1) = e^{-\alpha(\rho_1-\rho_0)} = 1 \tag{4.7}$$

$$w_{m,p}^{i}(\rho_2) = e^{-\alpha(\rho_2-\rho_0)} = 0.5 \tag{4.8}$$

可得

$$w_{m,p}^{i}(\rho) = e^{-\alpha(\rho-\rho_1)} \tag{4.9}$$

式中，$\alpha = \dfrac{\ln 2}{\rho_2 - \rho_1}$，$\rho_1$、$\rho_2$ 分别为高置信度 "*" 点和低置信度 "*" 点到相机原点的距离；ρ 为骨骼节点到相机坐标原点的距离。一般的椭球方程为

$$ax^2 + by^2 + cz^2 + dxy + exz + fyz + g = 0 \tag{4.10}$$

对于该系统，椭球方程和射线方程均为已知。为了确定权重计算方程，如果使用一般椭球方程计算，则需要联立椭球方程与射线方程求交点的坐标。这在缺乏数学计算工具包的 C#.Net 框架下是较难完成的。因此，本书使用极坐标方程来解决这个问题。

令 α 为相机原点到椭球上点的射线与 xy 平面的夹角，β 为该射线在 xy 平面的投影与 y 轴的夹角，ρ 为椭球上该点到相机原点的距离，则三维坐标可以由式(4.11)表示：

$$\begin{cases} x = \rho\cos\alpha\sin\beta \\ y = \rho\cos\alpha\cos\beta \\ z = \rho\sin\alpha \end{cases} \tag{4.11}$$

代入式(4.10)之后，方程的变量就由 x、y、z 转换为 α、β、ρ。该问题中，高置信度椭球面交点 "*"、高置信度和低置信度之间的交点 "*" 和低置信度椭球面交点 "*" 的 α、β 是通用的。对于骨骼节点坐标 $P(x_{i,j}, y_{i,j}, z_{i,j})$，$\rho_{i,j}$ 代表骨骼节点 P 到相机原点之间的距离。两个角度自变量 $\alpha_{i,j}$、$\beta_{i,j}$ 的正弦和余弦三角函数值可分别表示为

$$\sin\alpha_{i,j} = \frac{z_{i,j}}{\sqrt{x_{i,j}^2 + y_{i,j}^2 + z_{i,j}^2}}, \qquad \cos\alpha_{i,j} = \frac{\sqrt{x_{i,j}^2 + y_{i,j}^2}}{\sqrt{x_{i,j}^2 + y_{i,j}^2 + z_{i,j}^2}}$$

$$\sin\beta_{i,j} = \frac{x_{i,j}}{\sqrt{x_{i,j}^2 + y_{i,j}^2}}, \qquad \cos\beta_{i,j} = \frac{y_{i,j}}{\sqrt{x_{i,j}^2 + y_{i,j}^2}}$$

且均为已知量。那么，将椭球方程用极坐标表示后，代入以上四个三角函数值，

则求射线与椭球面交点的问题就转换为求解关于射线与椭球面上的交点到相机原点距离 ρ 的问题。同时，化简后，式(4.11)为关于 ρ 的一元二次方程，同时结合 $\rho > 0$ 的条件，很容易唯一地确定 ρ_1、ρ_2 的数值，将 $\rho_{i,j}$ 代入式(4.9)计算权重。

图 4.7(c)为骨骼节点位于低置信度椭球面外的情况，"*"为采集到的骨骼节点在三维空间中的位置，该区域内的捕捉状态是最差的。因此，当第 i 台 Kinect 采集到的第 m 个骨骼节点满足这种情况时，骨骼节点位置 p 的置信度 $w_{m,p}^i = 0.5$。

当然，骨骼节点应该位于 Kinect 锥形捕捉范围内，这是该权重计算的前提，否则 $w_{m,p}^i = 0$，该骨骼节点位置信息对传感器数据融合没有贡献。

4.2　系统层骨骼数据预处理

本节首先研究人体整体骨架置信度和方向角权重模型对 Kinect 采集数据精度的影响规律；然后根据影响规律对传感器返回的数据进行处理，排除无用信息并对可用信息分配置信度；最后将系统层权重计算方法作用于当前 Kinect 捕捉到的人体骨架或者身体部位，进而间接作用于每个骨骼节点。

4.2.1　人体整体骨架置信度

假设采集到的一个动作帧 F_t 由 25 个关节坐标 $\{J_1, J_2, \cdots, J_{25}\}$ 组成，其中 $J_{i=1,2,\cdots,25} \in \mathbf{R}^3$。用 F_t^i 表示第 i 台 Kinect 在时间 t 获得的一个动作帧，$s_{i,m}$ 表示从第 i 台 Kinect 获得的第 m 个骨骼节点的捕捉状态。因此，一套骨架的平均捕捉状态也可以作为当前 Kinect 捕捉水平的一个评价标准，用来量化单个骨骼节点的捕捉状态。人体骨架置信度定义为所有骨骼节点置信度之和。第 i 台 Kinect 的骨架置信度表示为

$$\mu_i^\lambda = \sum_{m=1}^{25} \lambda\left(s_{i,m}\right) \tag{4.12}$$

式中，$\lambda\left(s_{i,m}\right)$ 由第 i 台 Kinect 报告的第 m 个骨骼点的捕捉状态确定，参考表 4.1。

4.2.2　方向角权重模型

3.6 节描述了面部朝向的定义与更新，将面部朝向与骨骼坐标系 Z 轴的负半轴之间的夹角定义为方向角。本节希望确认方向角与 Kinect 采集误差之间的关系，具体方案如下。

在装配区域内，六台 Kinect 以装配区域中心为圆心，半径为 2.5m 的 90°圆弧

上均匀分布，分别命名为 Kinect1，Kinect2，…，Kinect6。人体分别正对 Kinect1 和 Kinect6 做静态姿势 "T-pose" 和动态姿势 "原地踏步"，每个姿势采集 2000 帧数据，进而拼接成 180° 的误差曲线。为了方便叙述，–90°～0°内均匀分布的六台 Kinect 分别命名为 Kinect6～Kinect1，0°～90°内的六台 Kinect 分别命名为 Kinect1′～Kinect6′，如图 4.8 所示。

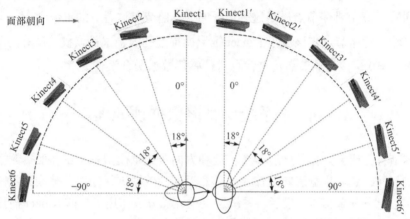

图 4.8　不同角度下 Kinect V2 采集精度实验示意图

数据处理方式与 3.7.2 节相似。首先，定义 OptiTrack 采集的数据为地板真值。以 OptiTrack 地板真值为基准，计算各 Kinect 采集数据的误差。该误差包含两套骨骼数据采集设备的系统误差和环境等因素导致的 Kinect 的测量误差。其中，测量误差是本书主要考量的部分。对于肢体的躯干、上肢和下肢，本书分别对其计算误差进行加权求均值。其中，躯干包括臀部、脊柱、胸部、颈部、头部。上肢包括左臂和右臂，由肩膀、手肘和手腕组成。下肢包括左腿和右腿，由臀部、膝关节和脚踝组成。本书中剔除了手、拇指、指尖、脚等噪声较大的肢体末端关节点。在获得误差均值随方向角变化的散点图后，对散点图进行多项式拟合，得到身体各部位的误差曲线函数。

图 4.9 为脊柱误差均值随方向角变化情况。脊柱误差随方向角变化微乎其微，可以说不随方向角变化。这是由于脊柱上的关节点无论在何种角度，Kinect 总能完全捕捉，即在系统层，方向角的权重对脊柱节点的影响不大。

图 4.10 为上肢误差均值随方向角变化情况。由左臂误差曲线分析(图 4.10(a)) 可得，偏左侧的 Kinect6～Kinect4′误差明显要小，正对 Kinect 传感器时误差较低，两侧稍高。在 54°～90°，误差呈指数上升，这是由于最右侧的两台 Kinect 传感器对于左侧肢体的捕捉几乎处于完全遮挡状态。在这个角度下，左臂的骨骼大多由推测(inferred)得到，造成精度下降很多。右臂误差曲线特征也相似，如图 4.10(b) 所示。由图 4.10 表明，左臂和右臂的误差曲线呈对称关系。

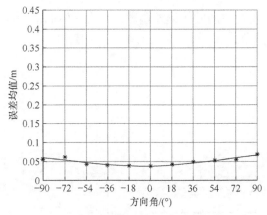

图 4.9　脊柱误差均值随方向角变化情况

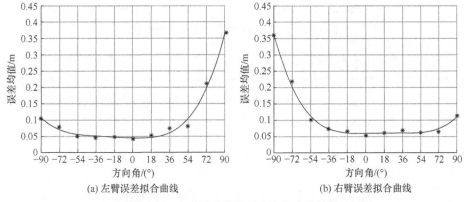

(a) 左臂误差拟合曲线　　　　　　　　　　(b) 右臂误差拟合曲线

图 4.10　上肢误差均值随方向角变化情况

图 4.11 为下肢误差均值随方向角变化情况。左、右腿的分析与左、右臂的结果相似。尤其注意，下肢数据的误差曲线和上肢数据的误差曲线的绘图比例是不同的。下肢的误差要明显小于上肢的误差。这是由于腿部的骨骼很难对腿部的其他骨骼造成遮挡，但是胳膊上的骨骼很容易在做动作"T-pose"时造成相互遮挡。这也就说明胳膊上的骨骼出现自遮挡的概率远远大于腿部骨骼出现自遮挡的概率。根据左、右臂和左、右腿误差的对称关系，将拟合得到的误差曲线补全至 360°，如图 4.12 所示。

肢体误差越大，该方向角下肢体骨骼数据的可信度越低。因此，本书取误差的倒数作为骨骼数据关于方向角的置信度权重。本书定义的方向角权重计算公式为

$$\mu_i(\alpha) = \frac{1}{\delta^*(\alpha/18°)} \qquad (4.13)$$

式中，δ^* 为骨骼点所对应的肢体误差函数；α 为人体面部朝向与第 i 台 Kinect 的 Z 轴负半轴方向的夹角。

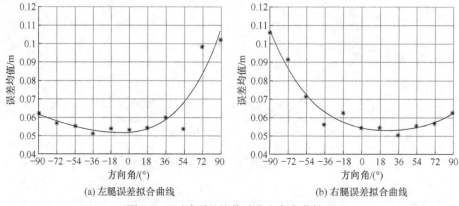

(a) 左腿误差拟合曲线　　　　　　　　　　(b) 右腿误差拟合曲线

图 4.11　下肢误差均值随方向角变化情况

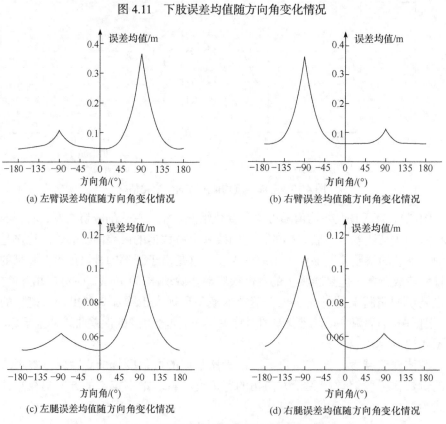

(a) 左臂误差均值随方向角变化情况　　　　(b) 右臂误差均值随方向角变化情况

(c) 左腿误差均值随方向角变化情况　　　　(d) 右腿误差均值随方向角变化情况

图 4.12　不同肢体误差均值随方向角变化情况

4.3　基于粒子滤波的多传感器数据融合

在预处理过程中，对于融合过程中的每一个关节点，可能存在关节点位置信息缺失的情况。此时，需要根据保存的前些帧的坐标信息来推测出当前帧的坐标信息。本书采用粒子滤波[3,4](particle filter，PF)方法研究多传感器融合方法，并对缺失的关节点进行预测。

系统的运行是一个实时连续变化的过程，同时存在环境因素等噪声干扰，因此上一帧数据对于下一帧数据具有一定的影响与指导意义。在 N-Kinect 系统的多传感器融合方法中加入粒子滤波方法，将有助于提升系统的鲁棒性和帧与帧之间的连续性，获得完整的人体骨架模型。

具体而言，在确定系统的初始状态后，根据 k 帧的系统状态，通过系统状态方程对 $k+1$ 帧的系统状态进行预测，获得一系列的粒子。假设粒子符合已获得的测量值为均值的高斯分布，则对粒子重新进行权重分配，并将权重进行归一化，最后对粒子进行重采样后加权求平均，获得最终结果[5]。下面针对无标记全身运动捕捉系统的特点对该方法进行详细描述。

首先，确定系统的状态方程。假设 $\boldsymbol{p}_m = \left(x_m, y_m, z_m\right)^{\mathrm{T}}$、$\dot{\boldsymbol{p}}_m = \left(\dot{x}_m, \dot{y}_m, \dot{z}_m\right)^{\mathrm{T}}$ 和 $\ddot{\boldsymbol{p}}_m = \left(\ddot{x}_m, \ddot{y}_m, \ddot{z}_m\right)^{\mathrm{T}}$ 分别为关节点 m 的位置、速度和加速度信息，则沿 x 轴的位置和速度的泰勒级数展开式分别为

$$\begin{cases} x_m\left(k+1\right) = x_m\left(k\right) + \Delta T \dot{x}_m\left(k\right) + \dfrac{\Delta T^2}{2!}\ddot{x}_m\left(k\right) + \cdots \\ \dot{x}_m\left(k+1\right) = \dot{x}_m\left(k\right) + \Delta T \ddot{x}_m\left(k\right) + \dfrac{\Delta T^2}{2!}\dddot{x}_m\left(k\right) + \cdots \end{cases} \tag{4.14}$$

式中，k 为时间索引；ΔT 为采样时间间隔，与 Unity3D 中的生命周期函数 FixedUpdate 更新频率保持一致。

同理，分别沿 y 轴、z 轴的位置和速度进行泰勒级数展开。忽略高阶项，泰勒级数展开式可以表示为

$$\boldsymbol{X}_m\left(k+1\right) = \boldsymbol{F}\boldsymbol{X}_m\left(k\right) + \boldsymbol{W}\left(k\right) \tag{4.15}$$

式中，

$$X_m(k) = \begin{bmatrix} x_m(k) \\ \dot{x}_m(k) \\ y_m(k) \\ \dot{y}_m(k) \\ z_m(k) \\ \dot{z}_m(k) \end{bmatrix}, \quad F = \begin{bmatrix} 1 & \Delta T & 0 & 0 & 0 & 0 \\ 0 & 1 & 0 & 0 & 0 & 0 \\ 0 & 0 & 1 & \Delta T & 0 & 0 \\ 0 & 0 & 0 & 1 & 0 & 0 \\ 0 & 0 & 0 & 0 & 1 & \Delta T \\ 0 & 0 & 0 & 0 & 0 & 1 \end{bmatrix}, \quad W(k) = \begin{bmatrix} w_1(k) \\ w_2(k) \\ w_3(k) \\ w_4(k) \\ w_5(k) \\ w_6(k) \end{bmatrix}$$

其中，$W(k)$ 为协方差矩阵 $Q(k)$ 的系统噪声，假定每个坐标轴的位置和速度噪声 $w_i(k)$ 是一个零均值的随机分布高斯白噪声，且彼此之间相互独立，则协方差矩阵 $Q(k)$ 为一个 6×6 的对角矩阵；F 称为传递矩阵，当采样间隔 ΔT 确定时，传递矩阵也为定值；$X_m(k)$ 为状态向量。

令 $Y_m(k+1) = \begin{bmatrix} x_m(k+1) & y_m(k+1) & z_m(k+1) \end{bmatrix}^{\mathrm{T}}$ 为骨骼节点 m 的测量向量，则测量模型可以表示为

$$Y_m(k+1) = HX_m(k+1) + V(k+1) \tag{4.16}$$

式中，

$$H = \begin{bmatrix} 1 & 0 & 0 & 0 & 0 & 0 \\ 0 & 0 & 1 & 0 & 0 & 0 \\ 0 & 0 & 0 & 0 & 1 & 0 \end{bmatrix}, \quad V(k+1) = \begin{bmatrix} v_x(k+1) \\ v_y(k+1) \\ v_z(k+1) \end{bmatrix}$$

其中，H 为测量矩阵；$V(k+1)$ 为协方差矩阵 $R(k)$ 的测量噪声，与系统噪声一样，测量噪声之间也满足零均值的随机分布高斯白噪声，且彼此相互独立。$R(k)$ 为对角矩阵。经过多次实验分析，得到 $R(k)$ 对角线上的值为 0.06，$Q(k)$ 对角线上的值为 1。

通过数据层骨骼数据预处理和系统层骨骼数据预处理，将多种置信度加权求和，骨骼点位置信息的真实测量值为

$$\overline{P}_m = \frac{\sum_{i=1}^{6} \left[\lambda(s_{i,m}) w_{m,v}^i w_{m,p}^i(\rho) \mu_i^\lambda \mu_i(\alpha) P_{i,m} \right]}{\sum_{i=1}^{6} \left[\lambda(s_{i,m}) w_{m,v}^i w_{m,p}^i(\rho) \mu_i^\lambda \mu_i(\alpha) \right]} \tag{4.17}$$

式中，$\overline{P}_m$ 为融合得到的骨骼数据，即节点位置信息的真实测量值；$P_{i,m}$ 为第 i 台 Kinect 采集到的第 m 个关节点数据；$\lambda(s_{i,m})$、$w_{m,v}^i$ 和 $w_{m,p}^i(\rho)$ 分别为当前骨骼节点的 Kinect SDK 播报置信度、基于预测模型的置信度和在 Kinect 视场中相对位置的置信度；μ_i^λ 和 $\mu_i(\alpha)$ 分别为当前帧中 Kinect 的采集骨架整体置信度和当前骨

骼节点所属肢体在方向角影响下的置信度。

重要性采样是将骨骼点位置信息的真实测量值与通过状态方程预测得到的粒子联系起来的桥梁。状态方程预测得到的粒子可信度是相同的，也就是每个粒子的权重为 1/6。这是因为系统中同一个骨骼节点会被采集到六个数据，进而产生六个粒子。假设在三维空间中粒子是按照多维高斯分布分布在真实测量值附近的，则重要性分布函数如下：

$$\omega_{i,m}(k) = \frac{1}{(2\pi)^3 |\boldsymbol{\sigma}|^{\frac{1}{2}}} \exp\left\{ -\frac{1}{2} \left[\boldsymbol{X}_{i,m}(k) - \bar{\boldsymbol{P}}_m \right]^{\mathrm{T}} \boldsymbol{\sigma}^{-1} \left[\boldsymbol{X}_{i,m}(k) - \bar{\boldsymbol{P}}_m \right] \right\} \quad (4.18)$$

在重要性采样之后，粒子退化的问题对方法的运算效率影响很大。常见的解决方案是，在重要性采样之后进行重采样。重采样的具体操作是保持粒子数目不变，复制权重大的粒子取代权重小的粒子。重采样之后，新粒子群中的粒子权重相等。骨骼节点位置信息最终的估计值为六个新粒子的平均值。伪代码如表 4.3 所示。

表 4.3　粒子滤波预测缺失关节点位置伪代码

方法：粒子滤波预测关节点 m

1. $k=0$

2. $\bar{P}_m(0) = \frac{1}{6} \sum_{i=1}^{6} P_{i,m,k}$

3. 初始化六个粒子 $X_{i,m}(0)$，均服从高斯分布 $N(\bar{P}_m(0), Q)$

4. $k=k+1$

5. $\bar{P}_m(k) = \dfrac{\sum\limits_{i=1}^{6} \left[\lambda(s_{i,m,k}) w_{m,v,k}^i w_{m,p,k}^i (\rho) \mu_{i,k}^{\lambda} \mu_{i,k}(\alpha) P_{i,m,k} \right]}{\sum\limits_{i=1}^{6} \left[\lambda(s_{i,m,k}) w_{m,v,k}^i {\vphantom{w}}_{m,p,k}^i (\rho) \mu_{i,k}^{\lambda} \mu_{i,k}(\alpha) \right]}$

6. $\omega_m(k) = 0$

7. For i=1:6

8. $X_i(k) = FX_i(k-1) + W(k-1)$

9. $Y_{i,m}(k) = HX_i(k) + V(k)$

10. 重要性采样：$\omega_{i,m}(k) = \dfrac{1}{(2\pi)^3 |\sigma|^{\frac{1}{2}}} \exp\left\{ -\dfrac{1}{2} \left[X_{i,m}(k) - \bar{P}_m \right]^{\mathrm{T}} \sigma^{-1} \left[X_{i,m}(k) - \bar{P}_m \right] \right\}$

11. $\omega_m(k) = \omega_m(k) + \omega_{i,m}(k)$

12. End

13. 归一化处理：$\omega'_{i,m}(k) = \omega_{i,m}(k) / \omega_m(k)$

14. 重采样得到六个新粒子 $X_{i,m}(k)(i=1,2,\cdots,6)$

15. $P'_m(k) = \frac{1}{6} \sum_{i=1}^{6} X_{i,m}(k)$

16. 转到第 4 步

根据以上多维权重计算以及粒子滤波对信息缺失关节的处理，总结粒子滤波的工作过程如图 4.13 所示。

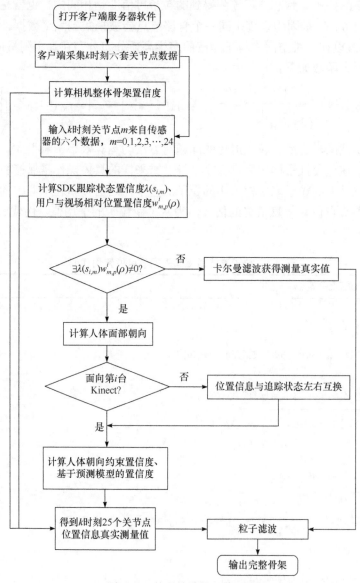

图 4.13　粒子滤波的工作过程

判断 k 时刻每台客户端 Kinect 对关节点 m 的 SDK 捕捉状态，作为当前传感器采集到的骨骼点分配 SDK 捕捉状态置信度，并计算用户与视场相对位置的约束置信度。

如果不存在 $\lambda\left(s_{i,m}\right)w_{m,p}^{i}(\rho)\neq 0$，那么无法得到输入粒子滤波的真实测量值，需要经过卡尔曼滤波对该真实测量值进行预测。

如果存在 $\lambda\left(s_{i,m}\right)w_{m,p}^{i}(\rho)\neq 0$，那么在服务器端接收到每台 Kinect 客户端传递来的 SDK 捕捉状态以及位置信息后，首先计算每台 Kinect 的人体骨架置信度，然后计算人体的面部朝向、用户与当前 Kinect 之间的夹角，完成位置信息与捕捉状态信息的左右互换，进而计算方向角权重置信度以及基于预测模型的置信度。

综合考虑所有提出的预处理约束，加权计算得到 25 个关节点的真实测量值，输入 25 台粒子滤波器中，获得最终的关节点位置信息，构成精度较高且完整的人体骨架，用于之后的人机功效分析。

4.4　骨骼数据融合精度实验验证

在确定多传感器数据融合方案的基础上，本节选择人体移动类和肢体调整类各五种运动，以 OptiTrack 采集的数据为真值，对系统的性能进行验证，对比本书的融合方法与简单加权平均(simple weighted average，SWA)方法的性能表现。

4.4.1　典型动作及融合验证实验

按照人体运动情况，用户的运动姿势分为人体移动类和肢体调整类。人体移动类运动的特点为人体根节点(盆骨节点)在空间中的位置不断改变，同时四肢周期性地完成运动。肢体调整类运动的特点为人体根节点(盆骨节点)在三维空间中的位置基本不变，通过改变四肢的姿态来调整运动。为了对融合方法的一般性精度进行验证，本节选择十种典型运动，如表 4.4 所示。

表 4.4　精度验证典型动作

运动类型	运动名称	运动描述
人体移动类	横向步进	交替前侧踏步
	步行	较慢速度环形移动
	弯腰行走	弯腰以较慢速度环形移动
	慢跑	以较快速度环形移动
	蛙跳	围绕环形蛙跳

续表

运动类型	运动名称	运动描述
	拳击	双拳交替前冲
	挥手	双手交替在身体两侧挥动
肢体调整类	鼓掌	保持站立，手臂在身体前部拍手
	捡起&投掷	上前一步，捡起地上的东西扔出去
	蹲起	屈膝蹲下，站起

　　实验邀请了 5~8 个受试者完成上述运动。在开始实验之前，每个受试者都要通过视频进行练习。对于肢体调整类运动，要求受试者在训练场地中心为原点、直径为 2m 的圆上三个点，对每个运动分别做四组，每组运动重复五次，计算每种运动的平均误差。对于人体移动类运动，按照动作要点和既定路径完成即可。每个运动都是从站立姿势开始，每组运动由 600~700 帧数据组成。图 4.14 为一个受试者十种运动的关节姿势视频快照。图 4.15 为对应的 OptiTrack 运动捕捉系统捕捉的人体关键姿势骨架。

(a) 拳击　　　　(b) 挥手　　　　(c) 鼓掌　　　　(d) 捡起&投掷　　　　(e) 蹲起

(f) 横向步进　　　(g) 步行　　　(h) 弯腰行走　　　(i) 慢跑　　　(j) 蛙跳

图 4.14　十种动作的视频快照

4.4.2　典型运动数据融合精度分析

　　图 4.16 和图 4.17 展示了与 OptiTrack 运动捕捉系统相比，十种姿势的平均 3D 误差对比情况。在图中，深灰色和浅灰色分别代表简单加权方法和本书建议方

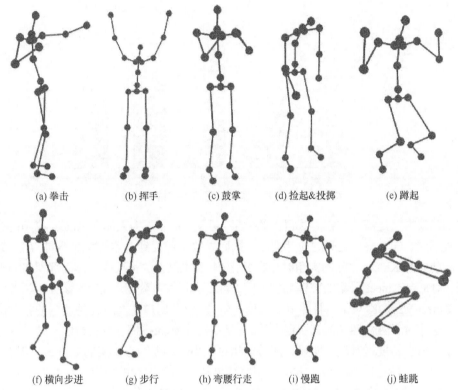

(a) 拳击　　(b) 挥手　　(c) 鼓掌　　(d) 捡起&投掷　　(e) 蹲起

(f) 横向步进　　(g) 步行　　(h) 弯腰行走　　(i) 慢跑　　(j) 蛙跳

图 4.15　OptiTrack 运动捕捉系统捕捉的人体关键姿势骨架

法产生的平均误差。在分析数据之前应当注意，OptiTrack 运动捕捉系统与 Kinect 采集到的参与计算的 15 个骨骼节点并不完全重合，此时 15 个骨骼节点的系统平均误差约为 4.8cm。

通过观察发现，图 4.17 的平均误差要大于图 4.16 的平均误差。这是因为图 4.17 中的运动需要旋转与周向走动，身体的遮挡情况时刻变化。可以看出，

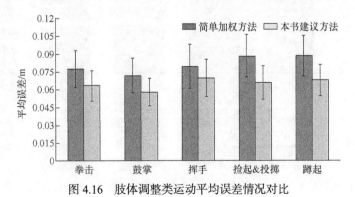

图 4.16　肢体调整类运动平均误差情况对比

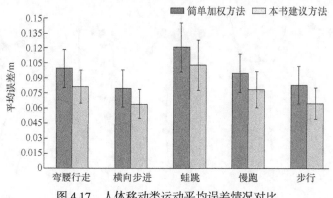

图 4.17　人体移动类运动平均误差情况对比

本书建议方法比简单加权方法得出的效果会更好。这是因为人体在 Kinect 视场内的位置不同、与 Kinect 之间的面部朝向不同而导致所捕捉到人体的精度不同,用户的面部朝向与 Kinect 之间的夹角时刻在变化。本书建议方法是根据人体面部朝向的不同,对每台 Kinect 采集的肢体部位不同,重新进行权重分配。同时,该方法还考虑了 Kinect V2 SDK 对每个骨骼节点的捕捉质量,以及用户在 Kinect 视场内的相对位置,这些对于融合性能都有一定提升。在拳击、捡起&投掷、弯腰行走、蛙跳等运动中,融合精度提升较为明显,能够以相对较小的误差跟踪真实的关节 3D 位置。

　　为了定性比较两种融合方法的跟踪结果随着帧数增加的情况,图 4.18 显示了蛙跳的关键帧骨架情况,包含 OptiTrack 运动捕捉系统和两种融合方法获得的融合数据在 Unity3D 中可视化后得到的骨架姿态。图 4.18 中圆圈部分为对应方法与 OptiTrack 运动捕捉系统骨架差异较大的部分,可以发现简单加权方法中肩关节的角度和长度容易发生畸变,本书建议方法能够更自然、更准确地表现对象的运动。

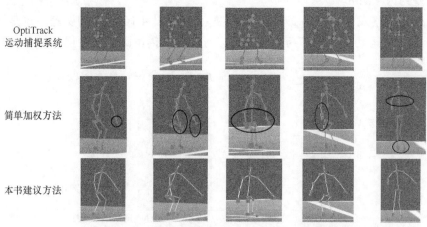

图 4.18　不同融合方法下,蛙跳动作在 Unity3D 下关键帧可视化结果

4.5　无标记运动捕捉系统性能验证与应用

在研究了无标记运动捕捉系统硬件的配置、Kinect 布局、基于 ICP 的运动捕捉系统坐标标定和基于粒子滤波的多台 Kinect 人体骨骼数据融合的基础上,本节以某传动装置典型装配任务为例,验证理论的可行性和系统的综合性能。图 4.19 为搭建的实验场景,包括六台客户端、六台 Kinect、一台服务器、一套 Oculus Rift S 头显、一台信息交换机以及 OptiTrack 运动捕捉系统。

图 4.19　实验场景布置图

4.5.1　面部朝向平滑与调整实验

面部朝向的计算主要是由融合后骨架成对的肩膀、盆骨和膝盖骨骼计算得到的,同时发现在人体高速旋转时获得的面部朝向容易反向,如果不对其进行矫正,则会一直反向,因此该实验选择的动作为用户抱紧双臂在场景内旋转。本书使用来自融合骨架数据的面部朝向(间隔线)和来自头戴式显示器(head mounted display,HMD)的面部朝向(点线)两个向量来进行分析。用户站在区域中心,在 Unity3D 中可视化骨架,用户抱紧双臂旋转时记录两组面部朝向数据,直至出现面部朝向数据反向的情况,如图 4.20 所示。

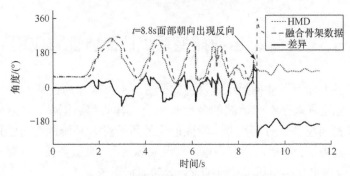

图 4.20　高自遮挡下面部朝向误判

在图 4.20 中，在 8.8s 之前两组向量的面部朝向几乎重合，向量间的差异稳定在 0°左右。8.8s 之后信号不再匹配，向量间的差异稳定在 180°左右。这证明，此刻面部朝向取反，且无法被修正。

在加入面部朝向修正方法后，对系统采用同样的输入，修正后的面部朝向数据如图 4.21 所示。在 8.8s 之前三条数据线与图 4.20 完全一样，此时面部朝向修正方法并未工作。在 8.8s 时刻，面部朝向出现了突变。融合后，骨骼数据的面部朝向出现了反向，并立即被 HMD 修正，两条数据线的差异稳定在 0°左右。因此可以得出，本书建立的面部朝向修正方法是有效的，加入面部朝向修正方法后可以使本书提出的融合方法更加稳定有效。

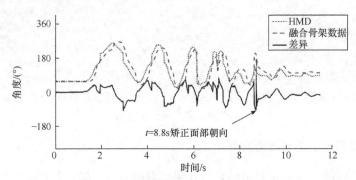

图 4.21　HMD 对高自遮挡的面部朝向修正

4.5.2　虚拟环境中传动装置装配及系统性能

为验证无标记运动捕捉系统的综合性能，本节首先根据传动装置装配的需求搭建实验所需的虚拟装配环境；然后以传动装置的三个难度、侧重点不同的典型装配任务为例设计实验任务；最后在不同任务下，对比简单加权方法、改进的自适应权重计算方法[6]和本书提出方法的融合精度差异。

1. 虚拟环境的搭建及其组成

本书采用 Unity3D 来搭建三维虚拟环境，虚拟装配环境由装配厂房、待装配零件模型、装配区域和 Avatar 模型组成，环境渲染图如图 4.22 所示。图 4.22 的正前方显示屏简单介绍装配任务，中间区域为装配区域，四周桌子为零件放置区，男性三维模型为用户在虚拟空间中控制的等身 Avatar 模型。

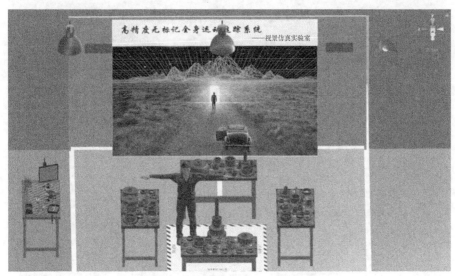

图 4.22　沉浸式虚拟装配环境渲染图

2. 综合传动装配实验过程

为了便于表达，针对某传动装置三轴装配过程，本节选择几个特殊的装配过程，划分为三个复杂度不同的装配任务。注意到图 4.23～图 4.28 的右侧图中，用户穿有标记捕捉点的衣服。这是因为在不同方法下，需要对齐 OptiTrack 地板真值的时间标签，方便之后的误差分析。

任务 1：搬运和装配某传动装置三轴的轴承盖、辅助配油套、配油套和轴承盖。四个零件分布在装配区域的不同位置，需要用户在装配区域走动。在这组任务下，用户的主要运动为在装配区域内移动、弯腰等。用户的位置也较靠近装配区域的中心。图 4.23 和图 4.24 分别为搬运和装配 C1 齿轮的示意图。图的左侧为 Unity3D 中驱动 Avatar 模型的示意图，右侧为真实物理空间中对应的用户姿态。

图 4.23　搬运 C1 齿轮

图 4.24　装配 C1 齿轮

任务 2：捏取和装配某传动装置上箱盖的五个吊耳。五个吊耳装配位置分布在箱体的四周。在这组任务下，用户的主要运动是在装配区域内移动和弯腰。相比于任务 1 不同的是，用户装配站立的位置靠近装配区域的边缘。同时，用户站立姿态下手臂的自遮挡情况要弱于任务 1。图 4.25 和图 4.26 分别为捏取和装配上箱体吊耳的示意图。图 4.25 和图 4.26 的左侧为 Unity3D 中驱动 Avatar 模型的示意图，右侧为真实物理空间中对应的用户姿态。

图 4.25　捏取上箱体吊耳

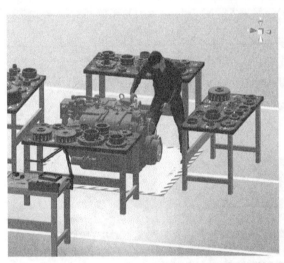

图 4.26　装配上箱体吊耳

任务 3：搬运和装配某传动装置前传动惰轮齿轮轴承盖。在这组任务下，用户的主要运动是装配区域内移动、弯腰和下蹲等。相比于任务 1 和任务 2，任务 3 的下蹲装配姿势属于强自遮挡装配运动。用户装配位置比任务 1 更靠近装配区域边缘，但要弱于任务 2。图 4.27 和图 4.28 分别为搬运和下蹲姿势装配前传动惰轮齿轮轴承盖的示意图。图 4.27 和图 4.28 的左侧为 Unity3D 中驱动 Avatar 模型的示意图，右侧为真实物理空间中对应的用户姿态。

图 4.27　搬运前传动惰轮齿轮轴承盖

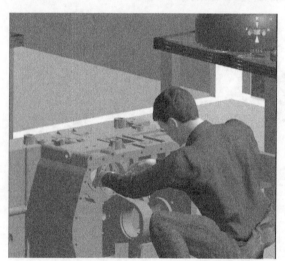

图 4.28　下蹲姿势装配前传动惰轮齿轮轴承盖

3. 无标记运动捕捉系统性能分析

在图 4.29～图 4.31 中，黑色、灰色和浅灰色分别代表简单加权方法、改进自适应权重计算(improved adaptive weight calculation，IAWC)方法[6]、本书建议方法产生的平均误差。观察图 4.29 可以发现，相对于简单加权方法，改进自适应权重计算方法在三个装配任务中的平均误差均有一定的改善，尤其是装配活动在装配区域较为边缘的装配任务 2。在三个装配任务中，本书建议方法对平均误差的改善更为明显，尤其是在强自遮挡任务 3 下。这是因为用户在装配过程中需要经常进行旋转与周向走动，简单加权方法没有考虑人体不同面部朝向和 Kinect 采集数据的置信度的影响，而改进自适应权重计算方法考虑了面部朝向与 Kinect 之间的相对夹角。根据夹角的不同，对当前 Kinect 分配了系统层置信度，同时考虑了 Kinect V2 SDK 对每个骨骼节点的捕捉质量，对于融合结果的性能有一定提升。

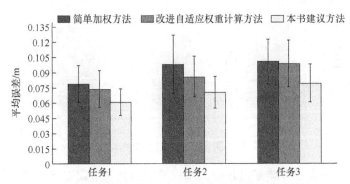

图 4.29　不同装配任务下三种融合方法平均误差比较

然而，改进自适应权重计算方法仍然存在一定的问题。当人体面部朝向与 Kinect 夹角为 90°和 270°时，分别为左侧肢体和右侧肢体完全被遮挡。此时，Kinect 的系统层权重对于左侧肢体和右侧肢体应当区别考虑。同时，改进自适应权重计算方法没有考虑上一帧数据对当前帧数据的影响，对于错误采集的离群数据没有办法进行剔除。

在本书建议方法中，系统层权重考虑了用户肢体的五个部分，且粒子滤波增强了帧与帧之间的连续性，对上述情况有较大的改进。相比改进自适应权重计算方法，性能又有一定的提升。任务 2 性能提升的主要原因是：考虑了用户在 Kinect 视场内的相对位置，在获取、装配吊耳的过程中对位于装配区域边缘的关节分配了较低权重，甚至是剔除较差位置的关节。这点在任务 3 上的性能改善表现更为明显。在强自遮挡任务下，改进自适应权重计算方法和简单加权方法的误差取值相近，说明改进自适应权重计算方法和简单加权方法在这种情况下工作效果较差，而本书建议方法在强自遮挡任务下仍然能够捕捉真实的 3D 关节位置。

脊柱关节不容易被遮挡，所以三种融合方法下的脊柱关节平均误差都较小。在计算所有关节的平均误差后，骨架整体误差被平均，导致方法之间的差异不明显。为了更明显地显示三种方法表现出的差异，同时考虑在任务 1 中，上肢一直处于活动中且活动范围较大。因此，单独将任务 1 下右臂的肩膀、手肘和手腕三个关节在三种融合方法下的平均误差情况用图 4.30 表示。可以发现，改进自适应权重计算方法在右肩、右肘关节的表现有明显改进，由于右手腕靠近肢体的末端，数据噪声较大，改进自适应权重计算方法相对于简单加权方法没有明显改进。然而，本书建议方法采用了粒子滤波以及预测模型置信度的判断，对数据噪声以及帧与帧之间连续性有较大的改善。在改进自适应权重计算方法的基础上，右肩、右肘、右手腕关节平均误差又有明显的降低。

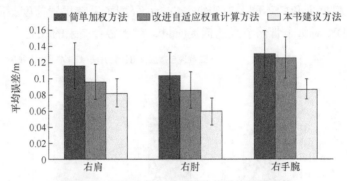

图 4.30　三种融合方法右臂关节平均误差比较

在任务 3 的大部分装配过程中，用户的双腿处于下蹲姿势，遮挡较为严重。同时，腿部数据也是评价人机功效的重要输入数据。因此，针对本书建议方法，特别分析了腿部关节的表现情况。在任务 3 下，右盆骨、右膝和右脚踝的误差如图 4.31 所示。可以发现，与简单加权方法相比，改进自适应权重计算方法对于腿部关节的捕捉精度几乎没有任何改善，而本书建议方法对于腿部关节捕捉精度的提升较大，尤其是膝关节。

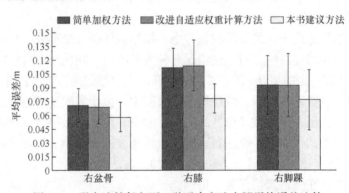

图 4.31　强自遮挡任务下三种融合方法右腿平均误差比较

在任务 1 的装配过程中，图 4.32(a)~(c)显示了左手腕关节 x、y 和 z 位置的轨迹。在这三个图中，k 轴表示帧数。简单加权方法(点线)、改进自适应权重计算方法(点划线)和本书建议方法(间隔线)产生的位置轨迹与地板真值(实线)产生的位置轨迹进行了误差比较。可以观察到，简单加权方法和改进自适应权重计算方法产生的三维关节位置误差明显较大，本书建议方法轨迹更加"贴合"地板真值数据。因此，本书建议方法能够以较小的误差捕捉关节的真实三维位置。

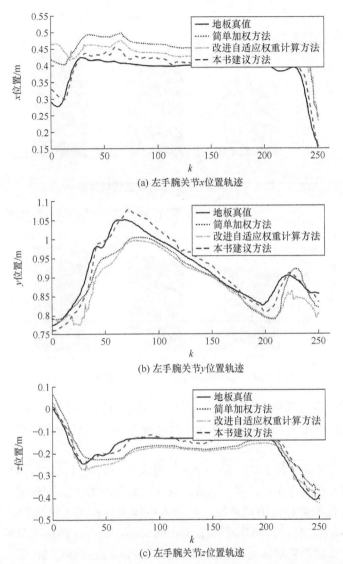

(a) 左手腕关节x位置轨迹

(b) 左手腕关节y位置轨迹

(c) 左手腕关节z位置轨迹

图 4.32　任务 1 中，不同融合方法下左手腕关节 x、y、z 位置与地板真值比较

　　为了了解 4.2 节和 4.3 节提出的约束对方法的贡献情况，本节分别以有、无预测模型和有、无人体朝向约束为例进行分析。图 4.33 和图 4.34 分别为预测模型和人体朝向约束对融合方法的精度影响。有预测模型的骨骼节点精度平均提升了6.5%，人体朝向约束平均提升了 5.1% 的骨骼节点精度。

4.5.3　面向装配的装配舒适性分析

　　为了验证无标记运动捕捉系统在装配舒适性计算中应用的可行性，本节以

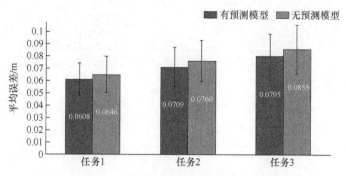

图 4.33　预测模型对融合方法的精度影响

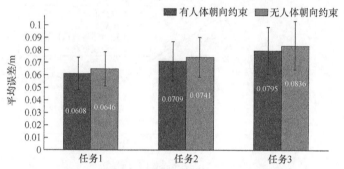

图 4.34　人体朝向约束对融合方法的精度影响

4.5.2 节中的任务 3 为例,对 Unity3D 内系统装配舒适性进行分析计算,并与 JACK 计算结果进行对比验证。其中,快速上肢评价 RULA 的评分规则及具体实施过程参见第 6 章。

　　西门子公司开发的 JACK 是一个人体建模与仿真软件,主要用来提高产品设计功效学因素和改进作业环境。首先,在 JACK 创建虚拟装配环境,将传动装置的前箱体和轴承盖导入虚拟环境,并加入中国男性标准人体模型。主菜单中的 Modules 选项卡下任务模拟生成器(task simulation builder, TSB)工具可以对需要仿真的关键运动设置基础运动,包括 Go、Get、Put、Position、Sit 等。基础动作设置后对于具体的装配任务一般是不适用的,存在穿模、人体模型扭曲等问题,无法用于人机功效分析,需要进行人体位置以及动作的微调。这个过程是漫长、烦琐与冗杂的,需要耗费大量的人力、物力。设置完成后,JACK 环境下搬运前箱体轴承盖情况,如图 4.35 所示。

　　在整个仿真过程建模后,JACK 会在关键帧之间生成相应的插补动画。对于动画中的每一帧可以进行一系列的人机功效分析。本案例中具体的帧动作为用户下蹲姿势在传动装置前箱体上装配惰轮齿轮轴承盖(任务 3)。对于任务输入,轴承盖的质量约为 1.5kg,因此 A 组和 B 组肢体的负载输入小于 2kg,肌肉使用频率

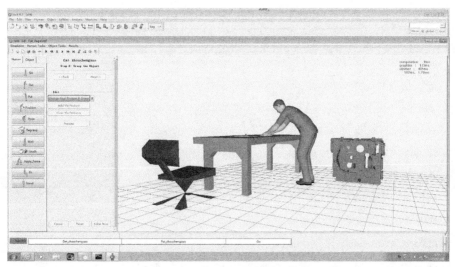

图 4.35　JACK 环境下搬运前箱体轴承盖

为正常，而腿和脚受到的质量不平衡，如图 4.36 粗线框中所示。分析计算上臂、下臂、手腕和手腕旋转得分，分别为 3 分、3 分、1 分和 2 分，颈部、躯干分别得分为 1 分和 3 分，最终总体得分为 4 分。该结果作为无标记运动捕捉系统计算装配舒适性的对照组。因此，根据表 6.1 对于该装配动作的具体指导意见为：需要进一步调查，可能需要做出改变。

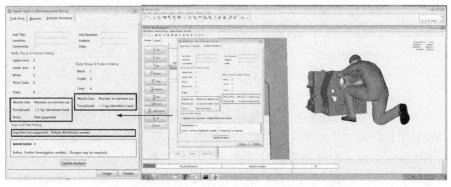

图 4.36　装配轴承盖参数输入与最终 RULA 得分

在 Unity3D 中完成使用全身运动捕捉系统计算 RULA 参数的代码编写后，需要采用实验对本书系统的功能进行验证，选取机械工程专业的 6 名学生来进行任务 3 的装配实验(具体姿势以及初始输入与 4.5.2 节保持一致)，参与者均已学习过 RULA 评价方法且熟悉综合传动装置任务 3 的装配流程，从而确保实验结果的准确性，获得的结果如表 4.5 所示。

表 4.5 任务 3 无标记运动捕捉系统 RULA 评分情况

部位	用户 1	用户 2	用户 3	用户 4	用户 5	用户 6
上臂	3	3	3	3	3	3
前臂	3	3	3	3	3	3
手腕	1	1	2	1	1	2
手腕旋转	2	2	1	2	1	2
A 组总分	4	4	4	4	4	4
颈部	1	1	1	1	1	1
躯干	3	3	3	3	3	3
腿部	2	2	2	2	2	2
B 组总分	4	4	3	4	4	4
RULA 得分	4	4	4	4	4	4

注：阴影分值表示关节位置评分出现偏差。

分析表 4.5 可以发现，手腕处的评分与 JACK 对照组出现了偏差。手腕偏差的主要原因是不同的参与者装配动作并不完全一致。当手部超出 LeapMotion 的采集范围后，手腕、指尖关节数据将来自 Kinect 采集融合的数据。肢体末端导致数据精度一般且有一定的噪声，进而导致手腕、手腕旋转的评分出现偏差。但是与 JACK 获得的评价结果比较可得，轻微的数据噪声并不会影响最终的 RULA 得分，因此无标记运动捕捉系统在实时计算装配舒适性上的应用是可行的。

4.6　本 章 小 结

本章提出了数据层骨骼数据预处理与系统层骨骼数据预处理方法，获得了多约束数据质量评价方法，为实时骨骼融合提供了一套全面的质量测量，研究了基于粒子滤波的多台 Kinect 数据融合方法，该方法考虑了 Kinect 可信度参数判断、运动过程中肢体的自遮挡，用户在 Kinect 视场中的相对位置和前一帧数据对当前帧数据的置信度影响，构建了日常动作库用于对方法的精度进行分析。

以某传动装置为研究对象，提取了三个难度不同的装配任务，验证了无标记运动捕捉系统的精度与稳定性，并基于 RULA 规则分析了系统在辅助可装配性设计方面的应用，验证了虚拟环境下装配舒适性的分析功能。

(1) 通过实验的方式，研究了基于预测模型的置信度判断以及方向角权重模型对 Kinect 采集不同人体部位的精度影响，并对 SDK 捕捉状态、用户与视场相对位置椭球模型对 Kinect 采集数据的置信度影响规律进行数学建模，获得了数据层、系统层骨骼数据预处理方法，提出了一种多约束的数据质量评价方法。

（2）针对大规模的人体运动捕捉和姿态分析，提出了一套骨骼启发式融合方法，通过多约束数据质量评价方法对六台 Kinect 采集到的数据进行可信度判断，对约束范围内的骨骼数据进行数据融合，融合得到的数据作为粒子滤波的真实测量值输入，预测关节点数据，进而获得健壮的身体骨架。

（3）验证了融合方法的性能，选择十种代表性的典型动作，以 OptiTrack 采集的数据作为真值对照，将本书建议方法与简单加权方法进行性能对比，定量对比人体移动类与肢体调整类每种动作的误差，在 Unity3D 内以动作"蛙跳"为例定性对比了两种融合方法的表现情况。

（4）在 Unity3D 中使用 Oculus Rift S 头显对面部朝向的约束与调整功能进行了验证，结果表明修正面部朝向方法有效，加入修正方法后可以使方法更加稳定。

（5）将 Avatar 模型和某传动装置零件模型导入虚拟环境中，搭建虚拟仿真环境，对三轴部分部件、多个吊耳和前箱体轴承盖三个任务进行了装配仿真，从多个维度分析了本书建议方法精度表现的优越性，并以预测模型和人体朝向约束为例分析了本书提出的约束条件对融合方法的贡献情况。

（6）以任务 3 为例在 JACK 中完成任务输入和整个仿真过程建模，获得的 RULA 评分结果作为对照组。基于 C#语言在 Unity3D 中对系统输入以及 RULA 评分计算规则进行数学建模，以无标记运动捕捉系统获得的高精度数据为输入，实现了 RULA 评分的实时计算，验证了无标记运动捕捉系统在装配舒适性计算中应用的可行性。

参 考 文 献

[1] 郑熙映. 基于 Kinect2.0 的实时三维重建系统设计[D]. 西安: 西安电子科技大学, 2019.

[2] Yang L, Zhang L Y, Dong H W, et al. Evaluating and improving the depth accuracy of Kinect for windows V2[J]. IEEE Sensors Journal, 2015, 15(8): 4275-4285.

[3] Andrieu C, Doucet A. Particle filtering for partially observed Gaussian state space models[J]. Journal of the Royal Statistical Society: Series B(Statistical Methodology), 2002, 64(4): 827-836.

[4] 任凤娟, 冯四风. 基于粒子滤波的混沌同步性能研究[J]. 电子测试, 2018, 402(21): 63-65.

[5] 李晶皎, 陆振林, 李海鹏, 等. 基于复制分治策略的嵌入式 MPSoC 平台软件并行化[J]. 小型微型计算机系统, 2013, 34(7): 1693-1698.

[6] Wu Y J, Wang Y, Jung S, et al. Towards an articulated avatar in VR: Improving body and hand tracking using only depth cameras[J]. Entertainment Computing, 2019, 31: 100303.

第 5 章　虚拟环境多视角融合模型建模方法

1PP 适用于手部精细交互任务,为用户提供更好的手、手臂的位置感知,具有更高的交互准确性和效率[1],缺点是用户的视野可见范围较窄,不能看到全身运动姿态,难以保证装配仿真时全身姿态的正确性。3PP 拓展了用户的空间信息感知范围,用户可以感知自身与周围环境的空间位置关系,观察虚拟人体在环境中的活动,缺点是不符合人类的自然交互习惯,对手和手臂装配区域的观察视角有限,降低了交互的准确性和效率[2]。

本章旨在建立结合两种视角优势的多视角融合模型,使用户既可以通过 1PP 观察到手部精细交互,又可以借助 3PP 感知到自己的肢体与周围环境的空间位置关系和全身运动状态,从而保证装配操作的准确性和直观性,以及装配姿态的正确性。

为探索多视角融合模型,在渲染引擎 Unity3D 中建立 1PP 和 3PP,研究人机交互界面如何呈现虚拟环境场景的主辅视角配置模式,提出辅助视角在主视角中的融合方法,建立五种多视角融合模型,通过用户调查实验进行实验分析。

5.1　1PP 和 3PP 研究现状

5.1.1　1PP 与 3PP 的特点

1PP 与 3PP 是虚拟环境中两种常用的观察方式,研究表明两种视角有其各自的特点和适用场景,将 1PP 和 3PP 的特点整理如表 5.1 所示。1PP 会给用户带来更强的存在感和直观性,用户可以更好地感知手、手臂的交互区域,适用于手部精确交互任务和交互密集型任务,提升交互准确性和交互效率,降低交互困难程度。3PP 能为用户提供更广阔的视野和更强的空间感知能力。用户能够感知到身体周围近距离的环境,有助于进行环境总体概览、感知环境空间构型、观察自己的虚拟身体等,适用于在虚拟环境中进行距离评估、导航与目标寻找等任务。其中,空间感知是对用户在虚拟环境中准确理解空间关系和特征能力的一种衡量,包括用户对距离的判断和考虑空间变换的能力[3]。

Alonso 等[4]对 3PP 相机位置进行了研究,他们将 3PP 相机建立在七个位置,在不同相机视角下,设计了参与者抓取飞向被试①球的实验任务。随着相机相对

---

① 被试是指实验参与者,英文中为"subject",本书译为"被试"。

于 1PP 越往后，抓球表现越差。因此，当 3PP 相机位置靠近 1PP 时，交互困难度较低，而当 3PP 相机位置远离 1PP 时，交互困难度较高。

表 5.1　1PP 和 3PP 的特点

视角	特点	作者
1PP	更强的存在感、直观性	Gorisse 等[5]、Kilteni 等[6]、Lenggenhager 等[7]
	手部精细交互任务，交互准确性更高	Gorisse 等[5]、Bhandari 等[3]
	交互密集型任务，交互效率更高，交互困难度更低	Cmentowski 等[8]、Alonso 等[4]
3PP	更广阔的视野，更强的空间感知，感知身体周围近距离的环境	Gorisse 等[5]、Salamin 等[9]
	有助于进行环境总体概览，感知环境空间构型，观察自己的虚拟身体	Cmentowski 等[8]、Seinfeld 等[10]、Aretz[11]、Zaehle 等[12]
	3PP 相机位置越远离 1PP，交互困难度越高	Alonso 等[4]
	适用于距离评估、导航与目标寻找等任务	Gorisse 等[5]、Barra 等[13]

Gorisse 等[5]评估了被试在 1PP 和 3PP 下的空间感知、交互表现和导航性能。实验结果表明，3PP 的空间感知能力优于 1PP，被试可以更快地感知到虚拟人周围空间内的元素。1PP 的交互性能优于 3PP。在 3PP 下，被试的手部交互区域会受到虚拟人身体的遮挡，而在 1PP 下，被试可以更好地执行精确交互任务。3PP 的导航性能优于 1PP。图 5.1 是 Gorisse 等[5]建立的 1PP 和 3PP 场景。

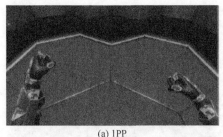 

(a) 1PP　　　　　　　　　　　　　　　(b) 3PP

图 5.1　Gorisse 等[5]建立的 1PP、3PP 场景

Cmentowski 等[8]的研究表明，1PP 更适合于交互密集型任务，3PP 提供了更好的环境总体概览。图 5.2 是 Cmentowski 等[8]建立的 1PP 和 3PP 视角研究。

Seinfeld 等[10]认为 3PP 更适用于虚拟环境中导航或路径寻找。在该视角下，被试可以从远处观察到他们的 Avatar 模型，这有助于他们感知到空间构型，获得更多虚拟环境中的信息线索。

Bhandari 等[3]通过分析空间感知、任务表现和主观偏向性等指标，研究了 1PP 和 3PP 哪种视角可以更好地适用于动态任务。实验结果表明，对于静态到适度动态任务，1PP 显著优于 3PP，用户在 1PP 下有更好的空间感知能力和任务表现。

(a) 1PP　　　　　　　　　　　　　　　　　(b) 3PP

图 5.2　Cmentowski 等[8]建立的 1PP 和 3PP 视角研究

Salamin 等[9]以实物相机作为 3PP 观察相机，研究了 1PP 和 3PP 在虚拟现实环境下的空间感知和交互性能。图 5.3 是 Salamin 等[9]搭建的 1PP、3PP 装置。实验结果表明，1PP 适用于手部精细交互任务，尤其是被试需要向下看且目标是静止物体时。3PP 提供了更广阔的视野、更强的空间感知能力，被试可以观察到他们的头、手的位置及其身体周围近距离的环境，适用于距离评估任务，以及移动物体轨迹的预测任务。

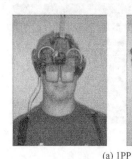

(a) 1PP　　　　　　　　　　　　　　　　　(b) 3PP

图 5.3　Salamin 等[9]搭建的 1PP、3PP 装置

5.1.2　3PP 的种类

3PP 包含以自我为中心第三人称视角(egocentric third-person perspective，E3PP)和以异我为中心第三人称视角(allocentric third-person perspective，A3PP)，特点如表 5.2 所示。

表 5.2　A3PP 与 E3PP 的特点

3PP 种类	特点	作者
A3PP	相机位置和朝向相对于世界坐标系固定	Viaud-Delmon 等[14]
	产生从别人的视角看自己身体的感觉	Frith 等[15]
	视角范围更广阔，有助于用户观察到更多的环境元素，更高的感兴趣区域清晰程度和手部交互精确度，给用户更强的空间感知	Vidal 等[16] Bhandari 等[3]
	适用于无障碍物的导航任务	Torok 等[17]
E3PP	相机位置相对于虚拟人头部固定，且始终朝向虚拟人头部	Viaud-Delmon 等[14]
	产生虚拟人身体就是自己身体的感觉	Frith 等[15]
	用户观察到的虚拟场景与自己所做的运动不一致，导致用户运动不自然、空间感知较差	Bhandari 等[3]

其中，A3PP 和 E3PP 相机的位置与朝向设置不同。A3PP 相机的位置和朝向相对于世界坐标系是静止的，而 E3PP 相机的位置相对于虚拟人头部是静止的，且始终朝向虚拟人头部。因此，用户以 A3PP 和 E3PP 观察会产生不一样的感觉和任务表现。

(1) 用户以 A3PP 进行观察，会产生从别人的视角看自己身体的感觉，而以 E3PP 进行观察，会感觉到虚拟人身体就是自己的身体。

(2) A3PP 的视角范围更广阔，有助于用户观察到更多的环境元素，提升感兴趣区域的清晰程度和手部交互的精确度，给用户更强的空间感知。

(3) E3PP 下，用户观察到的虚拟场景与自己所做的运动不一致，导致用户运动不自然、空间感知较差。

(4) 在无障碍物导航任务中，用户在 A3PP 下的任务表现更好。

Bhandari 等[3]对 E3PP 和 A3PP 的空间感知、交互性能和任务表现等进行了研究。他们将 E3PP 相机设置在虚拟人头部后方 50cm、上方 25cm 处，相机相对于虚拟人的头部位置始终不变，视角始终朝向虚拟人的头部位置；A3PP 相机的初始位置设置与前者相同，但其位置相对于世界坐标系固定，相机和虚拟人头部会随着被试头部的转动做出相同的角度变化。图 5.4 是 Bhandari 等[3]建立的 1PP、E3PP 和 A3PP 研究。实验结果表明，A3PP 在空间感知、交互性能和任务表现方面均优于 E3PP。在 E3PP 中，相机会随着虚拟人的运动做出一致的旋转和位置变化，这与被试的运动混杂在一起，造成被试观察到的虚拟场景与自己所做的运动不一致，导致被试运动不自然，以及空间感知和任务表现较差。在 A3PP 中，被试可以从高处观察目标，所以该视角的视野范围比 E3PP 大，提升了感兴趣区域的清晰程度和手部交互的精确度。

(a) 1PP　　　　　　　(b) E3PP　　　　　　　(c) A3PP

图 5.4　Bhandari 等[3]建立的 1PP、E3PP 和 A3PP 研究

Torok 等[17]研究了视点在两种参考坐标系对导航表现的影响。其中，两种参考坐标系分别是以自我为中心和以异我为中心，前者相对于虚拟环境中的虚拟人是静止的，用"左""右"来描述方向；后者相对于虚拟环境是静止的，用"东南西北"或"在……旁边"来描述方向。三种视角分别为 1PP、3PP 和鸟瞰图。图 5.5 是 Torok 等[17]建立的五种视角研究。实验结果表明，对于无障碍物、无地标和无边界的导航任务，靠近人眼部的视点与以自我为中心的参考坐标系更加适配，远离人眼部的视点与以异我为中心的参考坐标系更加适配。

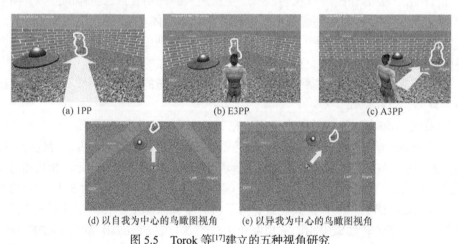

(a) 1PP　　　　　　　(b) E3PP　　　　　　　(c) A3PP

(d) 以自我为中心的鸟瞰图视角　　　(e) 以异我为中心的鸟瞰图视角

图 5.5　Torok 等[17]建立的五种视角研究

5.1.3　多视角的呈现方式

多视角的呈现方式主要有三种，分别为画中画(picture in picture，PIP)方法、微缩世界(world in miniature，WIM)方法和切换(switch)方法，如表 5.3 所示。其中，PIP 方法是将用户视野外的感兴趣区域以二维形式呈现在视野内，以观察视野外感兴趣区域的空间信息。WIM 方法是一种虚拟环境的三维手持微缩副本。PIP 方

法和 WIM 方法可以使多视角在交互界面中同时呈现。而切换方法是通过建立一种多视角间的转换方式，使用户可以选择观察视角，用户的视野内只呈现一种观察视角。

表 5.3　PIP、WIM 和切换方法的特点

多视角呈现方式	特点	作者
PIP 方法	将用户视野外的感兴趣区域以二维形式呈现在视野内，以观察视野外感兴趣区域的空间信息	Lilija 等[18]、Lin 等[19]、Wu 等[20]
WIM 方法	虚拟环境的三维手持微缩副本	Stoakley 等[21]
	用户可以与超出胳膊所及范围内的物体交互	Frees 等[22]
	用户可以用双手旋转WIM的自然方式快速调整观察角度	Trueba 等[23]
	适用于目标寻找、选择、操作和导航任务	Andujar[24]、Trueba 等[23]
	类似于立方体形式的地图，在原虚拟现实环境的 1PP 中，提供给用户一种可操作的上帝视角	Pausch 等[25]
切换方法	用户视野内只出现一种视角，通过切换的方式实现不同视角的观察	Cmentowski 等[8]

1. PIP 方法

Lilija 等[18]在头戴式显示器中以 PIP 的形式为用户呈现远程图像，他们建立了两种虚拟远程相机，分别是相机位姿不可变的静态相机和相机位姿可变的动态相机，分别实现了如图 5.6 所示的静态画中画和动态画中画。

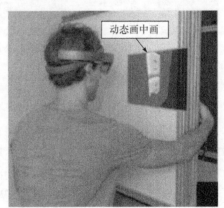

(a) 静态画中画　　　　　　　　　　　　　(b) 动态画中画

图 5.6　Lilija 等[18]建立的两种画中画形式

Lin 等[19]提出了一种将屏幕外的感兴趣区域呈现于主屏幕的空间画中画可视

化技术，解决了用户观察全景视频时因受到视角范围限制而只能观察到部分视频的问题。图 5.7 是 Lin 等[19]建立的空间画中画，为了尽可能地减小画中画对主屏幕的遮挡，他们将画中画设置在屏幕的边缘区域。

图 5.7　Lin 等[19]建立的空间画中画

Wu 等[20]将其他视角采集到的被遮挡区域通过 PIP 方法无缝融合到用户的主要视角中，用户可以在更少移动的条件下探索更多，这提升了用户在虚拟环境中的导航效率。图 5.8 是 Wu 等[20]研究的主要视角和次要视角。其中，虚拟现实设备提供的原始视角为主要视角，其他的视角为次要视角。

(a) 被试与实验场景　　　　(b) 被试观察到的原始视角　　　(c) 在原始视角上呈现的次要视角

图 5.8　Wu 等[20]研究的主要视角和次要视角

2. WIM 方法

WIM 方法由 Stoakley 等[21]在 1995 年首次提出，是一种虚拟环境手持微缩副本，可以增强头戴式显示器沉浸感。图 5.9 是一个 WIM 环境示例[23]。WIM 环境中的每一个物体都以相同的比例与实际尺寸的物体进行缩放，建立了虚拟环境中原始尺寸物体与 WIM 中微缩物体的直接关系，即当移动 WIM 中的物体时，虚拟环境中的物体会随之移动，反之亦然。WIM 是一个手持模型，用户可以用双手旋转 WIM 的自然方式快速调整观察角度。WIM 方法适用于虚拟环境中的寻找、选择、操作和导航任务。

Frees 等[22]认为 WIM 方法是一种有用且有创造性的方法，使人们可以与超出胳膊所及范围之外的物体交互。Pausch 等[25]认为 WIM 类似于一个地图立方体，在

原先的沉浸式虚拟环境的 1PP 中，提供给用户一种可操作的上帝视角。Andujar[24]
认为 WIM 方法使操作者可以在虚拟环境中高效地完成选择、操作和导航任务。

图 5.9　WIM 环境示例[23]

3. 切换方法

Cmentowski 等[8]提出了一种基于动态视角转换的全新导航技术，实现了 1PP、
3PP 之间的转换。他们认为在大而开放的环境中探索，将 1PP、3PP 以平稳而快
速的转换方式结合，为用户提供了一种更加直观、不会引发晕屏症的导航方式。
实验结果也证明了 1PP 适用于小范围探索、观察局部兴趣点的细节信息以及基础
性交互(如拾取物体)，而 3PP 适用于虚拟环境中的大范围探索。

综上所述，先前的研究证明了用户在 3PP 下有更好的空间感知能力，也能更
好地完成虚拟环境中的导航任务。将 1PP 和 3PP 结合有助于提升用户在虚拟环境
中的交互性能，但是，没有验证 1PP 和 3PP 的融合对提升虚拟环境中全身碰撞感
知和虚拟人运动控制的影响，无法应用于面向 RULA 实时评价的虚拟人全身运动
控制。

5.2　虚拟现实中主辅视角配置模式

5.2.1　1PP 建模方法

1PP 是目前虚拟现实设备的通用观察视角，符合用户自然的观察习惯。基于
头戴显示器的头动跟踪传感器得到佩戴者头部的运动姿态数据，修改虚拟环境中
观察相机的位置，使虚拟环境中的相机视角与操作者的头部朝向一致。HMD 上
的双目立体显示屏将虚拟环境的影像投射到用户视网膜上，基于双目视差原理产
生虚拟环境的立体效果。通过这种技术，操作者便能以符合人类观察习惯的 1PP
观察虚拟环境。

本节利用HTC Vive系列的HMD设备实现操作者头部运动捕捉与虚拟场景展示,原理示意图如图 5.10 所示,其中,HDMI 为高清晰度多媒体接口(high definition multimedia interface)。HTC Vive 系列的 HMD 设备上的 32 个红外传感器以一种特殊的布局方式布置在 HMD 上,以保证 HMD 可以从各个角度接收 Vive 基站发来的定位信号。Vive 基站是两个架设在现实环境中的红外发射器,按一定频率向用户活动空间内发出红外信号,不同红外传感器的接收信号时刻存在微小差异。根据红外传感器接收信号时刻及其在 HMD 上的位置,推算 HMD 的位移和旋转数据,用来更新虚拟环境中主观察相机的位姿数据。在搭建虚拟环境时,将主观察相机与虚拟环境中的虚拟人头部节点重合,就可实现主观察相机的运动与虚拟人头部的运动保持一致,保证主观察相机以 1PP 渲染虚拟环境。最后,利用 HMD 的双目立体显示屏将主观察相机渲染好的虚拟环境展示给用户,用户就可以通过具有自我虚拟人感觉的 1PP 观察虚拟环境。

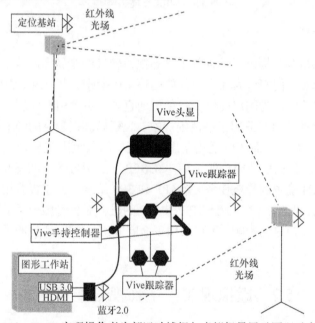

图 5.10　HMD 实现操作者头部运动捕捉与虚拟场景展示原理示意图

图 5.11 是本书建立的 1PP 观察模式及实验场景,由与虚拟人头部对齐的视场角为 110°的虚拟相机实现,其位置和旋转均跟随 HMD 的运动而变化。

5.2.2　3PP 建模方法

3PP 常用于桌面虚拟环境,如 CAM 软件中的人机功效分析模块和一些角色扮演游戏等。如 5.1.3 节所述,根据 3PP 相机的相对位置和朝向不同,3PP 可分为A3PP 和 E3PP 两种。相关研究表明[27],A3PP 范围更广阔,有助于用户观察到更

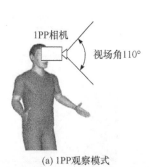

(a) 1PP观察模式

(b) 1PP下的实验场景

图 5.11　1PP 观察模式及实验场景

多的环境元素，提升感兴趣区域的清晰程度、手部交互的精确度，给用户更强的空间感知。相比之下，在 E3PP 下用户观察到的虚拟场景与自己所做的运动不一致，导致用户运动不自然、空间感知较差。因此，本书选择以异我为中心形式构建虚拟环境中的 3PP。

图 5.12 是 A3PP 相机设置及实验场景。初始方向朝向虚拟人，视场角为 60°。为降低视动不一致造成的眩晕感，在虚拟环境中只约束 A3PP 相机的位移自由度，而不约束旋转自由度，即 A3PP 相机的位置相对于虚拟场景世界坐标系是固定的，但相机会跟随用户的头部运动旋转。因为本书的 3PP 均以 A3PP 的方式进行建模，所以后面的 3PP 均指 A3PP。

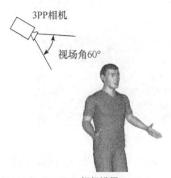

(a) A3PP相机设置

(b) A3PP下的实验场景

图 5.12　A3PP 相机设置及实验场景

5.2.3　主辅视角配置模式

主辅视角配置模式决定了 1PP 和 3PP 在交互界面的呈现方式。本书提出的多视角融合模型可以让用户同时通过 1PP 和 3PP 观察虚拟环境，如图 5.13 所示。

在如图 5.13(b)所示的交互界面中，主视角占据了用户的大部分视野，辅助视

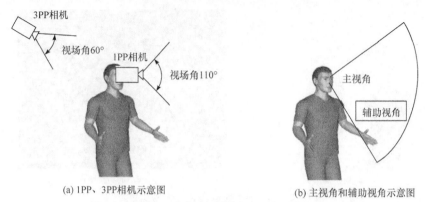

(a) 1PP、3PP相机示意图　　　　　　　　　(b) 主视角和辅助视角示意图

图 5.13　主辅视角配置模式示意图

角通过适当的融合方法集成在显示界面，通过排列组合的方式将图 5.13(a)所示的 1PP 相机和 3PP 相机所观察到的场景分别在图 5.13(b)所示的主视角和辅助视角中呈现，产生了两种主辅视角配置模式：①1PP 为主视角，3PP 为辅助视角(简称为 $\overline{1PP}$)；②3PP 为主视角，1PP 为辅助视角(简称 $\overline{3PP}$)。图 5.14 是在虚拟实验场景中建立的 1PP 相机和 3PP 相机，以及两种相机所观察到的视角。

图 5.14　1PP 和 3PP 相机及两种相机的视角

在 $\overline{1PP}$ 配置模式中，主视角由与虚拟人头部对齐的视场角为 110° 的虚拟相机实现，其位置和旋转均跟随 HMD 的运动而变化；辅助视角相机固定在场景中心后方 4m、上方 3m，其面向虚拟人，视场角为 60°。

在 $\overline{3PP}$ 配置模式中，主视角相机被固定在和 $\overline{1PP}$ 配置模式中辅助视角相机相同的位置，并且随着 HMD 的旋转而旋转，$\overline{3PP}$ 中的辅助视角相机是一个固定在虚拟人头部的虚拟相机，$\overline{3PP}$ 的主视角和辅助视角的视场角分别与 $\overline{1PP}$ 配置模式中的相同。

5.3 虚拟现实中辅助视角融合方法

为了让主辅视角的优点能够更好地结合，避免辅助视角妨碍主视角的正常交互，同时还能提供充足的信息，本节研究辅助视角在主视角中呈现的融合方法。

由 5.1.3 节可知，PIP 和 WIM 是目前两种较为通用的辅助画面呈现方式。PIP 是一种二维的辅助画面呈现方式，将虚拟相机所观察到的场景以画中画的形式通过 HMD 渲染在用户视野中。WIM 是一种三维的辅助画面呈现方式，相当于虚拟现实环境的微缩副本，可通过手旋转 WIM 模型自由调整观察角度。

手持式(hand-held, HH)操控方式是将呈现方式与手部锚定，用户用手调整其位置，可以调节其距离眼睛的远近，也可以根据需要选择是否将其放置在视野中。抬头显示(head-up display, HUD)操控方式是将呈现方式固定在视野中的某一位置，HUD 相对于用户头部是静止的，会一直呈现在用户视野中。

本节基于上述呈现方式和操控方式，设计三种辅助视角融合方法，分别是手持式画中画(HH PIP)、抬头显示画中画(HUD PIP)和手持式微缩世界(HH WIM，后面的 WIM 特指 HH WIM)。三种方法及其特点如表 5.4 所示。

表 5.4 辅助视角融合方法及其特点

辅助视角融合方法	控制方式	辅助画面呈现维度	位置是否可调整	是否一直在视野中呈现
HH PIP	手持式	二维	是	否
HUD PIP	抬头显示	二维	否	是
WIM	手持式	三维	是	否

1. HH PIP

图 5.15 是在虚拟环境中建立的 HH PIP 模型。在 $\overline{1PP}$ 和 $\overline{3PP}$ 观察模式下，HH PIP 分别被建立在虚拟人的手部关节点上和手持式控制器上。HH PIP 始终面向用户，初始尺寸设置为 $200mm \times 150mm$，初始位置在用户手的上方 200mm 处。

2. HUD PIP

图 5.16 是在虚拟环境中建立的 HUD PIP 模型。与 HH PIP 不同的是，HUD PIP 的位置始终是固定的，初始尺寸设置为 $200mm \times 150mm$，初始位置相对于主视角相机向左偏移 150mm、向前偏移 500mm。

3. WIM

图 5.17 是虚拟环境中建立的 WIM 模型。与 PIP 融合方法最大的不同是，PIP

图 5.15　HH PIP 模型

图 5.16　HUD PIP 模型

图 5.17　WIM 模型

是一种二维的呈现形式，WIM 是一种三维的呈现方式。WIM 建立在用户的手上，用户的手旋转 WIM 模型可自由调整观察角度。

5.4　多视角融合模型建模

5.2 节建立了两种主辅视角配置模式($\overline{1PP}$ 和 $\overline{3PP}$)。5.3 节研究了三种辅助视角融合方法(HH PIP、HUD PIP、WIM)。其中，WIM 方法只能融合 3PP，1PP 无法在 WIM 模型中进行表达。为了研究不同视角融合方法对环境信息获取的效果，本节在虚拟环境中建立五种多视角融合模型，并建立两种对照组(纯视角观察模式)，如图 5.18 所示。

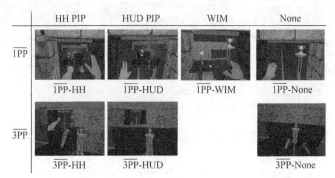

图 5.18　五种多视角融合模型和两种纯视角观察方式模型

在图 5.18 中，五种多视角融合模型分别如下：

(1) 1PP 为主视角，以 HH PIP 方法融合 3PP 辅助视角(简称 $\overline{1PP\text{-}HH}$)；

(2) 1PP 为主视角，以 HUD PIP 方法融合 3PP 辅助视角(简称 $\overline{1PP\text{-}HUD}$)；

(3) 1PP 为主视角，以 WIM 方法融合 3PP 辅助视角(简称 $\overline{1PP\text{-}WIM}$)；

(4) 3PP 为主视角，以 HH PIP 方法融合 1PP 辅助视角(简称 $\overline{3PP\text{-}HH}$)；

(5) 3PP 为主视角，以 HUD PIP 方法融合 1PP 辅助视角(简称 $\overline{3PP\text{-}HUD}$)。为更好地对比辅助视角的效果，设置了两种纯视角观察模式，即纯第一人称视角(简称 $\overline{1PP\text{-}None}$)和纯第三人称视角(简称 $\overline{3PP\text{-}None}$)作为对照组。

为了提高系统的可用性，对观察方式进行了如下三项特殊修改。

(1) 为了避免辅助视角遮挡被试的视线，开发了辅助视角显示位置切换功能。如图 5.19 所示，被试可通过控制器面板的按钮切换辅助视角在视野中的显示位置。在 HH PIP 和 WIM 融合方法中，辅助视角在用户的两只手之间切换，在 HUD PIP 融合方法中，辅助视角在用户视野的左和右之间切换。

(a) HH PIP在左手　　　　　　(b) HH PIP在右手　　　　　　(c) WIM在左手

(d) WIM在右手　　　　　　(e) HUD PIP在视野左边　　　　　　(f) HUD PIP在视野右边

图 5.19　辅助视角显示位置切换功能

(2) 为增强被试的碰撞意识，当虚拟人的肢体与墙壁发生碰撞时，墙壁的颜色变深，如图 5.20 所示。

图 5.20　虚拟人肢体与墙壁发生碰撞后墙壁变深

(3) 开发了相机自动重新定位功能，以解决 A3PP 导致的 $\overline{1PP}$ 模式中的相机视角被墙体遮挡问题和 3PP 模式中的相机视角朝向错误问题。

如图 5.21 所示，在 $\overline{1PP}$ 模式中，虚拟人穿过墙上的通道后，虚拟人的运动和交互被墙壁遮挡，通过相机自动重新定位功能，可以实现辅助视角相机移动到墙壁的对称位置，并将观察相机旋转到与之前相反的方向。在 3PP 模式中，在虚拟人移动到墙的另一边并旋转到与之前相反的方向后，该功能将观察相机移动到墙对面的对称位置。为了缓解主视角相机移动造成的晕眩感和观察相机移动造成的重新定位混乱问题，将主视角相机设置为快速移动模式，即相机 0.5s 移动到目标位置。

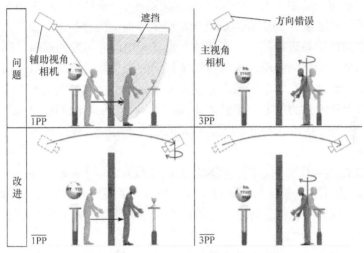

图 5.21　3PP 相机的自动重新定位功能

5.5　多视角融合方法用户调查实验

　　高功率密度车用传动装置的结构愈加紧凑、产品复杂度增加，当工人在复杂紧凑的空间中装配时，工人的肢体与周围零件间的空间位置关系十分复杂。虚拟环境中缺乏触觉反馈，用户无法通过触觉反馈感知肢体和周围物体发生的碰撞来获取空间信息，且 1PP 的视场无法覆盖用户的全身姿态(如头顶、后背等)，用户难以感知周围环境的空间信息。因此，用户经常以不正确的姿态进行装配，造成错误的人机功效评价。

　　为了探索多视角融合方法在虚拟现实紧凑装配空间下的直观性、碰撞感知、认知负荷、可用性、任务表现等性能，本节针对本书研究对象设计多视角融合最优模型，以提升虚拟环境中用户的全身碰撞感知与肢体控制能力，保证装配姿态仿真的正确性。为了模拟在传动装置紧凑装配空间的装配任务，设计包含避障和运送两个任务的实验场景。避障任务是用户从砖墙上尺寸有限的通道穿过，通道的空间限制用户的头部、四肢的运动范围，是紧凑装配空间的抽象代表。运送任务是通过手部与目标物体的交互操作，用户将一个区域的目标物体运送到另一个区域，是装配任务中零件运动的抽象代表。同时，这两个任务属于人们日常熟悉的任务，具有代表性，可避免被试技能熟练度对实验结果的干扰，便于测量时间指标等客观数据。

5.5.1　实验设计

实验场景布局如图 5.22 所示。实验空间被砖墙分隔为 A 和 B 两个区域。实验初始化后，在区域 A 的中心生成被试在虚拟环境中的虚拟人。虚拟人可以由被试通过动作捕捉设备进行控制。在砖墙上设置一个尺寸可变的通道，通过通道虚拟人可在两个区域之间移动。为避免被试从墙的任意侧边界绕到另一边，将墙的宽度设计得足够宽。在两个区域内分别放置一张桌子，在每次实验中，桌子随机生成在以墙上的通道为中心、半径为 1.5m 的圆周上的某个位置。区域 B 的桌子上放置一个奖杯。区域 A 桌子的上方浮动着一个开始球，被试通过与开始球交互开始实验任务。

图 5.23 是实验任务示意图，实验任务的过程分为以下三步。

第一步：路径 1。被试与开始球交互。当被试触碰到开始球时，开始球变色，被试对开始球执行一次抓握操作，开始球消失，同时，系统发出"滴滴滴"声音，标志着实验任务的开始。

第二步：路径 2。被试通过砖墙上的通道从区域 A 移动到区域 B，拿起区域 B 桌子上的奖杯。

第三步：路径 3。被试再一次穿过通道，将奖杯运送到区域 A，放置在区域 A 的桌子上，系统发出欢呼声，标志着实验任务的结束。

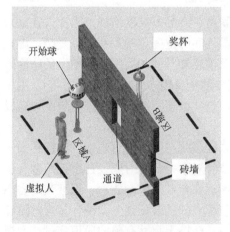

图 5.22　实验场景布局

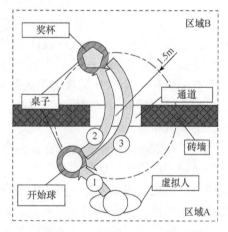

图 5.23　实验任务示意图

实验任务可视为两项任务的组合。第一项任务是避障任务，障碍物是砖墙，被试需从墙体上的通道穿过两次，并尽力保证自己的肢体不与墙体发生碰撞，墙上通道的空间是对传动装置紧凑装配空间的模拟，也是对操作者在紧凑空间进行装配任务的抽象模拟。第二项任务是运送任务，即被试抓取区域 B 桌子上的奖杯，再运送到区域 A 的桌子上。奖杯是对装配零件的模拟，如齿轮、轴等，是对抓取装配对象并装配至目标位置的抽象模拟。本节实验分别考虑避障任务和运送任务的特性。其中，运送任务没有考虑障碍物对肢体的限制，防止障碍物对实验者的交互任务产生干扰。图 5.24 是在 1PP-WIM 多视角融合模型下的实验任务示例。其中，每个子图中的左图是被试以全局视角观察到的实验场景，中图是被试在 HMD 中观察到的实验场景，右图是被试在现实世界中的场景。

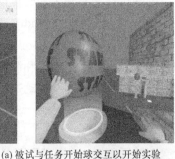

(a) 被试与任务开始球交互以开始实验

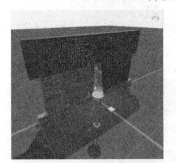

(b) 被试正在第一次穿墙

(c) 被试抓取区域B的奖杯

(d) 被试在区域A放置奖杯完成任务

图 5.24　IPP-WIM 下的实验任务过程

　　为了保证实验任务难度的随机性和实验结果的可信度，将通道的尺寸设置为组间变量。如图 5.25 所示，通道尺寸包含宽度(width，W)、上边界高度(the height of upper boundary，HUB)和下边界高度(the height of lower boundary，HLB)三个尺寸。每个尺寸设计了两种模式，分别为困难模式和简单模式，对应的是穿过通道的不同难度等级。通道会对被试的头部、四肢运动进行限制，该限制与传动装置紧凑装配空间对用户肢体的限制相似。

图 5.25　通道的三个尺寸

　　在 HUB 中，HUB=1.7m 为简单模式(因为虚拟人的身高为 1.75m)，HUB=1.4m 为困难模式(此时和躯干弯曲有关的人机功效评价已达到最差)[26]。HLB 的简单模式为 0m(无低处障碍)，困难模式为 0.25m(被试需要跨越才能穿过通道)。W 的困难模式为 0.4m(虚拟人肩膀宽度为 0.47m，在该模式下被试必须旋转肩膀才能穿墙)，简单模式为 0.6m(被试无须旋转肩膀即可穿墙)[27]。三个尺寸的两种难度模式排列组合得到实验的八个难度等级，如表 5.5 所示。

表 5.5　通道八个难度等级

难度等级	W/m	HUB/m	HLB/m
1	0.6 (简单)	1.7 (简单)	0 (简单)
2	0.4 (困难)	1.7 (简单)	0 (简单)
3	0.6 (简单)	1.4 (困难)	0 (简单)
4	0.6 (简单)	1.7 (简单)	0.25 (困难)
5	0.4 (困难)	1.4 (困难)	0 (简单)
6	0.4 (困难)	1.7 (简单)	0.25 (困难)
7	0.6 (简单)	1.4 (困难)	0.25 (困难)
8	0.4 (困难)	1.4 (困难)	0.25 (困难)

实验采用被试组内设计，实验变量为七种观察方式。其中，实验组为五种多视角融合模型，对照组为两种纯视角观察方式。

$\overline{1PP}$ 和 $\overline{3PP}$ 模式是两种完全不同的体验。为更好地比较主辅视角配置模式和辅助视角融合方法之间的差异，将七种观察方式分为两组，以减轻被试体验的不连续性。七种观察方式及其分组如表 5.6 所示。$\overline{1PP}$ 模式中，序号 1～3 的观察方式为实验组，序号 4 的观察方式为对照组。$\overline{3PP}$ 模式中，序号 5 和 6 的观察方式为实验组，序号 7 的观察方式为对照组。

表 5.6　七种观察方式及其分组

模式	序号	组别	观察方式
$\overline{1PP}$	1	实验组	$\overline{1PP}$-HH
	2	实验组	$\overline{1PP}$-HUD
	3	实验组	$\overline{1PP}$-WIM
	4	对照组	$\overline{1PP}$-None
$\overline{3PP}$	5	实验组	$\overline{3PP}$-HH
	6	实验组	$\overline{3PP}$-HUD
	7	对照组	$\overline{3PP}$-None

5.5.2　用户调查实验指标与步骤

被试的招募要求包含想了解、体验 VR，善于沟通与描述，无视觉性癫痫、动眩症，并根据被试年龄、学历及专业背景，对被试进行了筛选，最终参与实验

的被试为 22 名，均为工科背景的大学生。其中，9 名女性，13 名男性，年龄为
21～26 岁(*M*=23.59, SD=1.44)。所有被试在使用 HMD 时均无任何不适。

实验开始前，对被试的 VR 熟悉程度进行 1～5 级评级(附录 1)：1 级从未使
用过 VR，2 级使用过 VR 一次或两次，3 级多次使用 VR，4 级经常使用 VR，5
级资深 VR 玩家。评级结果显示，5 名被试的 VR 熟悉程度为 1 级，11 名被试的
VR 熟悉程度为 2 级，2 名被试的 VR 熟悉程度为 3 级，3 名被试的 VR 熟悉程度
为 4 级，1 名被试的 VR 熟悉程度为 5 级。

表 5.7 是实验的主、客观测量指标及测量目的，包含三项客观测量指标和五
项主观测量指标。

表 5.7　实验的主、客观测量指标及测量目的

测量指标类型	实验测量指标	测量目的
客观测量指标	穿墙时间	反映避障任务的效率
	操作时间	反映运送任务的效率
	碰撞时间比率	反映多视角融合模型提供给被试的碰撞感知能力
主观测量指标	直观性	测量被试完成避障任务与抓取任务的难易程度
	碰撞感知	测量被试完成避障任务与抓取任务的准确程度
	认知负荷	测量被试完成避障任务与抓取任务的疲劳程度
	系统可用性	反映系统是否可用的主观评价值
	偏向性	反映被试对多视角融合模型的主观喜好

三项客观测量指标分别为穿墙时间(passing-through-wall time，PT)、操作时间
(manipulation time，MT)和碰撞时间比率(collision time ratio，CTR)。PT 为从被试
两次进入墙的通道(从区域 A 到区域 B、从区域 B 返回区域 A)到完全离开通道的
总时间。MT 为被试抓取奖杯到放置奖杯的时间，即总任务时间减去穿墙时间以
及被试第一次进入墙的通道之前所经历的时间。其中，总任务时间为被试与任务
开始球交互，到被试将奖杯成功放置在区域 A 的桌子上的总时间。CTR 是碰撞时
间与穿墙时间的比值，用于评估任务的错误率。其中，碰撞时间为进行任务时虚
拟人肢体与墙壁碰撞的累计时间，虚拟人肢体与墙壁的碰撞检测采用了 Unity3D
的 PhysX 物理引擎[28]。

主观测量指标有五项，分别为直观性[20,29]、碰撞感知[20,30]、认知负荷[31]、系
统可用性[32]和偏向性[33]。本书设计了实验中调查问卷和实验后调查问卷测量主观
测量指标。实验中调查问卷包含两份：一份是主观感受问卷(附录 2)，测量直观性、
碰撞感知和认知负荷指标；另一份是系统可用性量表(system usability scale,

SUS)[32](附录 3)，测量系统可用性指标。实验后调查问卷包含四个偏向性问题和一项开放式评论(附录 4)。四个偏向性问题为：①七种观察方法排名；②最喜欢的主辅视角配置模式；③最喜欢的辅助视角融合方法；④最不喜欢的辅助视角融合方法。

被试来到实验室后，按照以下四个步骤进行实验。

第一步：实验概况介绍和实验前调查问卷填写。实验前调查问卷包含年龄、VR 的使用经验等信息(附录 1)。

第二步：实验设备穿戴和实验场景调试。首先，帮助被试穿戴 VR 头显和五个捕捉器，运行实验场景，进行标定操作，适配虚拟人的身高与被试身高。其次，为了保证任务难度的稳定性，对砖墙的通道尺寸参数进行相应缩放，以适应被试体型。最后，根据被试的偏好调整各观察方式的配置，如 PIP、WIM 的尺寸和距离被试的远近等。

第三步：被试训练阶段。向被试解释五种多视角融合模型和两种纯视角观察方式的使用方法，尤其是多视角融合模型中辅助视角的使用方法，包括 5.4 节中提及的特殊修改。之后，被试使用每种观察方式自由练习实验任务，直至被试感觉准备充分，进入实验计时阶段。

第四步：实验计时阶段，关键要素如下。

(1) 客观测量指标 PT、MT 和 CTR 的测量与存储。

(2) 被试完成实验任务的质量要求：被试在肢体与墙体尽量少碰撞的前提下，尽可能快速地完成实验任务。

(3) 七种观察方式的实验顺序：利用拉丁方阵(Latin square)的方法进行实验顺序的被试间配平，首先在 $\overline{1PP}$ 组和 $\overline{3PP}$ 组之间进行配平，然后在表 5.6 所示的 $\overline{1PP}$ 组中序号 1～4 的观察方式之间进行配平，以及在 $\overline{3PP}$ 组中序号 5～7 的观察方式之间进行配平，以消除多人、多轮次实验中被试间差异的影响。

(4) 任务难度顺序：在每种观察方式的实验中，被试以随机顺序完成表 5.5 所示的八种难度等级的任务。

(5) 被试与实验者的交流：除非出现系统问题或发生任务失败的情况，否则被试和实验者之间不能有任何交流。

(6) 特殊情况处理：如果被试没有按照实验的要求完成任务(如被试的肢体随意穿透墙体)，或实验设备出现问题(如捕捉器绑带松动)，则判定实验失败，重新进行实验。

(7) 实验主观调查问卷填写：每种观察方式的八个难度实验完成后，实验者帮助被试取下实验设备，被试填写实验中调查问卷。在完成所有观察方式的实验后，被试填写实验后调查问卷。本书选择"问卷星"作为主观调查问卷的填写平台(附录 5)。

综上所述，本实验共进行 $8 \times 7 \times 22 = 1232$ 次实验，每名被试需 $90 \sim 120\text{min}$。图 5.26 是部分被试在实验过程中的表现。

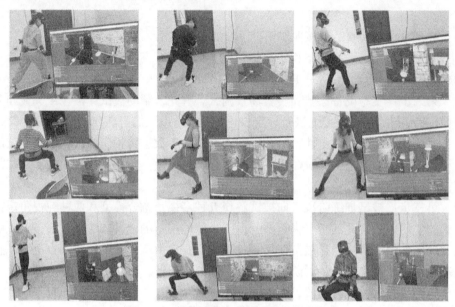

图 5.26　部分被试在实验过程中的表现

5.6　实验结果的客观测量指标分析

5.6.1　客观数据分析方法

实验采用重复测量的被试内因子设计，即每一名被试都完成所有实验条件的测试。实验变量为七种观察方式，包括五种多视角融合模型($\overline{1\text{PP}}$-HH、$\overline{1\text{PP}}$-HUD、$\overline{1\text{PP}}$-WIM、$\overline{3\text{PP}}$-HH 和 $\overline{3\text{PP}}$-HUD)和两种纯视角观察方式($\overline{1\text{PP}}$-None 和 $\overline{3\text{PP}}$-None)。客观测量指标采用以下两种方法进行分析。

(1) 双因素分析。该方法排除了 $\overline{1\text{PP}}$-WIM 多视角融合模型(因为 WIM 只能融合 3PP)，将主辅视角配置模式和辅助视角融合方法视为两个影响因素。主辅视角的配置模式中包含两个影响水平，分别是 $\overline{1\text{PP}}$ 模式和 $\overline{3\text{PP}}$ 模式。辅助视角融合方法中包含三个影响水平，分别是 HH PIP、HUD PIP 和 None(对照组)。该实验设计视为一个$[2 \times 3]$被试内设计。

(2) 单因素分析。该方法是将观察方式视为一个影响因素，对七种观察方式下的数据进行对比，主要是分析 $\overline{1\text{PP}}$-WIM 和其他观察方式之间的数据差异。

实验数据处理软件为统计产品与服务解决方案(statistical product and service

solution，SPSS)。所有数据的分析均采用 95%置信区间，均值差异在 0.05 水平上则具有显著性。分析前，先检测各组数据的正态性，若符合，则采用参数分析法分析数据；若不符合，则检测用自然对数处理后的数据是否符合正态性，若符合，则采用参数分析法分析自然对数处理后的数据，若不符合，则采用非参数分析法分析原数据。客观测量指标数据分析流程如图 5.27 所示。

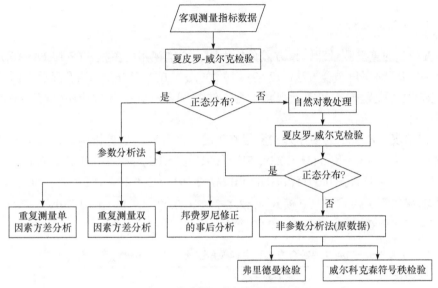

图 5.27 客观测量指标数据分析流程

根据图 5.27 所示的客观数据分析流程，PT、MT 和 CTR 的分析结果如下。

(1) PT：根据夏皮罗-威尔克(Shapiro-Wilk，S-W)检验结果，某些观察方式下的 PT 不服从正态分布($p<0.05$)，而 ln(PT)服从正态分布($p>0.261$)。因此，对 ln(PT)采用参数分析法[34]，即对所有观察方式的 ln(PT)指标进行单因素重复测量方差分析(one-way repeated measure ANOVA)；对主辅视角的配置模式和辅助视角的融合方法进行双因素重复测量方差分析(two-way repeated measure ANOVA)；对所有观察方式、主辅视角的配置模式和辅助视角融合方法的 ln(PT)分别进行邦费罗尼修正(Bonferroni correction)的两两配对事后分析(post-hoc pairwise comparisons)。

(2) MT：根据 S-W 检验结果，某些观察方式下的 MT 不服从正态分布($p<0.05$)，且某些观察方式下的 ln(MT)仍不服从正态分布($p<0.05$)。因此，对 MT 采用非参数分析法[35]，即对所有观察方式、主辅视角的配置模式和辅助视角的融合方法进行弗里德曼检验(Friedman's test)，以及进行威尔科克森符号秩检验(Wilcoxon signed-rank test)的两两配对事后分析。

(3) CTR：根据 S-W 检验结果，所有观察方式下的 CTR 均服从正态分布($p>$

0.124)，因此，对 CTR 采用参数分析法，即对所有观察方式进行重复测量单因素方差分析；对主辅视角的配置模式和辅助视角的融合方法进行重复测量双因素方差分析；对所有观察方式、主辅视角的配置模式和辅助视角的融合方法的 ln(PT) 分别进行邦费罗尼修正的两两配对事后分析。

5.6.2　穿墙时间

1. 双因素分析

ln(PT)的重复测量双因素方差分析表明，主辅视角配置模式($F_{(1,21)}$ =10.749, $p<0.05$)和辅助视角融合方法($F_{(2,42)}$ =19.009, $p<0.001$)对 ln(PT)均有显著性影响，但主辅视角配置模式和辅助视角融合方法之间不存在交互效应($F_{(2,42)}$ =0.407, $p=0.668$)。

根据表 5.8 所示的使用邦费罗尼修正的两两配对事后分析结果，对于辅助视角融合方法，None 条件($M=2.239$, $SE=0.091$)的 ln(PT)显著小于 HH PIP($M=2.471$, $SE=0.092$, $t=4.187$, $p<0.001$)和 HUD PIP($M=2.391$, $SE=0.104$, $t=2.732$, $p<0.05$)。对于主辅视角配置模式，$\overline{1PP}$ 模式($M=2.237$, $SE=0.091$)的 ln(PT)显著小于 $\overline{3PP}$ 模式($M=2.497$, $SE=0.111$, $t=5.757$, $p<0.001$)。

表 5.8　辅助视角融合方法和主辅视角配置模式的 ln(PT)两两配对比较

测量指标	配对比较项	t 值	显著性
ln(PT)	None-HH PIP	4.187	$p<0.001$
	None-HUD PIP	2.732	$p<0.05$
	$\overline{1PP}$ - $\overline{3PP}$	5.757	$p<0.001$

2. 单因素分析

七种观察方式的 ln(PT)实验结果如图 5.28 的盒须图所示。上须表示最大值，下须表示最小值，盒子上边界表示上四分位数，盒子下边界表示下四分位数，盒子中间的线表示中位数。

表 5.9 是七种观察方式的 ln(PT)测量指标的描述统计学结果。其中，粗体表示最大平均值和最小平均值。根据单因素重复测量方差分析和球形检验(Mauchly's test)结果，ln(PT)数据违背球形检验($\chi^2(20) = 0.0273, p < 0.001$)，因此使用 Greenhouse-Geisser 矫正结果。七种观察方式的 ln(PT)存在统计学上的显著性差异($F_{(2.47, 51.79)}$ =8.581, $p<0.001$)。根据使用邦费罗尼修正的两两配对事后分析结果，$\overline{1PP}$-None 的 ln(PT)($M=2.093$, $SE=0.091$) 显著小于 $\overline{1PP}$-WIM ($M=2.370$, $SE=0.085$, $t=3.540$, $p<0.05$)。

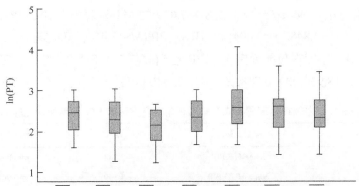

图 5.28　七种观察方式的 ln(PT)实验结果

表 5.9　七种观察方式的 ln(PT)测量指标的描述统计学结果

观察方式	平均值(标准误差[①])
$\overline{1PP}$-HH	2.339(0.089)
$\overline{1PP}$-HUD	2.279(0.105)
$\overline{1PP}$-None	**2.093(0.091)**
$\overline{1PP}$-WIM	2.370(0.085)
$\overline{3PP}$-HH	**2.603(0.119)**
$\overline{3PP}$-HUD	2.502(0.117)
$\overline{3PP}$-None	2.386(0.110)

　　根据 ln(PT)的分析结果，主辅视角的配置模式会影响 PT，用户在$\overline{1PP}$模式下 PT 最短。辅助视角的融合方法也会影响用户的 PT，用户在没有辅助视角的观察方式下 PT 最短。在$\overline{1PP}$模式下，使用 WIM 会显著增加 PT。

5.6.3　操作时间

1. 双因素分析

　　根据 MT 的弗里德曼检验结果，主辅视角的配置模式($\chi^2(1)=66, p<0.001$)和辅助视角的融合方法($\chi^2(2)=8.727, p<0.05$)对 MT 均有显著性影响。

　　根据表 5.10 所示的威尔科克森符号秩检验的两两配对事后分析结果，对于辅

[①] 标准误差(standard error，SE)表示抽样的误差，即样本均数与总体均数的相对误差。

助视角融合方法，None(M=12.372, SD=7.039)的 MT 显著小于 HH PIP (M=14.216, SD=8.597, Z= −2.848, p=0.004) 和 HUD PIP(M=13.454, SD=6.947, Z= −3.139, p=0.002)。对于主辅视角配置模式，$\overline{1PP}$ 模式(M=7.761, SD=2.417)的 MT 显著小于 $\overline{3PP}$ 模式(M=18.937, SD=6.748, Z= −7.062, p<0.001)。

表 5.10　主辅视角配置模式和辅助视角融合方法的 MT 两两配对比较项

测量指标	配对比较项	Z	双侧近似 p 值
MT	None-HH PIP	−2.848	p=0.004
	None-HUD PIP	−3.139	p=0.002
	$\overline{1PP}$ - $\overline{3PP}$	−7.062	p<0.001

2. 单因素分析

七种观察方式的 MT 实验结果如图 5.29 盒须图所示，图中的圆圈表示异常值。表 5.11 是七种观察方式的 MT 描述统计学结果。根据弗里德曼检验结果，七种观察方式的 MT 存在显著性差异($\chi^2(6)=102.662, p<0.001$)。

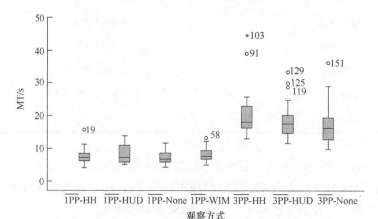

图 5.29　七种观察方式的 MT 实验结果

表 5.11　七种观察方式的 MT 描述统计学结果

观察方式	平均值(标准差[①])
$\overline{1PP}$-HH	7.839(2.689)
$\overline{1PP}$-HUD	8.250(2.609)

---

① 标准差(standard deviation，SD)表示样本数据的离散程度，即样本某个数据观察值相距平均值有多远。

续表

观察方式	平均值(标准差)
$\overline{1PP}$-WIM	8.316(2.215)
$\overline{1PP}$-None	**7.193(1.856)**
$\overline{3PP}$-HH	**20.592(7.676)**
$\overline{3PP}$-HUD	18.858(5.940)
$\overline{3PP}$-None	17.551(6.464)

根据使用威尔科克森符号秩检验的两两配对事后分析结果，与$\overline{1PP}$-WIM有显著性差异的配对比较项如表 5.12 所示。

表 5.12　七种观察方式的 MT 两两配对比较项

测量指标	配对比较项	Z	双侧近似 p 值
MT	$\overline{1PP}$-WIM - $\overline{3PP}$-HH	−4.107	$p<0.001$
	$\overline{1PP}$-WIM - $\overline{3PP}$-HUD	−4.107	$p<0.001$
	$\overline{1PP}$-WIM - $\overline{3PP}$-None	−4.107	$p<0.001$
	$\overline{1PP}$-WIM - $\overline{1PP}$-None	−2.289	$p=0.022$

$\overline{1PP}$-WIM (M=8.316, SD=2.215)的 MT 显著小于 $\overline{3PP}$-HH (M=20.592, SD=7.676, Z=−4.107, $p < 0.001$)、$\overline{3PP}$-HUD (M=18.858, SD=5.940, Z=−4.107, $p<0.001$)和$\overline{3PP}$-None (M=17.551, SD=6.464, Z=−4.107, $p<0.001$)，但显著大于$\overline{1PP}$-None (M=7.193, SD=6.464, Z=−2.289, $p=0.022$)。

根据 MT 的分析结果，主辅视角的配置模式会影响用户的操作时间，用户在$\overline{1PP}$ 模式下操作时间最短。辅助视角的融合方法也会影响用户的操作时间，用户在没有辅助视角的观察方式下操作时间最短。在$\overline{1PP}$ 模式下，使用 WIM 会显著增加操作时间。

5.6.4　碰撞时间比率

1. 双因素分析

根据 CTR 的重复测量双因素方差分析结果，主辅视角的配置模式($F_{(1,21)}$ = 36.440, $p <0.001$)对 CTR 均有显著性影响，但 CTR 未受到辅助视角的融合方法($F_{(2,42)}$ =1.836, $p=0.172$)的影响。

根据使用邦费罗尼修正的两两配对事后分析结果,对于主辅视角的配置模式,$\overline{1PP}$ 模式(M=0.168, SE=0.020)的 CTR 显著小于 $\overline{3PP}$ 模式(M=0.291, SE=0.029, $p<$ 0.001)。对于辅助视角融合方法, None(M=0.241, SE=0.026)、HH PIP(M=0.215, SE= 0.021)和 HUD PIP(M=0.231, SE=0.025)之间均不存在显著性差异($p >$0.345)。

2. 单因素分析

表 5.13 和图 5.30 分别为七种观察方式的 CTR 描述统计学结果和实验结果。根据重复测量单因素方差分析和球形检验结果,CTR 违背球形检验($\chi^2(20) =$ 0.060, $p < 0.001$),因此使用 Greenhouse-Geisser 矫正结果。七种观察方式的 CTR 存在统计学上的显著性差异($F(2.78, 58.45) =18.816, p < 0.001$)。

表 5.13　七种观察方式的 CTR 描述统计学结果

观察方式	平均值(标准误差)
$\overline{1PP}$-HH	**0.149(0.021)**
$\overline{1PP}$-HUD	0.175(0.017)
$\overline{1PP}$-None	0.179(0.024)
$\overline{1PP}$-WIM	0.150(0.022)
$\overline{3PP}$-HH	0.282(0.029)
$\overline{3PP}$-HUD	0.175(0.022)
$\overline{3PP}$-None	0.304(0.033)

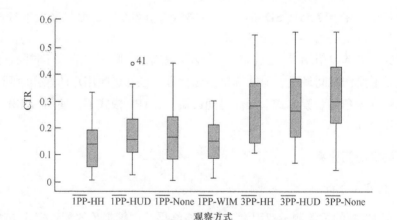

图 5.30　各观察方式的 CTR 实验结果

根据使用邦费罗尼修正的两两配对事后分析,与 $\overline{1PP}$-WIM 有显著性差异的配对比较项如表 5.14 所示，$\overline{1PP}$-WIM (M=0.150, SE=0.022)的 CTR 显著小于 $\overline{3PP}$-HH (M=0.282, SE=0.029, t=5.820, p<0.001)、$\overline{3PP}$-HUD (M=0.175, SE=0.022, t=6.039, p<0.001)和 $\overline{3PP}$-None (M=0.304, SE=0.033, t=6.770, p<0.001)。

表 5.14　七种观察方式的 CTR 两两配对比较项

测量指标	配对比较项	t 值	显著性
	$\overline{1PP}$-WIM - $\overline{3PP}$-HH	5.820	$p < 0.001$
CTR	$\overline{1PP}$-WIM - $\overline{3PP}$-HUD	6.039	$p < 0.001$
	$\overline{1PP}$-WIM - $\overline{3PP}$-None	6.770	$p < 0.001$

根据 CTR 的分析结果，主辅视角的配置模式会影响碰撞时间比率，用户在 $\overline{1PP}$ 模式下碰撞时间比率最小。辅助视角的融合方法不会影响用户的碰撞时间比率。在 $\overline{1PP}$ 模式下，使用 WIM 不会降低碰撞时间比率。

5.7　实验结果的主观测量指标分析

5.7.1　主观数据分析方法

主观测量指标的实验设计、实验变量和实验指标分析方法与 5.6.1 节所述的客观数据分析方法相同。主观数据的分析软件为统计产品与服务解决方案，所有数据均采用 95%置信区间，均值差异在 0.05 水平上则具有显著性。

图 5.31 是实验结果的主观数据处理流程。分析前先检测各组数据的正态性，若符合正态性，则采用参数分析法分析数据；若不符合正态分布，则根据情况对数据进行非参数分析，以及对数据进行对齐秩变换(align rank transform，ART)[36]处理后的双因素重复测量方差分析。

表 5.15 是直观性、碰撞感知、认知负荷指标及其对应问题。实验参数调查问卷中包含 Q1~Q7(附录 2)，每个问题的分值以总分为 7 分的利克特量表(Likert scale)统计。其中，1~7 分代表被试对问题中描述情况的认可程度：1 分非常不同意，2 分不同意，3 分比较不同意，4 分中立(一般)，5 分比较同意，6 分同意，7 分非常同意。

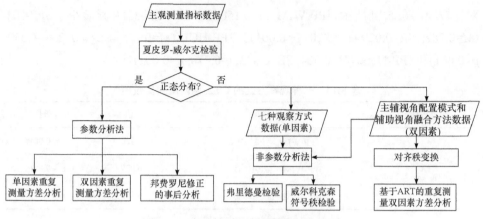

图 5.31　实验结果的主观数据处理流程

表 5.15　直观性、碰撞感知、认知负荷指标及其对应问题

指标	标号	问题
直观性	Q1	直观地感知到我的身体与其他物体之间的距离
	Q2	容易避免我的身体与其他物体之间的碰撞
	Q3	容易抓取与放置奖杯
碰撞感知	Q4	精准地抓取与放置奖杯
	Q5	准确地感知到我的身体与其他物体之间的距离
认知负荷	Q6	投入很多的脑力和注意力
	Q7	完成任务十分简单

　　根据图 5.31 所示的主观数据处理流程,直观性(Q1、Q2 和 Q3)、碰撞感知(Q4、Q5)、认知负荷(Q6、Q7)、系统可用性和主观偏向性(观察方式排名)的分析方法如下。

　　对上述主观测量指标进行 S-W 检验,检验结果表明,所有主观数据均不服从正态分布($p<0.05$)。因此,对所有主观数据采用非参数分析法,即对所有观察方式、主辅视角的配置模式和辅助视角的融合方法进行弗里德曼检验,以及进行威尔科克森符号秩检验的两两配对事后分析。

　　因为弗里德曼检验并不会对两种影响因素之间是否存在交互效应进行检验,所以对所有主观数据进行 ART 处理后,进行两种主辅视角的配置模式和三种辅助视角的融合方法的重复测量双因素方差分析。

5.7.2 直观性 Q1、Q2 和 Q3

1. 双因素分析

根据 ART 处理后的 Q1、Q2 和 Q3 分数的重复测量双因素方差分析结果，对于 Q1，主辅视角的配置模式($F_{(1,21)}$ = 10.749, $p<0.001$)和辅助视角的融合方法($F_{(1.53,32.18)}$ = 6.156, $p<0.05$)对 Q1 分数均有显著性影响，但是主辅视角的配置模式和辅助视角的融合方法之间不存在交互效应($F_{(2,42)}$ = 2.346, $p=0.108$)。

对于 Q2，主辅视角的配置模式($F_{(1,21)}$ = 16.861, $p<0.001$)和辅助视角的融合方法($F_{(2,42)}$ = 3.854, $p<0.05$)对 Q2 分数均有显著性影响，且主辅视角的配置模式和辅助视角的融合方法之间存在交互效应($F_{(2,42)}$ = 4.751, $p<0.05$)。

对于 Q3，主辅视角的配置模式($F_{(1,21)}$ = 47.585, $p<0.001$)和辅助视角的融合方法($F_{(2,42)}$ = 6.786, $p<0.05$)对 Q3 分数均有显著性影响，且主辅视角的配置模式和辅助视角的融合方法之间存在交互效应($F_{(2,42)}$ = 16.854, $p<0.001$)。

对主辅视角的配置模式和辅助视角的融合方法的 Q1、Q2 和 Q3 进行威尔科克森符号秩检验，将出现显著性差异的配对比较项整理如表 5.16 所示。

表 5.16　主辅视角配置模式和辅助视角融合方法的 Q1、Q2 和 Q3 两两配对比较项

测量指标	配对比较项	Z	双侧近似 p 值
	None-HH PIP	−3.011	$p=0.003$
Q1	None-HUD PIP	−3.076	$p=0.002$
	$\overline{1PP}$ - $\overline{3PP}$	−4.492	$p<0.001$
	None-HH PIP	−2.405	$p=0.016$
Q2	None-HUD PIP	−2.861	$p=0.004$
	$\overline{1PP}$ - $\overline{3PP}$	−4.460	$p<0.001$
	None-HH PIP	−2.357	$p=0.018$
Q3	None-HUD PIP	−2.355	$p=0.019$
	$\overline{1PP}$ - $\overline{3PP}$	−5.673	$p<0.001$

对于 Q1，None($M=4.48$, SD=1.874)的分数显著低于 HH PIP($M=5.20$, SD=1.651, $Z=-3.011$, $p=0.003$)和 HUD PIP($M=5.36$, SD=1.496, $Z=-3.076$, $p=0.002$)；$\overline{1PP}$ 模式($M=5.64$, SD=1.388)的分数显著高于 $\overline{3PP}$ 模式($M=4.39$, SD=1.788, $Z=-4.492$, $p<0.001$)。

对于 Q2，None($M=3.86$, SD=2.030)的分数显著低于 HH PIP($M=4.50$, SD=1.772, $Z=-2.405$, $p=0.016$)和 HUD PIP($M=4.73$, SD=1.757, $Z=-2.861$, $p=0.004$)；$\overline{1PP}$ 模式($M=5.00$, SD=1.856)的分数显著高于 $\overline{3PP}$ 模式($M=3.73$, SD=1.687, $Z=-4.460$,

$p<0.001$)。

对于 Q3，None(M=5.43，SD=1.605)的分数显著低于 HH PIP(M=5.73，SD=1.353，Z=−2.357，p=0.018)和 HUD PIP(M=5.80，SD=1.488，Z=−2.355，p=0.019)；$\overline{1PP}$ 模式(M=6.29，SD=0.941)的分数显著高于 $\overline{3PP}$ 模式(M=5.02，SD=1.650，Z=−5.673，$p<0.001$)。

2. 单因素分析

表 5.17、图 5.32～图 5.34 分别为七种观察方式的 Q1、Q2 和 Q3 的描述统计学结果和实验结果。根据弗里德曼检验结果，七种观察方式的 Q1、Q2 和 Q3 均存在显著性差异(Q1：$\chi^2(6)=56.190, p<0.001$，Q2：$\chi^2(6)=48.934, p<0.001$，Q3：$\chi^2(6)=64.232, p<0.001$)。

表 5.17 七种观察方式的 Q1、Q2 和 Q3 描述统计学结果

测量指标	观察方式	平均值(标准差)	测量指标	观察方式	平均值(标准差)	测量指标	观察方式	平均值(标准差)
Q1	$\overline{1PP}$-HH	5.91(1.151)	Q2	$\overline{1PP}$-HH	**5.91(1.151)**	Q3	$\overline{1PP}$-HH	6.36(0.953)
	$\overline{1PP}$-HUD	5.95(0.785)		$\overline{1PP}$-HUD	5.27(1.638)		$\overline{1PP}$-HUD	6.23(0.922)
	$\overline{1PP}$-None	5.05(1.864)		$\overline{1PP}$-None	4.18(2.239)		$\overline{1PP}$-None	6.27(0.985)
	$\overline{1PP}$-WIM	**6.32(0.839)**		$\overline{1PP}$-WIM	5.86(1.390)		$\overline{1PP}$-WIM	**6.55(0.739)**
	$\overline{3PP}$-HH	4.50(1.793)		$\overline{3PP}$-HH	**3.45(1.503)**		$\overline{3PP}$-HH	5.09(1.411)
	$\overline{3PP}$-HUD	4.77(1.798)		$\overline{3PP}$-HUD	4.18(1.736)		$\overline{3PP}$-HUD	5.36(1.814)
	$\overline{3PP}$-None	**3.91(1.743)**		$\overline{3PP}$-None	3.55(1.792)		$\overline{3PP}$-None	**4.59(1.681)**

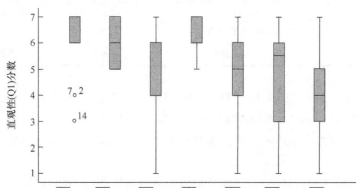

图 5.32 各观察方式的 Q1 实验结果

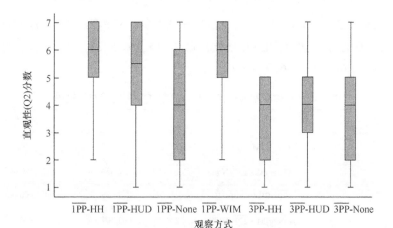

图 5.33 各观察方式的 Q2 实验结果

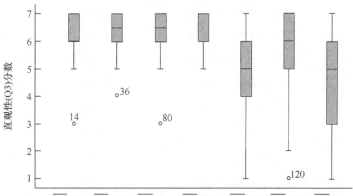

图 5.34 各观察方式的 Q3 实验结果

根据使用威尔科克森符号秩检验的两两配对事后分析结果，与 $\overline{1PP}$-WIM 有显著性差异的配对比较项如表 5.18 所示。对于 Q1，$\overline{1PP}$-WIM (M=6.32, SD=0.839) 的分数显著高于 $\overline{1PP}$-HH (M=5.91, SD=1.151, Z=−1.998, p=0.046)、$\overline{1PP}$-None (M=5.05, SD=1.864, Z=−2.834, p=0.005)、$\overline{3PP}$-HH (M=4.50, SD=1.793, Z=−3.585, p<0.001)、$\overline{3PP}$-HUD (M=4.77, SD=1.798, Z=−3.207, p=0.001)和 $\overline{3PP}$-None (M=3.91, SD=1.743, Z=−3.942, p<0.001)。对于 Q2，$\overline{1PP}$-WIM (M=5.86, SD=1.390)的分数显著高于 $\overline{1PP}$-HUD (M=5.27, SD=1.638, Z=−2.303, p=0.021)、$\overline{1PP}$-None (M=4.18, SD=2.239, Z=−3.054, p=0.002)、$\overline{3PP}$-HH (M=3.45, SD=1.503, Z=−3.798, p<0.001)、$\overline{3PP}$-HUD (M=4.18, SD=1.736, Z=−3.789, p<0.001)和 $\overline{3PP}$-None (M=3.55, SD=1.792, Z=−3.849, p<0.001)。对于 Q3，$\overline{1PP}$-WIM (M=6.55, SD=0.739)的分数显著高于

1PP-HUD (M=6.23, SD=0.922, Z=−2.333, p=0.020)、$\overline{3PP}$-HH (M=5.09, SD=1.411, Z=−3.559, p<0.001)、$\overline{3PP}$-HUD (M=5.36, SD=1.814, Z=−2.824, p=0.005)和$\overline{3PP}$-None (M=4.59, SD=1.681, Z=−3.619, p<0.001)。

表 5.18　七种观察方式的 Q1、Q2 和 Q3 两两配对比较项

测量指标	配对比较项	Z	双侧近似 p 值
Q1	$\overline{1PP}$-WIM - $\overline{1PP}$-HH	−1.998	p=0.046
	$\overline{1PP}$-WIM - $\overline{1PP}$-None	−2.834	p=0.005
	$\overline{1PP}$-WIM - $\overline{3PP}$-HH	−3.585	p<0.001
	$\overline{1PP}$-WIM - $\overline{3PP}$-HUD	−3.207	p=0.001
	$\overline{1PP}$-WIM - $\overline{3PP}$-None	−3.942	p<0.001
Q2	$\overline{1PP}$-WIM - $\overline{1PP}$-HUD	−2.303	p=0.021
	$\overline{1PP}$-WIM - $\overline{1PP}$-None	−3.054	p=0.002
	$\overline{1PP}$-WIM - $\overline{3PP}$-HH	−3.798	p<0.001
	$\overline{1PP}$-WIM - $\overline{3PP}$-HUD	−3.789	p<0.001
	$\overline{1PP}$-WIM - $\overline{3PP}$-None	−3.849	p<0.001
Q3	$\overline{1PP}$-WIM - $\overline{1PP}$-HUD	−2.333	p=0.020
	$\overline{1PP}$-WIM - $\overline{3PP}$-HH	−3.559	p<0.001
	$\overline{1PP}$-WIM - $\overline{3PP}$-HUD	−2.824	p=0.005
	$\overline{1PP}$-WIM - $\overline{3PP}$-None	−3.619	p<0.001

根据 Q1、Q2 和 Q3 的分析结果，主辅视角的配置模式会影响直观性，用户在$\overline{1PP}$ 模式下直观性最强。辅助视角的融合方法也会影响用户的直观性，用户在有辅助视角的观察方式下直观性更强。对于 Q3，主辅视角的配置模式和辅助视角的融合方法之间相互影响，在$\overline{1PP}$ 模式下，1PP-WIM 有更强的直观性。

5.7.3　碰撞感知 Q4、Q5

1. 双因素分析

ART 处理后的 Q4、Q5 分数的双因素重复测量方差分析表明，对于 Q4，主辅视角的配置模式($F_{(1,21)}$ = 47.571, p<0.001)和辅助视角的融合方法($F_{(2,42)}$ = 8.728, p<0.001)对 Q4 分数均有显著性影响，且主辅视角的配置模式和辅助视角的融合方法之间存在交互效应($F_{(2,42)}$ =2.346, p<0.05)。对于 Q5，主辅视角的配置

模式($F(1,21)$ = 26.695, $p<0.001$)和辅助视角的融合方法($F(1.56,32.72)$ =11.076, $p<0.001$)对 Q5 分数均有显著性影响，且主辅视角的配置模式和辅助视角的融合方法之间存在交互效应($F(1.52,31.83)$ =3.799, $p<0.05$)。对主辅视角的配置模式和辅助视角的融合方法的 Q4、Q5 进行威尔科克森符号秩检验，出现显著性差异的配对比较项如表 5.19 所示。

表 5.19　主辅视角配置模式和辅助视角融合方法的 Q4、Q5 两两配对比较项

测量指标	配对比较项	Z	双侧近似 p 值
	None-HH PIP	−2.058	$p=0.040$
Q4	None-HUD PIP	−3.030	$p=0.002$
	$\overline{1PP}$ - $\overline{3PP}$	−5.675	$p<0.001$
	None-HH PIP	−2.344	$p=0.019$
Q5	None-HUD PIP	−3.360	$p=0.001$
	$\overline{1PP}$ - $\overline{3PP}$	−4.666	$p<0.001$

表 5.19 表明，对于 Q4，None(M=5.36, SD=1.586)的分数显著低于 HH PIP(M=5.64, SD=1.399, Z=−2.058, p=0.040)和 HUD PIP(M=5.86, SD=1.472, Z=−3.030, p=0.002)；$\overline{1PP}$ 模式(M=6.23, SD=1.005)的分数显著高于 $\overline{3PP}$ 模式(M= 5.02, SD=1.650, Z=−5.675, $p<0.001$)。对于 Q5，None(M=4.25, SD=1.966)的分数显著低于 HH PIP(M=4.84, SD=1.627, Z=−2.344, p=0.019)和 HUD PIP(M=5.20, SD=1.519, Z=−3.360, p=0.001)；$\overline{1PP}$ 模式(M=5.39, SD=1.487)的分数显著高于 $\overline{3PP}$ 模式(M=4.14, SD= 1.771, Z=−4.666, $p<0.001$)。

2. 单因素分析

表 5.20、图 5.35 和图 5.36 分别是七种观察方式的 Q4、Q5 描述统计学结果和实验结果。根据弗里德曼检验结果，Q4、Q5 在七种观察方式下均存在显著性差异(其中，Q4：$\chi^2(6) = 67.727, p < 0.001$，Q5：$\chi^2(6) = 54.247, p < 0.001$)。

表 5.20　七种观察方式的 Q4、Q5 描述统计学结果

测量指标	观察方式	平均值(标准差)	测量指标	观察方式	平均值(标准差)
Q4	$\overline{1PP}$-HH	6.23(0.973)	Q5	$\overline{1PP}$-HH	5.77(0.213)
	$\overline{1PP}$-HUD	6.36(0.848)		$\overline{1PP}$-HUD	5.64(1.217)

续表

测量指标	观察方式	平均值(标准差)	测量指标	观察方式	平均值(标准差)
	$\overline{1PP}$-None	6.09(1.192)		$\overline{1PP}$-None	4.77(1.950)
	$\overline{1PP}$-WIM	**6.55(0.800)**		$\overline{1PP}$-WIM	**6.05(1.133)**
Q4	$\overline{3PP}$-HH	5.05(1.527)	Q5	$\overline{3PP}$-HH	3.91(1.630)
	$\overline{3PP}$-HUD	5.36(1.787)		$\overline{3PP}$-HUD	4.77(1.688)
	$\overline{3PP}$-None	**4.64(1.620)**		$\overline{3PP}$-None	3.73(1.882)

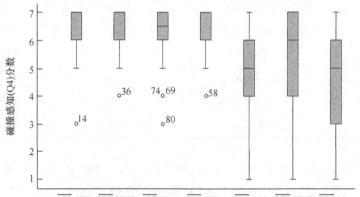

图 5.35　各观察方式的 Q4 实验结果

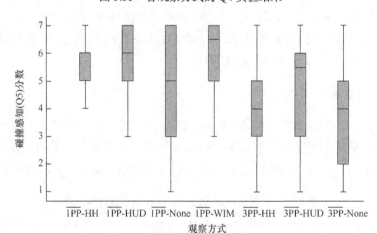

图 5.36　各观察方式的 Q5 实验结果

　　根据使用威尔科克森符号秩检验的两两配对事后分析结果, 与 $\overline{1PP}$-WIM 有显著性差异的配对比较项如表 5.21 所示, 对于 Q4, $\overline{1PP}$-WIM (M=6.55, SD=0.800)

的分数显著高于 $\overline{1PP}$-HH (M=6.23, SD=0.973, Z=−2.333, p=0.020)、$\overline{1PP}$-None (M= 6.09, SD=1.192, Z=−2.058, p=0.040)、$\overline{3PP}$-HH (M=5.05, SD=1.527, Z=−3.453, p= 0.001)、$\overline{3PP}$-HUD (M=5.36, SD=1.787, Z=−3.129, p=0.002)和 $\overline{3PP}$-None (M=4.64, SD=1.620, Z=−3.869, p<0.001)。对于 Q5,$\overline{1PP}$-WIM (M=6.05, SD=1.133)的分数显著高于 $\overline{1PP}$-None (M=4.77, SD=1.950, Z=−2.536, p=0.011)、$\overline{3PP}$-HH (M=3.91, SD=1.630, Z=−3.627, p<0.001)、$\overline{3PP}$-HUD (M=4.77, SD=1.688, Z=−2.986, p=0.003)和 $\overline{3PP}$-None (M=3.73, SD=1.882, Z=−3.749, p<0.001)。

表 5.21　七种观察方式的 Q4、Q5 两两配对比较项

测量指标	配对比较项	Z	双侧近似 p 值
Q4	$\overline{1PP}$-WIM - $\overline{1PP}$-HH	−2.333	p=0.020
	$\overline{1PP}$-WIM - $\overline{1PP}$-None	−2.058	p=0.040
	$\overline{1PP}$-WIM - $\overline{3PP}$-HH	−3.453	p=0.001
	$\overline{1PP}$-WIM - $\overline{3PP}$-HUD	−3.129	p=0.002
	$\overline{1PP}$-WIM - $\overline{3PP}$-None	−3.869	p<0.001
Q5	$\overline{1PP}$-WIM - $\overline{1PP}$-None	−2.536	p=0.011
	$\overline{1PP}$-WIM - $\overline{3PP}$-HH	−3.627	p<0.001
	$\overline{1PP}$-WIM - $\overline{3PP}$-HUD	−2.986	p=0.003
	$\overline{1PP}$-WIM - $\overline{3PP}$-None	−3.749	p<0.001

根据 Q4、Q5 的分析结果,主辅视角的配置模式会影响碰撞感知,用户在 $\overline{1PP}$ 模式下碰撞感知最强。辅助视角的融合方法也会影响用户的碰撞感知,用户在有辅助视角的观察方式下碰撞感知更强。对于用户碰撞感知,主辅视角的配置模式和辅助视角的融合方法之间会相互影响,在 $\overline{1PP}$ 模式下,$\overline{1PP}$-WIM 有最强的碰撞感知。

5.7.4　认知负荷 Q6、Q7

1. 双因素分析

根据 ART 处理后的 Q6、Q7 分数的双因素重复测量方差的分析结果,对于 Q6,主辅视角配置模式对 Q6 分数有显著性影响($F(1,21)$ = 13.768, p<0.05),而辅助视角融合方法对 Q6 分数没有显著性影响($F(2,42)$ =0.402, p=0.671),且主辅视角配置模式和辅助视角融合方法之间不存在交互效应($F(2,42)$ = 2.704, p<0.078)。对

于 Q7，主辅视角配置模式对 Q7 分数有显著性影响($F(1,21) = 17.279, p<0.001$)，而辅助视角融合方法对 Q7 分数没有显著性影响($F(2,42) = 2.152, p=0.129$)，但是主辅视角配置模式和辅助视角融合方法之间存在交互效应($F(2,42) = 5.117, p< 0.05$)。

对主辅视角配置模式和辅助视角融合方法的 Q6、Q7 进行威尔科克森符号秩检验，出现显著性差异的配对比较项如表 5.22 所示。

表 5.22　主辅视角配置模式和辅助视角融合方法的 Q6、Q7 两两配对比较项

测量指标	配对比较项	Z	双侧近似 p 值
Q6	$\overline{1PP}$ - $\overline{3PP}$	−4.680	$p<0.001$
Q7	None-HUD PIP	−2.170	$p=0.030$
	$\overline{1PP}$ - $\overline{3PP}$	−4.649	$p<0.001$

根据表 5.22 所示的使用威尔科克森符号秩检验的两两配对事后分析结果，对于 Q6，$\overline{1PP}$ 模式(M=3.82, SD=1.953)的分数显著低于 $\overline{3PP}$ 模式(M=4.88, SD=1.885, Z=−4.680, $p<0.001$)。对于 Q7，None(M=4.02, SD=1.849)的分数显著低于 HUD PIP(M=4.55, SD=1.922, Z= −2.170, p=0.030)；$\overline{1PP}$ 模式(M=4.95, SD=1.749)的 Q7 分数显著高于 $\overline{3PP}$ 模式(M=3.73, SD=1.750, Z=−4.649, $p<0.001$)。

2. 单因素分析

图 5.37、图 5.38 和表 5.23 分别是七种观察方式的 Q6、Q7 实验结果和描述统计学结果。根据弗里德曼检验结果，Q6、Q7 在七种观察方式下均存在显著性差异(Q6：$\chi^2(6) = 30.083, p < 0.001$，Q7：$\chi^2(6) = 46.320, p < 0.001$)。

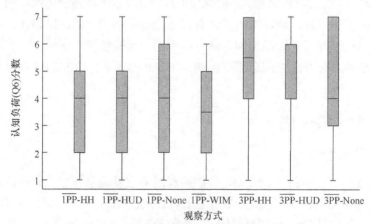

图 5.37　各观察方式的 Q6 实验结果

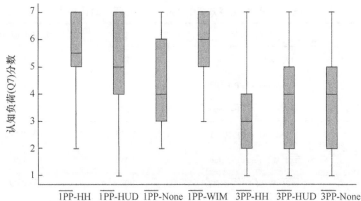

图 5.38 各观察方式的 Q7 实验结果

表 5.23 七种观察方式下 Q6、Q7 描述统计学结果

测量指标	观察方式	平均值(标准差)	测量指标	观察方式	平均值(标准差)
	$\overline{1PP}$-HH	3.59(1.817)		$\overline{1PP}$-HH	**3.41(1.563)**
	$\overline{1PP}$-HUD	3.91(1.950)		$\overline{1PP}$-HUD	5.00(1.927)
	$\overline{1PP}$-None	3.95(2.149)		$\overline{1PP}$-None	4.36(1.840)
Q6	$\overline{1PP}$-WIM	**3.41(1.736)**	Q7	$\overline{1PP}$-WIM	**5.82(1.140)**
	$\overline{3PP}$-HH	5.00(1.952)		$\overline{3PP}$-HH	3.41(1.563)
	$\overline{3PP}$-HUD	**5.05(1.812)**		$\overline{3PP}$-HUD	4.09(1.849)
	$\overline{3PP}$-None	4.59(1.943)		$\overline{3PP}$-None	3.68(1.836)

根据使用威尔科克森符号秩检验的两两配对事后分析结果，与观察方式 $\overline{1PP}$-WIM 有显著性差异的配对比较项如表 5.24 所示。对于 Q6，$\overline{1PP}$-WIM (M=3.41, SD=1.736)的分数显著低于 $\overline{3PP}$-HH (M=5.00，SD=1.952，Z=−3.232，p=0.001)、$\overline{3PP}$-HUD (M=5.05，SD=1.812，Z=−3.130，p=0.002)和 $\overline{3PP}$-None (M=4.59，SD=1.943，Z=−2.337，p=0.019)。对于 Q7，$\overline{1PP}$-WIM (M=5.82，SD=1.140)的分数显著高于 $\overline{1PP}$-HUD (M=5.00, SD=1.927，Z=−2.235，p=0.025)、$\overline{1PP}$-None (M=4.36，SD=1.840，Z=−3.443，p=0.001)、$\overline{3PP}$-HH (M=3.41，SD=1.563，Z=−3.902，p<0.001)、$\overline{3PP}$-HUD (M=4.09, SD=1.849，Z=−3.536，p<0.001)和 $\overline{3PP}$-None (M=3.68，SD=1.836，Z=−3.660，p<0.001)。

表 5.24　七种观察方式的 Q6、Q7 两两配对比较项

测量指标	配对比较项	Z	双侧近似 p 值
Q6	$\overline{1PP}$-WIM - $\overline{3PP}$-HH	−3.232	$p=0.001$
	$\overline{1PP}$-WIM - $\overline{3PP}$-HUD	−3.130	$p=0.002$
	$\overline{1PP}$-WIM - $\overline{3PP}$-None	−2.337	$p=0.019$
Q7	$\overline{1PP}$-WIM - $\overline{1PP}$-HUD	−2.235	$p=0.025$
	$\overline{1PP}$-WIM - $\overline{1PP}$-None	−3.443	$p=0.001$
	$\overline{1PP}$-WIM - $\overline{3PP}$-HH	−3.902	$p<0.001$
	$\overline{1PP}$-WIM - $\overline{3PP}$-HUD	−3.536	$p<0.001$
	$\overline{1PP}$-WIM - $\overline{3PP}$-None	−3.660	$p<0.001$

根据 Q6、Q7 的分析结果，主辅视角配置模式会影响认知负荷，用户在$\overline{1PP}$模式下认知负荷最低，辅助视角融合方法不会影响用户的认知负荷。对于 Q7，主辅视角配置模式和辅助视角融合方法之间会相互影响，在$\overline{1PP}$模式下，$\overline{1PP}$-WIM 有最低的认知负荷。

5.7.5　系统可用性

系统可用性由附录 3 的系统可用性量表调查问卷进行评估，该调查问卷包含10 个问题，每个问题的分值以总分为 5 分的利克特量表统计。其中，1～5 分分别为被试对问题中描述情况的认可程度：1 分非常不同意，2 分不同意，3 分中立(一般)，4 分同意，5 分非常同意。计算 SUS 分值的第一步是确定每道题目的转化分值：对于正面题(奇数题)，转化分值是原始分减去 1 分；对于反面题(偶数题)，转化分值是 5 减去原始分。所有题项的转化分值相加后乘以 2.5 得到 SUS 的总分值。所以 SUS 分值为 0～100 分，以 2.5 分为增量。

1. 双因素分析

根据 ART 处理后的 SUS 分值的双因素重复测量方差分析结果，主辅视角的配置模式对 SUS 有显著性影响($F(1,21) = 28.179$, $p<0.001$)，而辅助视角的融合方法对 SUS 没有显著性影响($F(2,42) = 0.020$, $p=0.979$)，但是主辅视角的配置模式和辅助视角的融合方法之间存在交互效应($F(2,42) = 3.674$, $p<0.05$)。根据威尔科克森符号秩检验结果，$\overline{1PP}$ 模式($M=77.121$, SD=18.827)的 SUS 分值显著高于$\overline{3PP}$ 模式($M=58.030$, SD=23.687, $Z=-5.224$, $p<0.001$)。

2. 单因素分析

图 5.39 和表 5.25 分别是七种观察方式的 SUS 分值实验结果和描述统计学结果。根据弗里德曼检验结果，七种观察方式的 SUS 分值存在显著性差异（$\chi^2(6) = 41.701, p < 0.001$）。

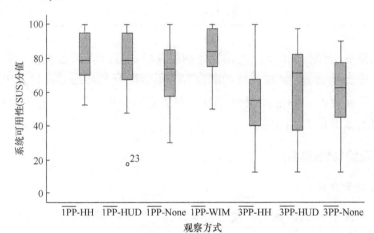

图 5.39　各观察方式的系统可用性实验结果

表 5.25　七种观察方式 SUS 分值描述统计学结果

测量指标	观察方式	平均值(标准差)
	$\overline{1PP}$-HH	81.705(13.259)
	$\overline{1PP}$-HUD	77.614(20.709)
	$\overline{1PP}$-None	72.045(21.053)
SUS	$\overline{1PP}$-WIM	**82.841(14.232)**
	$\overline{3PP}$-HH	**53.523(27.788)**
	$\overline{3PP}$-HUD	62.159(25.323)
	$\overline{3PP}$-None	58.409(22.141)

根据威尔科克森符号秩检验的两两配对事后分析，与 $\overline{1PP}$-WIM 有显著性差异的配对比较项如表 5.26 所示，$\overline{1PP}$-WIM (M=82.841, SD=14.232) 的 SUS 分值显著高于 $\overline{3PP}$-HH (M=53.523, SD=27.788, Z=−3.654, p<0.001)、$\overline{3PP}$-HUD (M=62.159, SD=25.323, Z=−3.079, p=0.002) 和 $\overline{3PP}$-None (M=58.409, SD=22.141, Z=−3.215, p=0.001)。

表 5.26　七种观察方式 SUS 分值两两配对比较项

测量指标	配对比较项	Z	双侧近似 p 值
SUS	$\overline{1PP}$-WIM - $\overline{3PP}$-HH	−3.654	$p < 0.001$
	$\overline{1PP}$-WIM - $\overline{3PP}$-HUD	−3.079	$p = 0.002$
	$\overline{1PP}$-WIM - $\overline{3PP}$-None	−3.215	$p = 0.001$

根据 SUS 分值分析结果，主辅视角的配置模式会影响 SUS 分值，用户在 $\overline{1PP}$ 模式下 SUS 分值最高。辅助视角的融合方法不会影响 SUS 分值。对于 SUS 分值，主辅视角的配置模式和辅助视角的融合方法之间会相互影响，在 $\overline{1PP}$ 模式下，$\overline{1PP}$-WIM 有最高的 SUS 分值。

5.7.6　主观偏向性(排名)

1. 双因素分析

根据 ART 处理后的排名的双因素重复测量方差分析结果，对于排名，主辅视角的配置模式($F(1,21) = 56.162$, $p < 0.001$)和辅助视角的融合方法($F(2,42) = 15.858$, $p < 0.001$)对排名均有显著性影响，但是主辅视角的配置模式和辅助视角的融合方法之间不存在交互效应($F(2,42) = 2.479$, $p = 0.096$)。对主辅视角的配置模式和辅助视角的融合方法的排名进行威尔科克森符号秩检验，将出现显著性差异的配对比较项整理如表 5.27 所示。

表 5.27　主辅视角配置模式和辅助视角融合方法的排名两两配对比较项

测量指标	配对比较项	Z	双侧近似 p 值
排名	None-HH PIP	−4.653	$p < 0.001$
	None-HUD PIP	−4.125	$p < 0.001$
	$\overline{1PP}$ - $\overline{3PP}$	−6.324	$p < 0.001$

威尔科克森符号秩检验的两两配对事后分析表明，HH PIP 的排名($M = 3.73$, $SD = 1.783$)显著靠前于 None($M = 5.50$, $SD = 1.621$, $Z = -4.653$, $p < 0.001$)，HUD PIP 的排名($M = 3.86$, $SD = 1.837$)也显著靠前于 None($Z = -4.125$, $p < 0.001$)。$\overline{1PP}$ 模式($M = 3.20$, $SD = 1.808$)的排名显著靠前于 $\overline{3PP}$ 模式($M = 5.53$, $SD = 1.166$, $Z = -6.324$, $p < 0.001$)。

2. 单因素分析

图 5.40 和表 5.28 分别是七种观察方式排名的实验结果和描述统计学结果。根

据弗里德曼检验结果，七种观察方式的排名存在显著性差异（$\chi^2(6)=84.838$，$p<0.001$）。

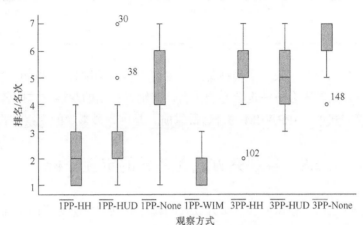

图 5.40　七种观察方式的排名实验结果

表 5.28　七种观察方式的排名描述统计学结果

测量指标	观察方式	平均值(标准差)
	$\overline{1PP}$-HH	2.32(1.129)
	$\overline{1PP}$-HUD	2.59(1.469)
	$\overline{1PP}$-WIM	4.68(1.783)
排名	$\overline{1PP}$-None	**1.82(0.795)**
	$\overline{3PP}$-HH	5.14(1.037)
	$\overline{3PP}$-HUD	5.14(1.167)
	$\overline{3PP}$-None	**6.32(0.894)**

威尔科克森符号秩检验的两两配对事后分析表明，与$\overline{1PP}$-WIM 有显著性差异的配对比较项如表 5.29 所示，$\overline{1PP}$-WIM（M=1.82, SD=0.795)的排名显著靠前于$\overline{1PP}$-None（M=4.68, SD=1.783, Z=−3.930, $p<0.001$)、$\overline{3PP}$-HH（M=5.14, SD=1.037, Z=−4.102, $p<0.001$)、$\overline{3PP}$-HUD（M=5.14, SD=1.167, Z=−4.134, $p<0.001$)和$\overline{3PP}$-None（M=6.32, SD=0.894, Z=−4.138, $p<0.001$)。

表 5.29　七种观察方式排名的两两配对比较项

测量指标	配对比较项	Z	双侧近似 p 值
排名	$\overline{1PP}$-WIM - $\overline{1PP}$-None	−3.930	$p<0.001$
	$\overline{1PP}$-WIM - $\overline{3PP}$-HH	−4.102	$p<0.001$

续表

测量指标	配对比较项	Z	双侧近似 p 值
排名	$\overline{1PP}$-WIM - $\overline{3PP}$-HUD	−4.134	$p<0.001$
	$\overline{1PP}$-WIM - $\overline{3PP}$-None	−4.138	$p<0.001$

根据排名的分析结果,主辅视角的配置模式会影响排名,$\overline{1PP}$ 模式的排名最靠前。辅助视角的融合方法也会影响排名,有辅助视角的观察方式排名更靠前。在七种观察方式中,$\overline{1PP}$-WIM 的排名最靠前,是用户最喜欢的观察方式。

5.8 各观察方式间差异的定性分析

在实验的最后,被试回答三个开放式问题,分别为:①对不同主辅视角配置模式($\overline{1PP}$ 和 $\overline{3PP}$)的主观偏向性及原因;②对辅助视角融合方法(HH PIP、HUD PIP、WIM)的主观偏向性及原因;③相比于纯视角观察方式,是否更喜欢融合了辅助视角的观察方式(多视角融合模型)。

5.8.1 $\overline{1PP}$-None 与 $\overline{3PP}$-None 的比较

6 名被试认为 $\overline{1PP}$-None 比 $\overline{3PP}$-None 提供了更强的化身感:在 $\overline{1PP}$-None 中,感觉虚拟人是自己,而在 $\overline{3PP}$-None 中,认为虚拟人是其他人(S1[①],S3,S5,S9,S15,S21)。6 名被试提到相比 $\overline{3PP}$-None,$\overline{1PP}$-None 是更自然的观察方式:在 $\overline{1PP}$-None 中感到更加自然和舒适,而在 $\overline{3PP}$-None 中,需要花费更多的注意力控制肢体运动(S4,S5,S11,S15,S18,S21)。有 2 名被试提到:$\overline{1PP}$-None 提供了更强的直观性(S5,S16)。

6 名被试认为 $\overline{3PP}$-None 优于 $\overline{1PP}$-None。S10 和 S22 提到:在 $\overline{3PP}$-None 下可以以一个清晰的视角观察整个虚拟环境,而 $\overline{1PP}$-None 存在视觉盲区。S7 提到:$\overline{3PP}$-None 提供了更强的空间感知。S6、S12 和 S13 认为:在 $\overline{3PP}$-None 中,可以观察到背部和头顶的位置,然而在 $\overline{1PP}$-None 中,无法获取这些信息。但还有一些被试认为 $\overline{3PP}$-None 存在一些缺点。S15 和 S20 指出:$\overline{3PP}$-None 对有恐高症的人来说并不友好,在 $\overline{3PP}$-None 下会感到恐惧。

对于避障任务,S9 和 S20 认为:当使用 $\overline{1PP}$-None 时,可以更好地在虚拟环境中估计距离。S6 和 S12 认为:在 $\overline{3PP}$-None 中难以判断四肢和墙壁之间是否发

---

① S1 即 Subject1,指的是 1 号被试,S2 指的是 2 号被试,以此类推。

生碰撞。

对于运送任务, S12 和 S19 认为: 在 $\overline{3PP}$-None 中进行运送任务比在 $\overline{1PP}$-None 中进行运送任务困难很多。S12 认为: 在 $\overline{3PP}$-None 中, 抓取奖杯十分困难。S19 认为: 在 $\overline{3PP}$-None 中很难完成抓取奖杯任务, 因为 3PP 不能帮助判断本人和奖杯之间的距离和本人应该移动的方向。表 5.30 总结了所有被试实验后访谈的 $\overline{1PP}$-None 和 $\overline{3PP}$-None 的优缺点。

表 5.30 $\overline{1PP}$ - None 和 $\overline{3PP}$ - None 的优缺点

观察方式	优点	缺点
$\overline{1PP}$-None	化身感强 自然、舒适 直观性强 距离估计 易完成手部操作任务	视觉盲区大 空间感知弱 空间信息获取有限
$\overline{3PP}$-None	视角大、清晰 空间感知强 获取背部、头顶等位置信息	化身感弱 注意力消耗大 直观性弱 恐高症者不友好 难以判断四肢与墙体的碰撞 手部操作任务完成困难 难以判断与目标之间的距离和方向

5.8.2 辅助视角的融合方法

被试在对 HH PIP 的偏向性方面显示出了差异。有 10 名被试明确表示自己很喜欢 HH PIP 的灵活性和便捷性。其中, 有 8 名被试提到: 可以自由地使用自己的双手去调整辅助视角的位置(S3, S4, S11, S12, S13, S15, S18, S21)。S8 和 S15 认为: 相比于 HUD PIP, 可以调整 HH PIP 与双眼之间的距离, 因此可以观察到更多的细节信息。

有 8 名被试明确表示自己不喜欢 HH PIP。其中, 有 5 名被试提到: 调整 PIP 的位置容易造成肢体与墙体不必要的碰撞(S2, S9, S10, S19, S20)。S20 还提到: HH PIP 的使用会消耗部分注意力。S22 提到: 在使用 HH PIP 时必须一直抬起胳膊, 这使人感到非常疲惫。

被试对 HUD PIP 的偏向性也显示出了差异。有 7 名被试明确表示自己更喜欢 HUD PIP, 他们认为: HUD PIP 一直出现在视野中, 可以在任何时候观察辅助视角以获取感兴趣区域信息, 不会消耗很多的注意力和认知负荷(S2, S5, S7, S9, S10, S20, S22)。

有 8 名被试明确表示自己不喜欢 HUD PIP, 因为它遮挡了主视角。其中, 有

5 名被试提到：HUD PIP 的一个缺点是它会一直出现在本人的视野中(S4，S17，S18，S21，S22)。S6、S8 和 S17 抱怨 HUD PIP 的控制方式并不方便。S8 提到：无法调整 HUD PIP 与本人之间的距离，有时感觉它距离太远了，这使本人无法观察到碰撞的细节信息。S17 也提到：有时候 HUD PIP 会使人感到困惑，因为为了同时看到辅助视角和奖杯，就要将头转到一个不舒适的位置。

对于 WIM 辅助视角融合方式，有 8 名被试表示很喜欢 WIM，有 6 名被试表示不喜欢 WIM，有 4 名被试对它表示出中立的态度。WIM 的优势是较强的直观性和灵活操纵性。S8、S11 和 S17 认为：WIM 是一种三维的信息呈现方式，因此直观性更强。被试可以通过旋转他们的手腕自由地调整观察辅助视角的角度，尤其可以实现"同时观察到墙体两侧的情况"，因此 WIM 对控制身体运动和完成任务非常有帮助(S7，S11，S12，S15，S17，S18，S19，S22)。

不喜欢 WIM 的被试认为 WIM 带来了过多的信息(S1，S14，S22)，造成了更大的认知负荷(S1，S12，S14，S22)，并且调整 WIM 的操作是一个负担(S3，S16)。

对 WIM 持中立态度的被试认为：WIM 虽然具有新颖性和直观性，但是在功能方面与 HH PIP 相比没有太大差别(S7，S13，S18，S20)。表 5.31 总结了所有被试实验后访谈的 HH PIP、HUD PIP 和 WIM 的优缺点。

表 5.31　HH PIP、HUD PIP 和 WIM 的优缺点

辅助视角融合方法	优点	缺点
HH PIP	灵活、便捷 可调节程度高	不必要的碰撞 注意力消耗大 体能消耗大
HUD PIP	注意力消耗小 认知负荷低 一直可见	遮挡主视角 可调节程度低 控制方式不方便
WIM	直观性强 灵活操纵性 观察角度调整自由	呈现过多信息 认知负荷高 调节 WIM 负担大

5.8.3　辅助视角的影响

在 $\overline{1\text{PP}}$ 主辅视角配置模式中，几乎所有被试都认为辅助视角对完成任务有帮助。他们认为：3PP 辅助视角呈现了 1PP 视野范围外的空间信息。有 17 名被试提到：辅助视角可以帮助估计身体与墙之间的距离，尤其可以观察到后背、下肢、臀部和头顶与墙的位置关系，有助于完成障碍物规避任务(S5~S10，S12~S22)。S3 和 S11 提到：辅助视角可以帮助我定位目标的位置，如奖杯、桌子等。S11 还提到：辅助视角可以帮助我在虚拟环境中定位自己的位置。

对于 $\overline{3PP}$ 主辅视角配置模式，只有部分被试认为其中的辅助视角起到了作用。有 13 名被试认为：1PP 辅助视角对他们完成任务起到了一定的帮助作用。一些被试(S3，S6，S7，S9，S13，S15)认为：1PP 辅助视角可以将在主视角中被遮挡的或难以观察到的信息呈现出来。S3 和 S13 表示：通过辅助视角可以观察到双脚所在的位置，有助于我跨越墙体的下边界。被试还表示：辅助视角可以帮助本人更好地估计距离(S11，S14，S19)，以及辅助视角在抓取奖杯任务中有较大帮助(S12，S14，S21)。

然而，有 8 名被试非常不喜欢 $\overline{3PP}$ 模式中的 1PP 辅助视角。他们认为：辅助视角不仅不方便，也没有起到辅助作用，本人可以仅仅依赖主视角完成任务(S10，S16，S17，S18，S20，S21)。还有一些不喜欢 1PP 辅助视角的被试认为：不会关注到辅助视角，因为在执行任务时需要将所有的注意力集中在主视角上(S2，S8)。表 5.32 总结了所有被试实验后访谈的 $\overline{1PP}$ 的辅助视角和 $\overline{3PP}$ 的辅助视角优缺点。

表 5.32　$\overline{1PP}$ 中的 3PP 辅助视角和 $\overline{3PP}$ 中的 1PP 辅助视角优缺点

辅助视角	优点	缺点
3PP	有效呈现主视角外的空间信息 距离估计 定位目标位置 自我位置定位	无
1PP	呈现部分主视角外空间信息 距离估计	并未起到作用 不方便使用 不会关注辅助视角

5.9　实验结果讨论

5.9.1　辅助视角的影响

实验的客观数据分析结果没有证明辅助视角能够提升用户的碰撞感知，因为有辅助视角的实验设置中测量的 CTR 指标和没有辅助视角的实验设置相比无显著性差异。在分析被试的开放性问答后，对此的两个解释如下：①本书的任务需要很高的参与度，被试需要将他们几乎所有的注意力集中于主视角，因而忽视了辅助视角；②本书实验中的导航任务受到三个维度的限制，使任务达到视动控制的上限。

PT(穿墙时间)和 MT(操作时间)表明辅助视角阻碍了被试在任务中的操作，因此被试的任务持续时间更长。因为辅助视角给人机交互界面带来了更多的附加信息，所以被试在处理这些额外信息时消耗了更多的注意力和精力，认知负荷较高。

主观数据证明辅助视角提升了用户的碰撞感知和直观性,改善了用户在导航任务和运送任务中的表现,用户更喜欢用有辅助视角的观察方式完成任务。辅助视角为用户提供更多视野外感兴趣区域的空间信息、碰撞细节,也能更直观地展现手部交互操作。但是辅助视角没有降低用户的认知负荷,也没有提升系统可用性。对此的解释与上述的两个解释相同。

但是结合单因素分析、双因素分析和开放性问答结果,证明 $\overline{1PP}$-WIM 在避障任务和运送任务中提供了更强的直观性和碰撞感知,且具有更高的系统可用性。其原因是 WIM 是一种三维的辅助视角融合方法,被试可以通过旋转手腕的自然方式自由地改变观察角度,提供了更多的空间信息细节,更加容易理解自己的肢体与障碍物的空间位置关系,也可以更清晰地观察手部交互区域。

5.9.2　辅助视角的融合方法

本章研究了三种辅助视角的融合方法,即 HH PIP、HUD PIP 和 WIM,其代表了三种辅助视角控制自由度。HUD PIP 方法的用户可干预程度最低,但是会对主视角造成连续干扰。WIM 方法提供了最多的环境信息细节,且辅助视角有最灵活的控制策略(辅助视角的位置和观察角度),但是这些优势会给被试带来更高的认知负荷。HH PIP 方法的可控程度介于 HUD PIP 和 WIM 之间。实验客观数据也未表明这三种辅助视角融合方法对任务表现的影响有显著性差异。根据被试的反馈,这可能是上述三种辅助视角融合方法都有其自身的优势和劣势,所以有均衡的综合表现。因此,仍需要对辅助视角融合方法进行更深入的研究。

从实验的主观数据和定性分析结果可以看出,WIM 是被试最喜欢的辅助视角融合方法,使用 WIM 方法比 HH PIP、HUD PIP 方法有更高的直观性和碰撞感知。被试可以通过旋转手腕自由地调整 WIM 的观察角度,操纵灵活性更强,因此可以更好地控制肢体运动和完成运送任务。

5.9.3　主辅视角的配置模式

本节在对 1PP 和 3PP 的研究[27]上进行了扩展,通过设计一个更加复杂的任务(包含避障任务和运送任务)测试不同观察方式下用户的任务表现和主观感受。被试在 $\overline{1PP}$-None 和 $\overline{3PP}$-None 的任务操作表现印证了研究成果[3,9],即相比于 3PP,1PP 更有利于提高用户的操作性。但是这一研究结果与 Gorisse 等[5]的研究成果相矛盾,即用户更倾向于使用 3PP 来执行任务。本书对这一矛盾给出以下解释:Gorisse 等设计的任务侧重于用户与其周围区域物体的反应速度。在这种情况下,3PP 有更宽的视场角从而提升了被试的操作表现。但是,本书设计的任务侧重于用户与虚拟环境中物体间的相对位置关系，因此 1PP 更具优势[1]。$\overline{\text{1PP-None}}$ 比 $\overline{\text{3PP-None}}$ 在 Q3(Q3：容易抓取与放置奖杯)上有更高的主观分数，这也印证了本书的推断。

对于主辅视角配置模式，$\overline{\text{1PP}}$ 比 $\overline{\text{3PP}}$ 更加自然。在 $\overline{\text{1PP}}$ 中，被试可以更快速地适应观察界面、更自然地执行实验任务。而在 $\overline{\text{3PP}}$ 中，被试花费更长时间适应观察界面，这和 Salamin 等[9]的研究发现相一致。

Gorisse 等[5]研究中所提及的 "在两地同时出现(Bilocation)" 情形的相似现象得到复现。在 $\overline{\text{3PP}}$ 下，至少有三名被试在他们正要抓取奖杯时表现出困惑，S12 甚至尝试用她自己的手去触碰奖杯，而不是指导虚拟人去抓取奖杯。研究表明，A3PP 降低了自定位感，进一步影响了被试的交互表现。而且，$\overline{\text{1PP}}$ 和 $\overline{\text{3PP}}$ 在操作时间上的差异(平均误差：11.17s，效应量=2.2)显著高于在穿墙时间上的差异(平均误差：3.77s，效应量=0.54)。其解释是被试在 $\overline{\text{3PP}}$ 的观察视线方向和虚拟人在抓取任务中的移动方向并不一致，这会增大虚拟人身体控制的难度，导致更长的任务持续时间。

5.10　多视角融合模型的设计方法

本书根据上述用户调查实验结果，从主辅视角配置模式和辅助视角融合方法两个方面提出了多视角融合模型的设计方法，首先根据交互任务对用户空间感知与操作精度的不同需求，确定主辅视角的配置模式；然后根据对辅助视角在信息丰富程度、直观性和用户介入程度三个方面的需求，确定辅助视角的融合方法。因为主辅视角配置模式对空间感知和手部交互操作的影响大于辅助视角融合方法，所以先确定对用户完成交互任务影响程度较大的主辅视角配置模式，再确定辅助视角融合方法。

图 5.41 中描述了交互任务对用户空间感知与操作精度的不同需求下适用的主辅视角配置模式。其中，横轴代表交互任务对用户的操作精度需求，向左代表该任务对操作精度需求较低，向右代表该任务对操作精度需求较高。纵轴代表交互任务对用户的空间感知需求，向上代表该任务更需要用户对全局空间内信息的感知，向下代表该任务更需要用户对邻近空间内信息的感知。

基于本书的实验结果与 5.1 节的相关研究成果，根据交互任务对用户空间感知与操作精度的不同需求，提出主辅视角配置模式的设计准则。

(1) 当交互任务对近场空间感知能力要求较高，同时对操作精度要求较高时，建议采用 1PP 作为观察视角。

(2) 当交互任务对全局空间感知能力有一定的要求，同时对操作精度要求较高时，建议采用$\overline{\text{1PP}}$作为观察视角。

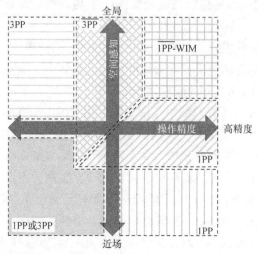

图 5.41　交互任务对用户空间感知与操作精度的不同需求下适用的主辅视角配置模式

(3) 当交互任务对全局空间感知能力要求较高，同时对操作精度要求较高时，建议采用$\overline{\text{1PP}}$-WIM 作为观察视角。

(4) 当交互任务对全局空间感知能力要求较高，但对操作精度要求较低时，建议采用 3PP 作为观察视角。

(5) 当交互任务对全局空间感知能力要求较高，且对操作精度有一定要求时，建议采用 3PP 作为观察视角。

(6) 当交互任务对全局空间感知能力和操作精度都没有较高要求时，建议采用 1PP 或 3PP 作为观察视角。

在实验过程中发现，不同的辅助视角融合方法的信息丰富程度、直观性以及用户介入程度有一定区别。图 5.42 描述了不同辅助视角融合方法在信息丰富程度、直观性和用户介入程度三个维度的分布。

(1) 信息丰富程度指的是辅助视角所能提供给用户的各类信息的完备程度，包括空间信息、碰撞信息、虚拟人的状态信息等。对于 HUD PIP、HH PIP 与 WIM 三种辅助视角融合方法，HUD PIP 所能展示的信息最少，因为 HUD PIP 固定在用户视野中的某一位置，相对于用户头部是静止的，只能切换辅助视角在视野中左右的显示位置，无法根据需要调节其距离眼睛的远近。HH PIP 所能展示的信息适中，因为 HH PIP 与手部锚定，用户可以将 HH PIP 在左右手切换，可用手调整其位置，如调节其距离眼睛的远近，也可根据需要选择是否将其放置在视野中。WIM 所能展示的信息最多，因为 WIM 是三维的辅助画面呈现方式，用户可通过旋转手腕的方式调节观察角度，获取三维空间下的环境信息。

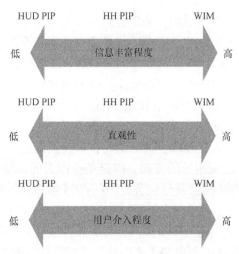

图 5.42　不同辅助视角融合方法在信息丰富程度、直观性和用户介入程度三个维度的分布

（2）直观性指的是用户能够快速理解辅助视角提供信息的难易程度，如用户是否能够直观感知到自己的身体与虚拟环境中其他物体之间的距离，是否能够容易避免肢体与环境中其他物体发生碰撞，是否能够容易执行手部交互操作等。对于 HUD PIP、HH PIP 与 WIM 三种辅助视角融合方法，HUD PIP 和 HH PIP 的直观性较低，因为两者是二维的辅助画面呈现形式，用户难以从二维形式的 PIP 中判断三维空间中物体间的距离。因为用户可将 HH PIP 靠近眼睛，近距离观察 HH PIP 中呈现的虚拟环境信息，所以 HH PIP 的直观性高于 HUD PIP。WIM 的直观性较高，因为 WIM 是三维的辅助画面呈现方式，用户可以在 WIM 三维模型中轻松地判断三维空间中物体间的距离。

（3）用户介入程度指的是保证辅助视角的功能正常运行所需要用户投入的物理负荷与认知负荷的多少。其中，物理负荷是指用户的体力消耗，认知负荷是指用户的脑力消耗。对于 HUD PIP、HH PIP 与 WIM 三种辅助视角融合方法，HUD PIP 的用户介入程度最低，因为 HUD PIP 一直呈现在用户视野中，且相对于用户头部静止，用户不需要思考如何调节 HUD PIP 的位置。HH PIP 的用户介入程度适中，因为 HH PIP 与手部锚定，用户需要用手将其调整到最佳观察位置。WIM 的用户介入程度最高，因为用户需要用手调整 WIM 的位置，以及旋转手腕调节 WIM 的观察角度。HH PIP 和 WIM 的控制方法会对用户的交互精度产生一定影响。

如 5.5 节所述，本书的研究对象是高功率密度车用传动装置，在虚拟现实紧凑装配空间下进行装配操作。当用户在执行装配任务时，不仅需要保证装配操作的精确性，还需要充分感知全局环境空间信息，保证装配姿态的正确性，以得到正确的人机功效评价结果。根据多视角融合设计方法，为实现手部高精度交互操作和保证全局环境的空间感知，选择 $\overline{1PP}$ 主辅视角配置模式。由于本书研究的装配任务不需要做大量的快速运动，装配仿真本身造成用户的物理负荷与认知负荷较少。因此，为保证辅助视角具有高的信息丰富程度和直观性，选择辅助视角融合方法 WIM。根据上述分析，多视角融合最优模型的建立包含以下三个步骤。

步骤一，建立$\overline{\text{1PP}}$主辅视角配置模式。1PP 主视角相机与虚拟人头部对齐，视场角为 110°，位置和旋转均跟随 HMD 的运动而变化；辅助视角相机固定在场景中心后方 4m、上方 3m，朝向虚拟人，视场角为 60°。开发辅助视角相机自动重新定位功能，当虚拟人穿过墙上的通道时，辅助视角相机移动到墙壁的对称位置，将相机旋转到与之前相反的方向，以避免虚拟人的运动和交互被墙壁遮挡。

步骤二，建立 WIM 辅助视角融合方法。WIM 虽然有较高控制灵活性，提供了最多的环境信息细节，但会给用户更多的认知负荷，而且时刻呈现的视角会干扰用户完成任务。因此，将 WIM 的尺寸和旋转角度调节功能集成在手持式控制器的操控面板，将 WIM 的开启与关闭功能集成在手持式控制器的按钮。

步骤三，3PP 相机设置。本书中建立的是 A3PP 相机，为了减轻用户的定位困惑感，设置 A3PP 相机的视线方向与虚拟人的交互方向一致。

按上述要求，在虚拟环境中建立如图 5.43 所示的主辅视角配置模式为$\overline{\text{1PP}}$、辅助视角融合方法为 WIM 的多视角融合最优模型$\overline{\text{1PP}}$-WIM。

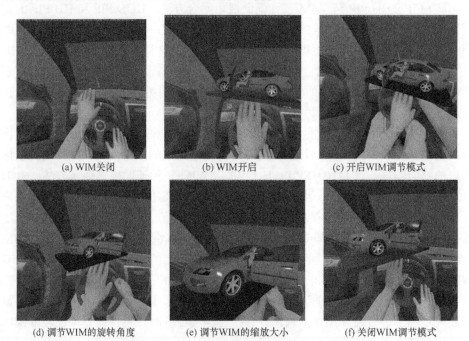

(a) WIM关闭　　　　　　　(b) WIM开启　　　　　　　(c) 开启WIM调节模式

(d) 调节WIM的旋转角度　　　(e) 调节WIM的缩放大小　　　(f) 关闭WIM调节模式

图 5.43　多视角融合最优模型$\overline{\text{1PP}}$-WIM

图 5.43(a)是 WIM 关闭状态，用户在 1PP 下观察虚拟环境。图 5.43(b)是 WIM

开启状态，用户以 1PP 主视角和 WIM 辅助视角共同观察虚拟环境。图 5.43(c)是用户开启 WIM 调节功能，WIM 中的地面变为黑色。图 5.43(d)、(e)是用户调节 WIM 的旋转角度和缩放大小。图 5.43(f)是用户完成 WIM 调节后，关闭 WIM 调节模式。

图 5.44 是该多视角融合最优模型应用于工业领域的三个案例，其中，每个子图中的左图是观察者以全局视角观察到的实验场景，中图是用户在 HMD 中观察到的实验场景，右图是现实世界中的实时情况。

(a) 案例1：汽车驾驶员座椅的人机功效仿真

(b) 案例2：用户进入驾驶座的轻松程度仿真

(c) 案例3：汽车引擎的可维修性仿真

图 5.44　多视角融合最优模型在工业设计领域的案例

图 5.44(a)是案例 1，该案例是汽车驾驶员座椅的人机功效仿真。用户通过 WIM 可以观察到自己的头部、腿部等与车体的相对位置关系，可用于驾驶员座椅的人机功效评价。

　　图 5.44(b)是案例 2，该案例是用户进入驾驶座的轻松程度仿真。用户进入驾驶座的过程中，在 WIM 中可以直观地观察到自己的头部是否与汽车框架互穿，可评价用户进入驾驶座的轻松程度。

　　图 5.44(c)是案例 3，该案例是汽车引擎的可维修性仿真。用户在 WIM 中可以观察到自己的头部与车顶盖的相对位置关系，以及腿部与车体的距离，可用于汽车引擎的可维修性评价。

5.11　本章小结

　　本章进行了虚拟现实中多视角融合方法用户调查实验，设计并搭建了一个包含避障任务和运送任务的实验场景，邀请了 22 名志愿者完成实验任务，处理和分析了实验中采集到的主客观实验指标，从辅助视角的影响、辅助视角的融合方法、主辅视角的配置模式三个角度对实验结果进行了讨论。最后，提出了多视角融合模型的设计方法，根据该设计方法，针对本书研究对象，建立了多视角融合最优模型 $\overline{1PP}$-WIM，为第 6 章虚拟环境中考虑人机功效的可装配性评价提供保证装配姿态实时正确性的多视角融合模型。本章的主要内容如下。

　　(1) 为探索多视角融合方法在虚拟现实紧凑装配空间下的直观性、碰撞感知、认知负荷、可用性、任务表现等性能，设计并搭建了包含一个避障任务和运送任务的实验场景，以用户调查实验为研究方法，完成了 22 名志愿者共 1232 次实验，在实验过程中，测量了 PT、MT 和 CTR 三项客观测量指标，以及直观性、碰撞感知、认知负荷、系统可用性和偏向性五项主观测量指标，在实验最后，以开放式问答的方式，收集了被试对七种观察方式的主观反馈。

　　(2) 采用双因素分析和单因素分析两种方法处理并分析了实验的主客观数据。

　　对于客观数据的数据处理结果，ln(PT)、MT 和 CTR 均受到主辅视角配置模式的影响，$\overline{1PP}$ 模式的三项客观测量指标均显著小于 $\overline{3PP}$ 模式，说明被试在 $\overline{1PP}$ 模式下的任务表现更好。ln(PT)和 MT 会受到辅助视角融合方法的影响，没有辅助视角的观察方式的 ln(PT)和 MT 显著小于有辅助视角的观察方式。这是因为辅助视角给人机交互界面带来了更多的附加信息，被试在处理这些附加信息时消耗了更多的注意力和精力，认知负荷较高。

　　对于主观数据的数据处理结果，直观性、碰撞感知、认知负荷、系统可用性和偏向性均受到主辅视角配置模式的影响，$\overline{1PP}$ 模式的五项主观测量指标均显著优于 $\overline{3PP}$ 模式，说明被试认为 $\overline{1PP}$ 模式提供了更强的直观性、碰撞感知和系统可用性，降低了他们的认知负荷，是他们最喜欢的观察方式。直观性、碰撞感知和偏向性受到辅助视角融合方法的影响，有辅助视角的观察方式的三项主观测量指标均显著优于无辅助视角的观察方式，且在 $\overline{1PP}$ 模式下，$\overline{1PP}$-WIM 有更强的直观性、碰撞感知、系统可用性和最高的排名，因此 $\overline{1PP}$-WIM 具有最佳的主观数据。

(3) 根据实验最后的主观反馈，概括了 $\overline{1PP}$-None 和 $\overline{3PP}$-None 的优缺点，HH PIP、HUD PIP 和 WIM 的优缺点，以及 $\overline{1PP}$ 的辅助视角和 $\overline{3PP}$ 的辅助视角优缺点，得出 WIM 具有更强的直观性、操纵性和观察角度调整自由的优点，以及 $\overline{1PP}$ 模式具有有效呈现主视角外空间信息和帮助被试估计距离、定位目标位置、自我定位的优点。

(4) 从主辅视角配置模式和辅助视角融合方法两个方面，提出了多视角融合模型的设计方法。首先，根据交互任务对用户空间感知与操作精度的不同需求，确定合适的主辅视角配置模式：当交互任务对近场空间感知能力要求较高，同时对操作精度要求较高时，建议采用 1PP 作为观察视角；当交互任务对全局空间感知能力有一定的要求，同时对操作精度要求较高时，建议采用 $\overline{1PP}$ 作为观察视角；当交互任务对全局空间感知能力要求较高，同时对操作精度要求较高时，建议采用 $\overline{1PP}$-WIM 作为观察视角；当交互任务对全局空间感知能力要求较高，但对操作精度要求较低时，建议采用 3PP 作为观察视角；当交互任务对全局空间感知能力要求较高，且对操作精度有一定要求时，建议采用 $\overline{3PP}$ 作为观察视角；当交互任务对全局空间感知能力和操作精度都没有较高要求时，建议采用 1PP 或 3PP 作为观察视角。然后，根据对辅助视角在信息丰富程度、直观性和用户介入程度三个方面的需求，确定合适的辅助视角融合方法：WIM 有较高的信息丰富程度和直观性，但用户介入程度较高；HH PIP 有适中的信息丰富程度、直观性和用户介入程度；HUD PIP 有较低的信息丰富程度和直观性，但用户介入程度较低。

(5) 根据提出的多视角融合模型的设计方法，建立了针对本书研究对象的多视角融合最优模型 $\overline{1PP}$-WIM，开发了基于手持式控制器的 WIM 旋转角度和缩放大小调节功能，保证了 WIM 的控制灵活性和环境细节信息的呈现，同时为用户提供了更多的调节选择，也减轻了用户的认知负荷。最后，通过汽车驾驶员座椅的人机功效仿真、用户进入驾驶座的轻松程度仿真和汽车引擎的可维修性仿真三个案例，证明了多视角融合模型在工业领域的应用价值。

参 考 文 献

[1] Medeiros D, Anjos R K, Mendes D, et al. Keep my head on my shoulders: Why third-person is bad for navigation in VR[C]//Proceedings of the 24th ACM Symposium on Virtual Reality Software and Technology, Tokyo, 2018.

[2] Lindlbauer D, Wilson A D. Remixed reality: Manipulating space and time in augmented reality[C]//Proceedings of the 2018 CHI Conference on Human Factors in Computing Systems, Montreal, 2018.

[3] Bhandari N, O'Neill E. Influence of perspective on dynamic tasks in virtual reality[C]//2020 IEEE Conference on Virtual Reality and 3D User Interfaces(VR), Atlanta, 2020.

[4] Alonso F M, Kajastila R A, Takala T M, et al. Virtual ball catching performance in different camera views[C]//Proceedings of the 20th International Academic Mindtrek Conference, New York, 2016.

[5] Gorisse G, Christmann O, Amato E A, et al. First- and third-person perspectives in immersive virtual environments: Presence and performance analysis of embodied users[J]. Frontiers in Robotics and AI, 2017, 4:33.

[6] Kilteni K, Bergstrom I, Slater M. Drumming in immersive virtual reality: The body shapes the way we play[J]. IEEE Transactions on Visualization and Computer Graphics, 2013, 19(4): 597-605.

[7] Lenggenhager B, Tadi T, Metzinger T, et al. Video ergo sum: Manipulating bodily self-consciousness[J]. Science, 2007, 317(5841): 1096-1099.

[8] Cmentowski S, Krekhov A, Krüger J. Outstanding: A multi-perspective travel approach for virtual reality games[C]//Proceedings of the Annual Symposium on Computer-Human Interaction in Play, Barcelona. 2019.

[9] Salamin P, Thalmann D, Vexo F. The benefits of third-person perspective in virtual and augmented reality?[C]//ACM Symposium on Virtual Reality Software and Technology(VRST 2006), Limassol, 2006.

[10] Seinfeld S, Feuchtner T, Maselli A, et al. User representations in human-computer interaction[J]. Human-Computer Interaction, 2020, 36(5-6): 400-438.

[11] Aretz A J. The design of electronic map displays[J]. Human Factors, 1991, 33(1): 85-101.

[12] Zaehle T, Jordan K, Wüstenberg T, et al. The neural basis of the egocentric and allocentric spatial frame of reference[J]. Brain Research, 2007, 1137: 92-103.

[13] Barra J, Laou L, Poline J B, et al. Does an oblique/slanted perspective during virtual navigation engage both egocentric and allocentric brain strategies?[J]. PLoS One, 2012, 7(11): e49537.

[14] Viaud-Delmon I, Berthoz A, Jouvent R. Multisensory integration for spatial orientation in trait anxiety subjects: Absence of visual dependence[J]. European Psychiatry, 2002, 17(4): 194-199.

[15] Frith U, de Vignemont F. Egocentrism, allocentrism, and Asperger syndrome[J]. Consciousness and Cognition, 2005, 14(4): 719-738.

[16] Vidal M, Amorim M A, Berthoz A. Navigating in a virtual three-dimensional maze: How do egocentric and allocentric reference frames interact?[J]. Cognitive Brain Research, 2004, 19(3): 244-258.

[17] Torok A, Nguyen T P, Kolozsvari O, et al. Reference frames in virtual spatial navigation are viewpoint dependent[J]. Frontiers in Human Neuroscience, 2014, 8(9): 646-655.

[18] Lilija K, Pohl H, Boring S, et al. Augmented reality views for occluded interaction[C]//The 2019 CHI Conference, Edinburgh, 2019.

[19] Lin Y T, Liao Y C, Teng S Y, et al. Outside-in: Visualizing out-of-sight regions-of-interest in a 360° video using spatial picture-in-picture previews[C]//Proceedings of the 30th Annual ACM Symposium on User Interface Software and Technology, Québec City, 2017.

[20] Wu M L, Popescu V. Efficient VR and AR navigation through multiperspective occlusion management[J]. IEEE Transactions on Visualization and Computer Graphics, 2018, 24(12): 3069-3080.

[21] Stoakley R, Conway M J, Pausch R. Virtual reality on a WIM: Interactive worlds in miniature[C]// CHI'95 Conference Companion: Mosaic of Creativity, Denver, 1995.

[22] Frees S, Kessler G D. Precise and rapid interaction through scaled manipulation in immersive virtual environments[C]// IEEE Virtual Reality Conference, Bonn, 2015.

[23] Trueba R, Andujar C, Argelaguet F. World-in-miniature interaction for complex virtual environments [J]. International Journal of Creative Interfaces and Computer Graphics, 2010, 1(2): 1-14.

[24] Andujar C. Hand-based disocclusion for the world-in-miniature metaphor[J]. Presence, 2010, 19(6): 499-512.

[25] Pausch R F, Burnette T, Brockway D, et al. Navigation and locomotion in virtual worlds via flight into hand-held miniatures[C]//Proceedings of the 22nd Annual ACM Conference on Computer Graphics and Interactive Techniques, Los Angeles, 1995.

[26] McAtamney L, Nigel C E. RULA: A survey method for the investigation of work-related upper limb disorders[J]. Applied Ergonomics, 1993, 24(2): 91-99.

[27] Louison C, Ferlay F, Keller D, et al. Operators' accessibility studies for assembly and maintenance scenarios using virtual reality[J]. Fusion Engineering and Design, 2017, 124: 610-614.

[28] Falck A C, Ortengren R, Rosenqvist M. Assembly failures and action cost in relation to complexity level and assembly ergonomics in manual assembly(part 2)[J]. International Journal of Industrial Ergonomics, 2014, 44(3): 455-459.

[29] Miller V G. Measurement of self-perception of intuitiveness[J]. Western Journal of Nursing Research, 1993, 15(5): 595-606.

[30] Bloomfield A, Norman I B. Collision awareness using vibrotactile arrays[C]//2007 IEEE Virtual Reality Conference, Charlotte, 2007.

[31] Hart S G. NASA-task load index (NASA-TLX); 20 years later[J]. Proceedings of the Human Factors and Ergonomics Society Annual Meeting, 2006, 50(9): 904-908.

[32] Brooke J. SUS: A quick and dirty usability scale[J]. Usability Evaluation in Industry, 1996, 189(194): 4-7.

[33] Pfützner A, Hartmann K, Winter F, et al. Intuitiveness, ease of use, and preference of a prefilled growth hormone injection pen: A noninterventional, randomized, open-label, crossover, comparative usability study of three delivery devices in growth hormone-treated pediatric patients[J]. Clinical Therapeutics, 2010, 32(11): 1918-1934.

[34] Liu L, Liere R V, Nieuwenhuizen C, et al. Comparing aimed movements in the real world and in virtual reality[C]//IEEE Virtual Reality 2009 Conference, Lafayette, 2009.

[35] Vosinakis S, Koutsabasis P. Evaluation of visual feedback techniques for virtual grasping with bare hands using LeapMotion and Oculus Rift[J]. Virtual Reality, 2018, 22(1): 47-62.

[36] Wobbrock J O, Findlater L, Gergle D, et al. The aligned rank transform for nonparametric factorial analyses using only ANOVA procedures[C]//Proceedings of the International Conference on Human Factors in Computing Systems, Vancouver, 2011.

第6章 基于全身运动捕捉数据的 RULA 实时评价方法

RULA 模型[1,2]、NIOSH 提举方程模型[3]、OWAS 模型[4]、REBA 模型[5]是目前常用的人机功效评价方法。在机械工业领域，RULA 人机功效评价主要通过对图片或视频中的人体关节角度进行主观观察和估计实现，这需要邀请该领域专家花费大量时间对姿势进行分析。

本书通过提升用户在虚拟环境中的空间感知和虚拟人控制精确性，提供精确的实时人机功效评价结果，作为虚拟现实辅助可装配性的评价依据。为在虚拟现实系统中实时产生 RULA 评价结果，本章研究基于 Oculus Rift S、Kinect 和 LeapMotion 捕捉的全身人体运动数据的 RULA 实时评价方法。首先，梳理 RULA 实时评价方法的计算流程；然后，分析 RULA 实时评价模型的输入数据，建立用于计算人体各部分相应角度的向量投影矢状面，推导人体各部位姿势的主分值和修正分值判据计算公式；最后，根据 RULA 实时评价方法，得到基于全身运动捕捉数据的 RULA 分值。

6.1 RULA 实时评价方法的计算依据和流程

6.1.1 计算依据

本章研究是以 RULA 评估量表[2]和 Manghisi 等[6]的研究为依据，建立虚拟现实中 RULA 实时评价方法。本章以 Oculus Rift S、Kinect 和 LeapMotion 作为人体运动捕捉设备采集人体骨骼数据，用 Oculus Rift S HMD 捕捉的头部运动数据、LeapMotion 捕捉的手部关节数据代替 Kinect 捕捉的手部关节点运动数据。因此，相比于 Manghisi 等[6]只用了 Kinect 采集的人体骨骼数据，本书的人体骨骼输入数据更加精确。

RULA 实时评价方法将人体分为两组(A 组：上臂、前臂和手腕；B 组：颈部、躯干和腿部)。RULA 分值用三张表计算(附录 6)。图 V 中表 I 和表 II 给出了身体各部分的姿势分值。将各部位姿势的主分值和该部位的修正分值，经相应评分规则处理得到 A 组分值和 B 组分值。然后，进行肌肉评估(图 III)、力和载荷评估(图 IV)，得到 C 组分值和 D 组分值。表 III 将 C 组分值和 D 组分值作为输入，根据评分规则得到 RULA 分值。根据 RULA 分值，将姿势分为四个等级，如表 6.1 所示。

表 6.1　干预措施行动级别表

分值	干预措施
1 和 2	如果长时间不保持或重复，姿势是可以接受的
3 和 4	需要进一步调查，可能需要做出改变
5 和 6	需要尽快进行调查和改变
7	需要立即进行调查和改变

RULA 量表中身体各部分的姿势分值，是以在矢状面上计算的关节间角度为判断依据给出的。因此，在虚拟环境中，应先建立矢状面，将关节向量投影至矢状面上，再计算关节间角度。

6.1.2　计算流程

根据 6.1.1 节的计算依据，本节的 RULA 实时评价方法分为以下三个步骤进行建模与计算。

(1) 以人体 14 个关节点三维空间位置坐标为输入数据，计算肢体各部分向量。在建立用于计算身体各部分姿势分值的矢状面后，计算各关节向量在矢状面投影后的相应角度。最后，以此计算人体各部位姿势主分值。图 6.1 是人体各部位姿势主分值计算流程。

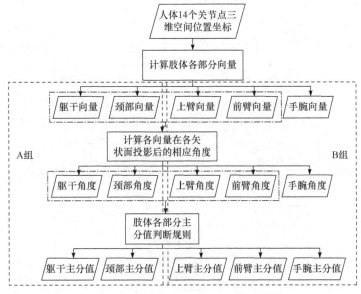

图 6.1　人体各部位姿势主分值计算流程

(2) 根据图 6.2 计算人体各部位姿势修正分值。与第(1)步同理，计算各向量在各矢状面投影后的相应角度与模长，以此计算人体各部位姿势修正分值。

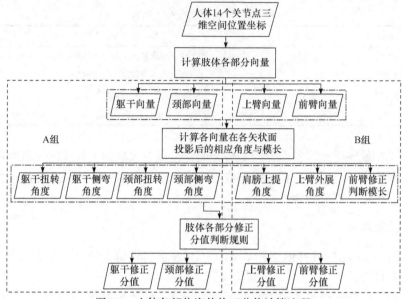

图 6.2　人体各部位姿势修正分值计算流程

(3) 由图 6.3 计算人体姿势 RULA 分值。根据 RULA 量表的评分规则，得到每个姿势的 RULA 分值。在虚拟环境下，暂不能对肌肉、力和载荷进行评估，因此这两项因素是根据实验任务手动设置的。

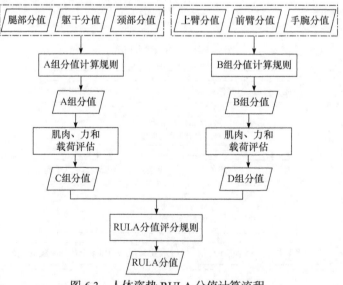

图 6.3　人体姿势 RULA 分值计算流程

6.2　RULA 实时评价模型

6.2.1　RULA 实时评价模型的输入数据

Kinect 跟踪的人体 25 个关节点及其标号如图 6.4 所示。人体每个关节点在三维空间位置的坐标向量表示为 $j_i = (x_i, y_i, z_i)^T$ $(i = 0,1,2,\cdots,24)$。虚拟现实中 RULA 实时评价模型，需要用到如图 6.4 所示的 14 个关节点位置坐标，分别为尾椎 j_0、颈部 j_2、头部 j_3、左肩 j_4、左肘 j_5、左手腕 j_6、左手 j_7、右肩 j_8、右肘 j_9、右手腕 j_{10}、右手 j_{11}、左髋 j_{12}、右髋 j_{16} 和肩椎 j_{20}。

图 6.5 是计算身体各部分 RULA 分值所需要的躯干向量 v_{tr}、颈部向量 v_n、右上臂向量 v_{rua}、左上臂向量 v_{lua}、右前臂向量 v_{rla}、左前臂向量 v_{lla}、右手腕向量 v_{rw} 和左手腕向量 v_{lw}，向量指向和向量表达式如表 6.2 所示。在各向量的下标中，tr 表示躯干(truck)，n 表示颈部(neck)，rua 表示右上臂(right upper arm)，lua 表示左上臂(left upper arm)，rla 表示右前臂(right lower arm)，lla 表示左前臂(left lower arm)，rw 表示右手腕(right wrist)，lw 表示左手腕(left wrist)。

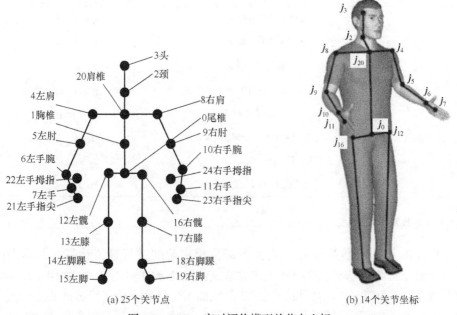

(a) 25个关节点　　　　　　　　(b) 14个关节坐标

图 6.4　RULA 实时评价模型关节点坐标

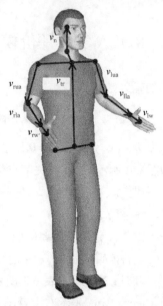

图 6.5　RULA 评价中的上肢向量

表 6.2　RULA 评价中的上肢向量、向量指向及向量表达式

上肢向量	向量指向	向量表达式
v_{tr}	尾椎 j_0 指向肩椎 j_{20}	$v_{tr} = j_{20} - j_0$
v_n	颈部 j_2 指向头部 j_3	$v_n = j_3 - j_2$
v_{rua}	右肩 j_8 指向右肘 j_9	$v_{rua} = j_9 - j_8$
v_{lua}	左肩 j_4 指向左肘 j_5	$v_{lua} = j_5 - j_4$
v_{rla}	右肘 j_9 指向右手腕 j_{10}	$v_{rla} = j_{10} - j_9$
v_{lla}	左肘 j_5 指向左手腕 j_6	$v_{lla} = j_6 - j_5$
v_{rw}	右手腕 j_{10} 指向右手 j_{11}	$v_{rw} = j_{11} - j_{10}$
v_{lw}	左手腕 j_6 指向左手 j_7	$v_{lw} = j_7 - j_6$

6.2.2　矢状面计算

　　RULA 实时评价方法是对人体各部分相应角度进行分值计算，而本书的 RULA 分值计算是基于三维空间人体关节点位置坐标的。因此，根据 RULA 实时评价方法，将相应人体向量投影至对应矢状面上，计算人体各部分的相应角度。Manghisi 等[6]的研究只建立了用于计算躯干、上臂、前臂和颈部主分值的矢状面 S，而对于修正分值的计算，只对向量间角度的计算进行了文字性叙述，未建立矢状面，也未进行公式推导。因此，本书对其进行了改进，根据 RULA 评分标准[2]，提出了三个用于计算修正分值的矢状面，即 S_{xoz}、$S_{h\text{-}y}$ 和 $S_{\text{tr-bd}}$，推导了身体各部位姿势主分值和修正分值判据计算公式。表 6.3 是本书建立的 4 个投影矢状面的定义及其功能。

表 6.3　4 个投影矢状面的定义及其功能

矢状面	定义	功能
S	过肩椎 j_{20}，且法向量是肩部向量 $v_{\text{rs-ls}}$ 的平面	计算躯干、上臂、前臂、颈部主分值
S_{xoz}	世界坐标系 x 轴与 z 轴形成的平面	计算躯干扭转、颈部扭转修正分值
$S_{h\text{-}y}$	髋部向量 $v_{\text{lh-rh}}$ 与世界坐标系 y 轴 n_y 所决定的平面	计算躯干侧弯修正分值
$S_{\text{tr-bd}}$	过躯干向量 v_{tr}，且法向量为 v_{bd} 的平面	计算颈部侧弯修正分值、上臂修正分值

1. 矢状面 S

图 6.6 为矢状面 S 的定义和功能示意图。矢状面 S 过肩椎关节点 j_{20}，且肩部向量 $v_{\text{rs-ls}} = j_4 - j_8$ 为其一个法向量(其中，rs 为右肩(right shoulder)；ls 为左肩(left shoulder))。因此，矢状面 S 的单位法向量为 $n_S = \dfrac{j_4 - j_8}{|\,j_4 - j_8\,|}$。

矢状面 S 用于计算躯干、上臂、前臂、颈部姿势主分值。先将躯干、上臂、前臂、颈部向量投影至矢状面 S 上，再计算相应向量之间的夹角，最后依据夹角评估该部位姿势特征主分值。

2. 矢状面 S_{xoz}

图 6.7 为矢状面 S_{xoz} 的定义和功能示意图。矢状面 S_{xoz} 为世界坐标系 x 轴与 z 轴形成的平面，世界坐标系 y 轴 n_y 是其法向量方向，其中，$n_y = (0,1,0)^{\text{T}}$。

矢状面 S_{xoz} 用于计算躯干扭转修正分值、颈部扭转修正分值。先将相关向量投影至矢状面 S_{xoz} 上，再计算相应向量之间的夹角，最后依据夹角进行该部位修正分值评估。

3. 矢状面 $S_{h\text{-}y}$

图 6.8 是矢状面 $S_{h\text{-}y}$ 的定义和功能示意图。矢状面 $S_{h\text{-}y}$ 为髋部向量 $v_{\text{lh-rh}}$ 与世界坐标系 y 轴 n_y 所决定的面。$v_{\text{lh-rh}}$ 为左髋(left hip) j_{12} 指向右髋(right hip) j_{16} 的向量，$v_{\text{lh-rh}} = j_{16} - j_{12}$。故矢状面 $S_{h\text{-}y}$ 的一个法向量 $n_{S_{h\text{-}y}} = v_{\text{lh-rh}} \times n_y$，单位法向量为

$$\dfrac{n_{S_{h\text{-}y}}}{\left|n_{S_{h\text{-}y}}\right|}。$$

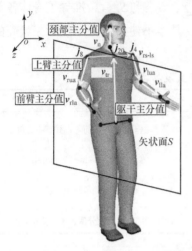

图 6.6　矢状面 S 的定义和功能示意图

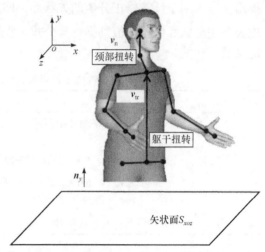

图 6.7　矢状面 S_{xoz} 的定义和功能示意图

　　计算躯干侧弯修正分值，先将躯干向量投影至矢状面 $S_{h\text{-}y}$ 上，再计算相应向量之间的夹角，最后依据夹角进行躯干侧弯修正分值评估。

　　4. 矢状面 $S_{tr\text{-}bd}$

　　图 6.9 是矢状面 $S_{tr\text{-}bd}$ 的定义和功能示意图。矢状面 $S_{tr\text{-}bd}$ 为过躯干向量 v_{tr}，且法向量为虚拟人身体朝向 v_{bd} 的面。其中，虚拟人身体朝向 v_{bd} 为躯干向量 v_{tr} 与肩部向量 $v_{ls\text{-}rs}$ 叉乘后得到的向量。左肩 j_4 到右肩 j_8 的向量 $v_{ls\text{-}rs} = j_8 - j_4$，虚拟人身体朝向 $v_{bd} = v_{tr} \times v_{ls\text{-}rs}$。向量的下标中，bd 为身体朝向(body direction)。

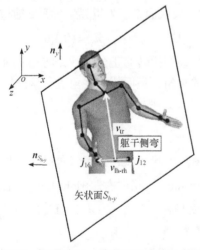

图 6.8　矢状面 $S_{h\text{-}y}$ 的定义和功能示意图

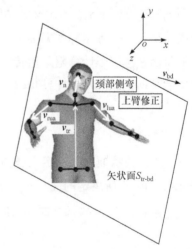

图 6.9　矢状面 $S_{tr\text{-}bd}$ 的定义和功能示意图

为计算颈部侧弯修正分值、上臂修正分值，先将相应向量投影至矢状面 $S_{\text{tr-bd}}$ 上，再计算相应向量之间的夹角，最后依据夹角进行该部位姿势修正分值评估。

6.2.3　人体各部位姿势主分值计算

1. 躯干、上臂、前臂、颈部向量在矢状面 S 的投影向量计算

计算躯干、上臂、前臂、颈部姿势主分值，先将躯干、上臂、前臂、颈部向量投影至矢状面 S 上。图 6.10 是计算躯干向量 v_{tr} 在矢状面 S 的投影向量 v'_{tr} 的示意图。

躯干向量 v_{tr} 在矢状面 S 的法向量 n_{rl} 方向上的投影向量为 $v_{\text{tr-rl}}$ ，如式(6.1)所示：

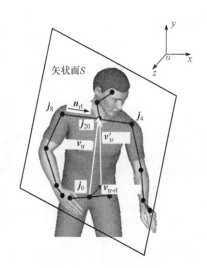

图 6.10　躯干向量 v_{tr} 在矢状面 S 的投影向量 v'_{tr}

$$v_{\text{tr-rl}} = v_{\text{tr}} \cdot n_{\text{rl}} \tag{6.1}$$

所以，躯干向量 v_{tr} 在矢状面 S 的投影向量如式(6.2)所示：

$$v'_{\text{tr}} = v_{\text{tr}} - v_{\text{tr-rl}} \tag{6.2}$$

因为下面的向量在矢状面上投影向量计算方法与上述计算方法相同，所以之后只给出计算结果。同理可得，颈部向量 v_{n} 、右上臂向量 v_{rua} 、左上臂向量 v_{lua} 、右前臂向量 v_{rla} 、左前臂向量 v_{lla} 在矢状面 S 的投影向量 v'_{tr} 、 v'_{rua} 、 v'_{lua} 、 v'_{rla} 、 v'_{lla} 表达式如式(6.3)～式(6.7)所示，各向量在矢状面 S 上的投影向量如图 6.11 所示。

$$v'_{\text{n}} = v_{\text{n}} - v_{\text{tr-rl}} \tag{6.3}$$

$$v'_{\text{rua}} = v_{\text{rua}} - v_{\text{tr-rl}} \tag{6.4}$$

$$v'_{\text{lua}} = v_{\text{lua}} - v_{\text{tr-rl}} \tag{6.5}$$

$$v'_{\text{rla}} = v_{\text{rla}} - v_{\text{tr-rl}} \tag{6.6}$$

$$v'_{\text{lla}} = v_{\text{lla}} - v_{\text{tr-rl}} \tag{6.7}$$

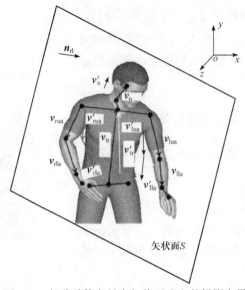

图 6.11　部分肢体向量在矢状面 S 上的投影向量

2. 躯干角度 θ_{tr} 与躯干主分值 S'_{tr} 计算

图 6.12 是躯干主分值计算示意图。躯干的弯曲是相对于世界坐标系 y 轴的，因此 θ_{tr} 为躯干向量 v_{tr} 在矢状面 S 上的投影向量 v'_{tr} 与世界坐标系 y 轴 n_y 之间的夹角，θ_{tr} 如式(6.8)所示：

$$\theta_{tr}=\arccos\frac{n_y \cdot v'_{tr}}{|v'_{tr}|} \tag{6.8}$$

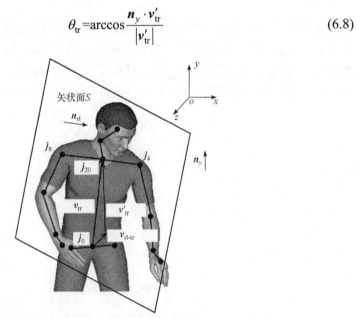

图 6.12　躯干主分值计算示意图

由躯干角度 θ_{tr} 和 RULA 评分标准(附录 6)得到躯干主分值 S'_{tr}。

3. 颈部弯曲角度 θ_{n} 与颈部主分值 S'_{n} 计算

如图 6.13 所示，颈部的弯曲是相对于躯干的。因此，颈部向量 $\boldsymbol{v}_{\mathrm{n}}$ 在矢状面 S 的投影向量 $\boldsymbol{v}'_{\mathrm{n}}$ 与躯干向量 $\boldsymbol{v}_{\mathrm{tr}}$ 在矢状面 S 的投影向量 $\boldsymbol{v}'_{\mathrm{tr}}$ 之间的夹角即为颈部弯曲角度 θ_{n}，如式(6.9)所示：

$$\theta_{\mathrm{n}}=\arccos\frac{\boldsymbol{v}'_{\mathrm{n}}\cdot\boldsymbol{v}'_{\mathrm{tr}}}{|\boldsymbol{v}'_{\mathrm{n}}||\boldsymbol{v}'_{\mathrm{tr}}|} \tag{6.9}$$

颈部的姿势特征分为前倾和后仰两种情况。图 6.13 是颈部前倾、后仰判断示意图。

头戴式显示器坐标系的 z 轴单位向量 $\boldsymbol{H}_z$ 和躯干向量 $\boldsymbol{v}_{\mathrm{tr}}$ 之间的夹角 $\theta_{\mathrm{n\text{-}tr}}$ 如式(6.10)所示：

$$\theta_{\mathrm{n\text{-}tr}}=\arccos\frac{\boldsymbol{H}_z\cdot\boldsymbol{v}_{\mathrm{tr}}}{|\boldsymbol{v}_{\mathrm{tr}}|} \tag{6.10}$$

若 $\theta_{\mathrm{n\text{-}tr}}>90°$，则颈部前倾；若 $\theta_{\mathrm{n\text{-}tr}}=90°$，则颈部直立；若 $\theta_{\mathrm{n\text{-}tr}}<90°$，则颈部后仰。

由 RULA 评分标准(附录 6)，若颈部后仰，则颈部分值为 4；若颈部前倾，则依据颈部角度 θ_{n} 得到相应的颈部主分值 S'_{n}。

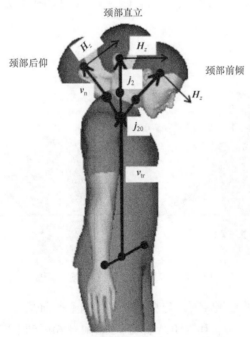

图 6.13　颈部前倾、后仰判断示意图

4. 上臂角度 θ_{lua}（左上臂）、θ_{rua}（右上臂）和上臂主分值 S'_{ua} 计算

如图 6.11 所示，上臂的前倾或后倾是相对于躯干的。因此，上臂向量 $\boldsymbol{v}_{\mathrm{ua}}$ 在矢状面 S 的投影向量 $\boldsymbol{v}'_{\mathrm{ua}}$ 与躯干向量 $\boldsymbol{v}_{\mathrm{tr}}$ 在矢状面 S 的投影向量 $\boldsymbol{v}'_{\mathrm{tr}}$ 之间的夹角为上臂前倾或后倾角度 θ_{ua}。

上臂分为左上臂和右上臂，上臂分值取左上臂分值和右上臂分值中的较大值。

左上臂向量 $\boldsymbol{v}_{\mathrm{lua}}$ 在矢状面 S 的投影向量 $\boldsymbol{v}'_{\mathrm{lua}}$ 与向量 $\boldsymbol{v}'_{\mathrm{tr}}$ 之间的夹角 θ_{lua} 如式(6.11)所示：

$$\theta_{\mathrm{lua}} = \arccos\left(-\frac{\boldsymbol{v}'_{\mathrm{tr}} \cdot \boldsymbol{v}'_{\mathrm{lua}}}{|\boldsymbol{v}'_{\mathrm{tr}}||\boldsymbol{v}'_{\mathrm{lua}}|}\right) \tag{6.11}$$

同理，可得右上臂角度 θ_{rua} 如式(6.12)所示：

$$\theta_{\mathrm{rua}} = \arccos\left(-\frac{\boldsymbol{v}'_{\mathrm{tr}} \cdot \boldsymbol{v}'_{\mathrm{rua}}}{|\boldsymbol{v}'_{\mathrm{tr}}||\boldsymbol{v}'_{\mathrm{rua}}|}\right) \tag{6.12}$$

上臂主分值的计算需要分前倾和后倾两种情况进行讨论。当 θ_{lua} 或 θ_{rua} 大于 45° 时，上臂的前倾和后倾才会出现分值差异。

图 6.14 是判断上臂前倾或后倾示意图。其通过计算虚拟人身体朝向 $\boldsymbol{v}_{\mathrm{bd}}$ 与上臂向量 $\boldsymbol{v}_{\mathrm{ua}}$ 和躯干向量 $\boldsymbol{v}_{\mathrm{tr}}$ 之和 $\boldsymbol{v}_{\mathrm{uat}}$（$\boldsymbol{v}_{\mathrm{uat}} = \boldsymbol{v}_{\mathrm{ua}} + \boldsymbol{v}_{\mathrm{tr}}$）之间的夹角 θ_{ua} 进行判断。θ_{ua} 如式(6.13)所示：

$$\theta_{\mathrm{ua}} = \arccos\frac{\boldsymbol{v}_{\mathrm{bd}} \cdot \boldsymbol{v}_{\mathrm{uat}}}{|\boldsymbol{v}_{\mathrm{bd}}||\boldsymbol{v}_{\mathrm{uat}}|} \tag{6.13}$$

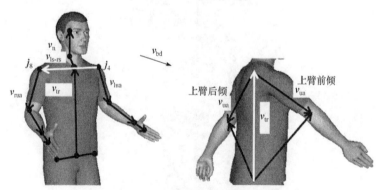

图 6.14　判断上臂前倾或后倾示意图

若 $\theta_{\mathrm{ua}} > 90°$，则上臂后倾；若 $\theta_{\mathrm{ua}} < 90°$，则上臂前倾。

由上臂角度 θ_{rua}、θ_{lua} 和 RULA 评分标准(附录 6)得到上臂主分值 S'_{ua}。

5. 前臂角度 θ_{lla} (左前臂)、θ_{rla} (右前臂)和前臂主分值 S'_{la} 计算

如图 6.11 所示,前臂的前倾是相对于躯干的,因此前臂角度 θ_{la} 为前臂向量 $\boldsymbol{v}_{\mathrm{la}}$ 在矢状面 S 的投影向量 $\boldsymbol{v}'_{\mathrm{la}}$ 与躯干向量 $\boldsymbol{v}_{\mathrm{tr}}$ 在矢状面 S 的投影向量 $\boldsymbol{v}'_{\mathrm{tr}}$ 之间的夹角。

前臂分为左前臂和右前臂,前臂主分值取左前臂主分值和右前臂主分值中的较大值。

左前臂向量 $\boldsymbol{v}_{\mathrm{lla}}$ 在矢状面 S 的投影向量 $\boldsymbol{v}'_{\mathrm{lla}}$ 与向量 $\boldsymbol{v}'_{\mathrm{tr}}$ 之间的夹角 θ_{lla} 如式(6.14)所示:

$$\theta_{\mathrm{lla}}=\arccos\left(-\frac{\boldsymbol{v}'_{\mathrm{tr}}\cdot\boldsymbol{v}'_{\mathrm{lla}}}{\left|\boldsymbol{v}'_{\mathrm{tr}}\right|\left|\boldsymbol{v}'_{\mathrm{lla}}\right|}\right) \tag{6.14}$$

同理,可得右前臂角度 θ_{rla} 如式(6.15)所示:

$$\theta_{\mathrm{rla}}=\arccos\left(-\frac{\boldsymbol{v}'_{\mathrm{tr}}\cdot\boldsymbol{v}'_{\mathrm{rla}}}{\left|\boldsymbol{v}'_{\mathrm{tr}}\right|\left|\boldsymbol{v}'_{\mathrm{rla}}\right|}\right) \tag{6.15}$$

由前臂角度 θ_{lla}、θ_{rla} 和 RULA 评分标准(附录 6)得到前臂主分值 S'_{la}。

6. 手腕角度 θ_{lw} (左手腕)、θ_{rw} (右手腕)和手腕主分值 S'_{w} 计算

如图 6.15 所示,手腕的弯曲是相对于前臂的,因此手腕角度 θ_{w} 为手腕向量 $\boldsymbol{v}_{\mathrm{w}}$ 与前臂向量 $\boldsymbol{v}_{\mathrm{la}}$ 之间的夹角。

手腕分为左手腕和右手腕。左手腕向量 $\boldsymbol{v}_{\mathrm{lw}}$ 与左前臂向量 $\boldsymbol{v}_{\mathrm{lla}}$ 之间的夹角 θ_{lw} 如式(6.16)所示:

$$\theta_{\mathrm{lw}}=\arccos\frac{\boldsymbol{v}_{\mathrm{lw}}\cdot\boldsymbol{v}_{\mathrm{lla}}}{\left|\boldsymbol{v}_{\mathrm{lw}}\right|\left|\boldsymbol{v}_{\mathrm{lla}}\right|} \tag{6.16}$$

同理,可得右手腕角度 θ_{rw} 如式(6.17)所示:

$$\theta_{\mathrm{rw}}=\arccos\frac{\boldsymbol{v}_{\mathrm{rw}}\cdot\boldsymbol{v}_{\mathrm{rla}}}{\left|\boldsymbol{v}_{\mathrm{rw}}\right|\left|\boldsymbol{v}_{\mathrm{rla}}\right|} \tag{6.17}$$

手腕角度 θ_{w} 取左手腕角度 θ_{lw} 和右手腕角度 θ_{rw} 的较大值,由手腕角度 θ_{w} 和 RULA 评分标准(附录 6)得到手腕主分值 S'_{w}。

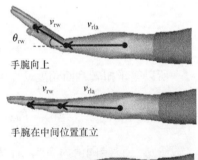

手腕向上

手腕在中间位置直立

手腕向下

图 6.15　手腕相对于前臂的弯曲

6.2.4 人体各部位姿势修正分值计算

1. 躯干修正分值

根据 RULA 评分标准，躯干修正分值由躯干是否扭转和躯干是否侧弯两个因素决定。若躯干扭转但未侧弯，或躯干侧弯但未扭转，则躯干修正分值 S''_{tr} 为 1 分；若躯干扭转且侧弯，则躯干修正分值 S''_{tr} 为 2 分；若躯干未扭转也未侧弯，则躯干修正分值 S''_{tr} 为 0 分。

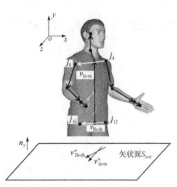

图 6.16 躯干扭转计算示意图

1) 躯干扭转计算

图 6.16 是躯干扭转计算示意图。其中，矢状面 S_{xoz} 为躯干扭转计算的投影矢状面，其法向量为世界坐标系 y 轴 $\boldsymbol{n}_y$；肩部向量 $\boldsymbol{v}_{ls-rs}$ 为左肩 $\boldsymbol{j}_4$ 指向右肩 $\boldsymbol{j}_8$ 的向量，即 $\boldsymbol{v}_{ls-rs} = \boldsymbol{j}_8 - \boldsymbol{j}_4$；髋部向量 $\boldsymbol{v}_{lh-rh}$ 为左髋 $\boldsymbol{j}_{12}$ 指向右髋 $\boldsymbol{j}_{16}$ 的向量，即 $\boldsymbol{v}_{lh-rh} = \boldsymbol{j}_{16} - \boldsymbol{j}_{12}$。若躯干扭转，则肩部向量 $\boldsymbol{v}_{ls-rs}$ 在矢状面 S_{xoz} 上的投影向量 $\boldsymbol{v}''_{ls-rs}$ 与髋部向量 $\boldsymbol{v}_{lh-rh}$ 在矢状面 S_{xoz} 上的投影向量 $\boldsymbol{v}''_{lh-rh}$ 不平行，其夹角为 θ_{tr-tw} (躯干扭转判断角度)。向量下标中，tw 为扭转(twist)。

肩部向量 $\boldsymbol{v}_{ls-rs}$、髋部向量 $\boldsymbol{v}_{lh-rh}$ 在矢状面 S_{xoz} 上的投影向量 $\boldsymbol{v}''_{ls-rs}$、$\boldsymbol{v}''_{lh-rh}$ 分别如式(6.18)和式(6.19)所示：

$$\boldsymbol{v}''_{ls-rs} = \boldsymbol{v}_{ls-rs} - \boldsymbol{v}_{ls-rs} \cdot \boldsymbol{n}_y \tag{6.18}$$

$$\boldsymbol{v}''_{lh-rh} = \boldsymbol{v}_{lh-rh} - \boldsymbol{v}_{lh-rh} \cdot \boldsymbol{n}_y \tag{6.19}$$

所以躯干扭转判断角度 θ_{tr-tw} 如式(6.20)所示：

$$\theta_{tr-tw} = \arccos \frac{\boldsymbol{v}''_{ls-rs} \cdot \boldsymbol{v}''_{lh-rh}}{|\boldsymbol{v}''_{ls-rs}||\boldsymbol{v}''_{lh-rh}|} \tag{6.20}$$

给 θ_{tr-tw} 设定阈值为 20°，若 $\theta_{tr-tw} > 20°$，则认为躯干扭转；若 $\theta_{tr-tw} < 20°$，则认为躯干未扭转。

2) 躯干侧弯计算

图 6.17 是躯干侧弯计算示意图。其中，矢状面 S_{h-y} 为躯干侧弯计算的投影矢状面，矢状面 S_{h-y} 的单位法向量为 $\dfrac{\boldsymbol{n}_{S_{h-y}}}{|\boldsymbol{n}_{S_{h-y}}|}$。

若躯干侧弯, 则躯干向量 v_{tr} 在矢状面 $S_{h\text{-}y}$ 的投影向量 v_{tr}'' 与世界坐标系 y 轴 n_y 之间夹角 $\theta_{tr\text{-}bend}$ (躯干侧弯判断角度)不为零。

躯干向量 v_{tr} 在矢状面 $S_{h\text{-}y}$ 的投影向量 v_{tr}'' 如式(6.21)所示:

$$v_{tr}'' = v_{tr} - \frac{v_{tr} \cdot n_{S_{h\text{-}y}}}{\left| n_{S_{h\text{-}y}} \right|} \tag{6.21}$$

所以躯干侧弯判断角度 $\theta_{tr\text{-}bend}$ 如式(6.22)所示:

$$\theta_{tr\text{-}bend} = \arccos \frac{v_{tr}'' \cdot n_y}{\left| v_{tr}'' \right|} \tag{6.22}$$

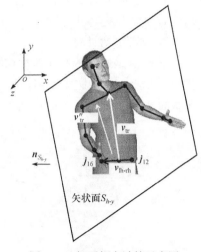

图 6.17　躯干侧弯计算示意图

给 $\theta_{tr\text{-}bend}$ 设定阈值为 20°, 若 $\theta_{tr\text{-}bend} > 20°$, 则认为躯干侧弯; 若 $\theta_{tr\text{-}bend} < 20°$, 则认为躯干未侧弯。在向量下标中, bend 表示弯曲。

2. 颈部修正分值

根据 RULA 评分标准, 颈部修正分值由颈部是否扭转和颈部是否侧弯两个因素决定。如果颈部发生扭转但未侧弯, 或颈部发生侧弯但未扭转, 则颈部修正分值 S_n'' 为 1 分; 若颈部发生扭转且侧弯, 则颈部修正分值 S_n'' 为 2 分; 若颈部并未发生扭转和侧弯, 则颈部修正分值 S_n'' 为 0 分。

1) 颈部扭转计算

图 6.18 是颈部扭转计算示意图。其中, 矢状面 S_{xoz} 为颈部扭转计算投影矢状面。将头戴式显示器坐标系的 z 轴 H_z 和虚拟人身体朝向向量 v_{bd} 分别向矢状面 S_{xoz} 进行投影, 得到向量 H_z'' 和向量 v_{bd}'', 若颈部发生扭转, 则向量 H_z'' 和向量 v_{bd}'' 不平行, 夹角为 $\theta_{n\text{-}tw}$ (颈部扭转判断角度)。

向量 H_z 在矢状面 S_{xoz} 上的投影向量 H_z'' 如式(6.23)所示:

$$H_z'' = H_z - H_z \cdot n_y \tag{6.23}$$

v_{bd} 在矢状面 S_{xoz} 上的投影向量 v_{bd}'' 如式(6.24)所示:

$$v_{bd}'' = v_{bd} - v_{bd} \cdot n_y \tag{6.24}$$

所以颈部扭转判断角度 $\theta_{n\text{-}tw}$ 如式(6.25)所示:

$$\theta_{n\text{-}tw} = \arccos \frac{H_z'' \cdot v_{bd}''}{\left| H_z'' \right| \left| v_{bd}'' \right|} \tag{6.25}$$

给 $\theta_{\text{n-tw}}$ 设定阈值为 $20°$，若 $\theta_{\text{n-tw}} > 20°$，则认为颈部发生扭转；若 $\theta_{\text{n-tw}} < 20°$，则认为颈部未发生扭转。

2) 颈部侧弯计算

图 6.19 是颈部侧弯计算示意图。其中，矢状面 $S_{\text{tr-bd}}$ 是颈部侧弯计算的投影矢状面，其法向量为虚拟人身体朝向 v_{bd}。颈部侧弯判断角度 $\theta_{\text{n-bend}}$ 为颈部向量 v_{n} 在矢状面 $S_{\text{tr-bd}}$ 上的投影向量 v_{n}'' 与躯干向量 v_{tr} 之间的夹角。

图 6.18　颈部扭转计算示意图　　　　图 6.19　颈部侧弯计算示意图

颈部向量 v_{n} 在矢状面 $S_{\text{tr-bd}}$ 上的投影向量 v_{n}'' 如式(6.26)所示：

$$v_{\text{n}}'' = v_{\text{n}} - \frac{v_{\text{n}} \cdot v_{\text{bd}}}{\left| v_{\text{bd}} \right|^2} \cdot v_{\text{bd}} \tag{6.26}$$

所以颈部侧弯判断角度 $\theta_{\text{n-bend}}$ 如式(6.27)所示：

$$\theta_{\text{n-bend}} = \arccos \frac{v_{\text{n}}'' \cdot v_{\text{tr}}}{\left| v_{\text{n}}'' \right| \left| v_{\text{tr}} \right|} \tag{6.27}$$

给 $\theta_{\text{n-bend}}$ 设定阈值为 $20°$，若 $\theta_{\text{n-bend}} > 20°$，则认为颈部发生侧弯；若 $\theta_{\text{n-bend}} < 20°$，则认为颈部未发生侧弯。

3. 上臂修正分值

根据 RULA 评分标准，上臂修正分值由肩膀是否上提和上臂是否外展两个因素决定。如果肩膀上提，但上臂未外展或上臂外展，但肩膀未上提，则上臂修正分值 S_{ua}'' 为 1 分；若上臂外展且肩膀上提，则上臂修正分值 S_{ua}'' 为 2 分；若上臂未外展且肩膀未上提，则上臂修正分值 S_{ua}'' 为 0 分。图 6.20 是上臂修正分值计算示意图。

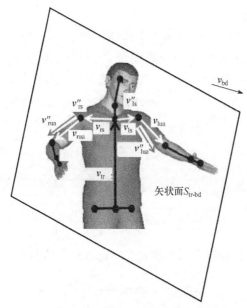

图 6.20　上臂修正分值计算示意图

1) 肩膀上提计算

如图 6.20 所示，肩膀上提分为右肩上提和左肩上提。若右肩上提，则右肩向量 v_{rs} 在矢状面 $S_{tr\text{-}bd}$ 的投影向量 v''_{rs} 与躯干向量 v_{tr} 之间的夹角 $\theta_{rs\text{-}upp}$（右肩上提判断角度）小于 $90°$。同理，若左肩上提，则左肩在矢状面 $S_{tr\text{-}bd}$ 的投影向量 v''_{ls} 与躯干向量 v_{tr} 之间的夹角 $\theta_{ls\text{-}upp}$（左肩上提判断角度）小于 $90°$。其中，右肩向量 v_{rs} 为 $v_{rs} = j_8 - j_{20}$；左肩向量 v_{ls} 为 $v_{ls} = j_4 - j_{20}$。

左肩向量 v_{ls} 在矢状面 $S_{tr\text{-}bd}$ 的投影向量 v''_{ls} 如式(6.28)所示：

$$v''_{ls} = v_{ls} - \frac{v_{ls} \cdot v_{bd}}{|v_{bd}|^2} \cdot v_{bd} \tag{6.28}$$

所以左肩上提判断角度 $\theta_{ls\text{-}upp}$ 如式(6.29)所示：

$$\theta_{ls\text{-}upp} = \arccos \frac{v''_{ls} \cdot v_{tr}}{|v''_{ls}||v_{tr}|} \tag{6.29}$$

同理，可得右肩上提判断角度 $\theta_{rs\text{-}upp}$，如式(6.30)所示：

$$\theta_{rs\text{-}upp} = \arccos \frac{v''_{rs} \cdot v_{tr}}{|v''_{rs}||v_{tr}|} \tag{6.30}$$

设定阈值为 $20°$，若出现 $\theta_{rs\text{-}upp} < 70°$ 或 $\theta_{ls\text{-}upp} < 70°$，则给上臂修正分值增加 1 分，否则不用修正上臂分值。

2) 上臂外展计算

如图 6.20 所示，上臂外展分为右上臂外展和左上臂外展。若右上臂外展，则右上臂向量 v_{rua} 在矢状面 S_{tr-bd} 的投影向量 v_{rua}'' 与躯干向量 v_{tr} 不平行，其夹角为 θ_{rua-ex} (右上臂外展判断角度)。同理，若左上臂外展，则左上臂在矢状面 S_{tr-bd} 的投影向量 v_{lua}'' 与躯干向量 v_{tr} 不平行，其夹角为 θ_{lua-ex} (左上臂外展判断角度)。

右上臂向量 v_{rua} 在矢状面 S_{tr-bd} 的投影向量 v_{rua}'' 如式(6.31)所示：

$$v_{rua}'' = v_{rua} - \frac{v_{rua} \cdot v_{bd}}{\left|v_{bd}\right|^2} \cdot v_{bd} \tag{6.31}$$

则右上臂外展判断角度 θ_{rua-ex} 如式(6.32)所示：

$$\theta_{rua-ex} = \arccos\left(-\frac{v_{rua}'' \cdot v_{tr}}{\left|v_{rua}''\right|\left|v_{tr}\right|}\right) \tag{6.32}$$

同理，可得左上臂外展判断角度 θ_{lua-ex} 如式(6.33)所示：

$$\theta_{lua-ex} = \arccos\left(-\frac{v_{lua}'' \cdot v_{tr}}{\left|v_{lua}''\right|\left|v_{tr}\right|}\right) \tag{6.33}$$

设定阈值为 20°，若出现 $\theta_{rua-ex} < 160°$ 或 $\theta_{lua-ex} < 160°$，则给上臂修正分值增加 1 分。

4. 前臂修正分值

根据 RULA 评分标准，前臂修正分值由前臂是否置于身体中线的另一侧或前臂是否置于身体的外侧决定。如果前臂置于身体中线的另一侧或置于身体的外侧，则前臂修正分值 S_{la}'' 为 1 分；否则前臂修正分值 S_{la}'' 为 0 分，下标 la 为下臂(lower arm)。

1) 前臂置于身体外侧计算

图 6.21 是以左前臂为例的前臂置于身体外侧计算示意图。若左前臂置于身体外侧，则向量 v_{ss-lw} 在向量 v_{ss-ls} 上的投影向量 v_{ss-lw}'' 的模长 $\left|v_{ss-lw}''\right|$ 大于向量 v_{ss-ls} 的模长 $\left|v_{ss-ls}\right|$ (左前臂置于身体外侧判断模长)，即 $\left|v_{ss-lw}''\right| > \left|v_{ss-ls}\right|$。其中，$v_{ss-lw}$ 为肩椎 j_{20} 到左手腕 j_6 的向量，即 $v_{ss-lw} = j_6 - j_{20}$；v_{ss-ls} 为肩椎 j_{20} 到左肩 j_4 的向量，即 $v_{ss-ls} = j_4 - j_{20}$。

所以左前臂置于身体外侧判断模长 $\left|v_{ss-lw}''\right|$ 如式(6.34)所示：

$$\left|v_{ss-lw}''\right| = \frac{v_{ss-lw} \cdot v_{ss-ls}}{\left|v_{ss-ls}\right|} \tag{6.34}$$

同理，可得右前臂置于身体外侧判断模长 $\left|v_{ss-rw}''\right|$ 如式(6.35)所示：

$$\left|v_{ss-rw}''\right| = \frac{v_{ss-rw} \cdot v_{ss-rs}}{\left|v_{ss-rs}\right|} \tag{6.35}$$

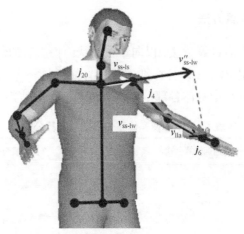

图 6.21　前臂置于身体外侧计算示意图

所以，若 $\left|v''_{\text{ss-lw}}\right|>\left|v_{\text{ss-ls}}\right|$ 或 $\left|v''_{\text{ss-rw}}\right|>\left|v_{\text{ss-rs}}\right|$，则前臂置于身体外侧，否则，前臂未置于身体外侧。

2) 前臂置于身体中线另一侧计算

图 6.22 是以左前臂为例的前臂置于身体中线另一侧计算示意图。若左前臂置于身体中线另一侧，则向量 $v_{\text{rs-lw}}$ 在向量 $v_{\text{rs-ss}}$ 上的投影向量 $v''_{\text{rs-lw}}$ 的模长 $\left|v''_{\text{rs-lw}}\right|$ 小于向量 $v_{\text{rs-ss}}$ 的模长 $\left|v''_{\text{rs-ss}}\right|$（左前臂置于身体中线另一侧判断模长），即 $\left|v''_{\text{rs-lw}}\right|<\left|v_{\text{rs-ss}}\right|$。其中，$v_{\text{rs-lw}}$ 为右肩 j_8 到左手腕 j_6 的向量，即 $v_{\text{rs-lw}}=j_6-j_8$；$v_{\text{rs-ss}}$ 为右肩 j_8 到肩椎 j_{20} 的向量，即 $v_{\text{rs-ss}}=j_{20}-j_8$。

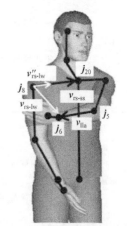

图 6.22　前臂置于身体中线
另一侧计算示意图

所以左前臂置于身体中线另一侧判断模长 $\left|v''_{\text{rs-lw}}\right|$ 如式 (6.36) 所示：

$$\left|v''_{\text{rs-lw}}\right|=\frac{v_{\text{rs-lw}}\cdot v_{\text{rs-ss}}}{\left|v_{\text{rs-ss}}\right|} \tag{6.36}$$

同理，可得右前臂置于身体中线另一侧判断模长 $\left|v''_{\text{ls-rw}}\right|$，如式 (6.37) 所示：

$$\left|v''_{\text{ls-rw}}\right|=\frac{v_{\text{ls-rw}}\cdot v_{\text{ls-ss}}}{\left|v_{\text{ls-ss}}\right|} \tag{6.37}$$

所以，若 $\left|v''_{\text{rs-lw}}\right|<\left|v_{\text{rs-ss}}\right|$，或 $\left|v''_{\text{ls-rw}}\right|<\left|v_{\text{ls-ss}}\right|$，则前臂置于身体中线的另一侧，否则，前臂并未置于身体中线的另一侧。

6.2.5　RULA 分值计算方法

本章的 RULA 实时计算方法，以向量在矢状面投影后的角度为主分值和修正分值的判据，再根据 RULA 评分标准(附录 6)，得到每一帧 RULA 分值。表 6.4 是 RULA 实时计算方法中身体各部位的主分值和修正分值判据计算公式。

表 6.4　主分值和修正分值判据计算公式

身体部位	主分值判据计算公式	修正分值判据计算公式
躯干	$\theta_{tr} = \arccos \dfrac{\boldsymbol{n}_y \cdot \boldsymbol{v}'_{tr}}{\|\boldsymbol{v}'_{tr}\|}$	躯干扭转 $\theta_{tr\text{-}tw} = \arccos \dfrac{\boldsymbol{v}''_{ls\text{-}rs} \cdot \boldsymbol{v}''_{lh\text{-}rh}}{\|\boldsymbol{v}''_{ls\text{-}rs}\|\|\boldsymbol{v}''_{lh\text{-}rh}\|}$ 躯干侧弯 $\theta_{tr\text{-}bend} = \arccos \dfrac{\boldsymbol{v}''_{tr} \cdot \boldsymbol{n}_y}{\|\boldsymbol{v}''_{tr}\|}$
颈部	$\theta_n = \arccos \dfrac{\boldsymbol{v}'_n \cdot \boldsymbol{v}'_{tr}}{\|\boldsymbol{v}'_n\|\|\boldsymbol{v}'_{tr}\|}$	颈部扭转 $\theta_{n\text{-}tw} = \arccos \dfrac{\boldsymbol{H}''_z \cdot \boldsymbol{v}''_{bd}}{\|\boldsymbol{H}''_z\|\|\boldsymbol{v}''_{bd}\|}$ 颈部侧弯 $\theta_{n\text{-}bend} = \arccos \dfrac{\boldsymbol{v}''_n \cdot \boldsymbol{v}_{tr}}{\|\boldsymbol{v}''_n\|\|\boldsymbol{v}_{tr}\|}$
上臂	左上臂 $\theta_{lua} = \arccos \left(-\dfrac{\boldsymbol{v}'_{tr} \cdot \boldsymbol{v}'_{lua}}{\|\boldsymbol{v}'_{tr}\|\|\boldsymbol{v}'_{lua}\|} \right)$ 右上臂 $\theta_{rua} = \arccos \left(-\dfrac{\boldsymbol{v}'_{tr} \cdot \boldsymbol{v}'_{rua}}{\|\boldsymbol{v}'_{tr}\|\|\boldsymbol{v}'_{rua}\|} \right)$	左肩上提 $\theta_{ls\text{-}upp} = \arccos \dfrac{\boldsymbol{v}''_{ls} \cdot \boldsymbol{v}_{tr}}{\|\boldsymbol{v}''_{ls}\|\|\boldsymbol{v}_{tr}\|}$ 右肩上提 $\theta_{rs\text{-}upp} = \arccos \dfrac{\boldsymbol{v}''_{rs} \cdot \boldsymbol{v}_{tr}}{\|\boldsymbol{v}''_{rs}\|\|\boldsymbol{v}_{tr}\|}$ 左上臂外展 $\theta_{lua\text{-}ex} = \arccos \left(-\dfrac{\boldsymbol{v}'_{lua} \cdot \boldsymbol{v}_{tr}}{\|\boldsymbol{v}'_{lua}\|\|\boldsymbol{v}_{tr}\|} \right)$ 右上臂外展 $\theta_{rua\text{-}ex} = \arccos \left(-\dfrac{\boldsymbol{v}''_{rua} \cdot \boldsymbol{v}_{tr}}{\|\boldsymbol{v}''_{rua}\|\|\boldsymbol{v}_{tr}\|} \right)$
前臂	左前臂 $\theta_{lla} = \arccos \left(-\dfrac{\boldsymbol{v}'_{tr} \cdot \boldsymbol{v}'_{lla}}{\|\boldsymbol{v}'_{tr}\|\|\boldsymbol{v}'_{lla}\|} \right)$ 右前臂 $\theta_{rla} = \arccos \left(-\dfrac{\boldsymbol{v}'_{tr} \cdot \boldsymbol{v}'_{rla}}{\|\boldsymbol{v}'_{tr}\|\|\boldsymbol{v}'_{rla}\|} \right)$	左前臂置于身体外侧 $\|\boldsymbol{v}''_{ss\text{-}lw}\| = \dfrac{\boldsymbol{v}_{ss\text{-}lw} \cdot \boldsymbol{v}_{ss\text{-}ls}}{\|\boldsymbol{v}_{ss\text{-}ls}\|}$ 右前臂置于身体外侧 $\|\boldsymbol{v}''_{ss\text{-}rw}\| = \dfrac{\boldsymbol{v}_{ss\text{-}rw} \cdot \boldsymbol{v}_{ss\text{-}rs}}{\|\boldsymbol{v}_{ss\text{-}rs}\|}$ 左前臂置于身体中线另一侧 $\|\boldsymbol{v}''_{rs\text{-}lw}\| = \dfrac{\boldsymbol{v}_{rs\text{-}lw} \cdot \boldsymbol{v}_{rs\text{-}ss}}{\|\boldsymbol{v}_{rs\text{-}ss}\|}$ 右前臂置于身体中线另一侧 $\|\boldsymbol{v}''_{ls\text{-}rw}\| = \dfrac{\boldsymbol{v}_{ls\text{-}rw} \cdot \boldsymbol{v}_{ls\text{-}ss}}{\|\boldsymbol{v}_{ls\text{-}ss}\|}$
手腕	左手腕 $\theta_{lw} = \arccos \dfrac{\boldsymbol{v}_{lw} \cdot \boldsymbol{v}_{lla}}{\|\boldsymbol{v}_{lw}\|\|\boldsymbol{v}_{lla}\|}$ 右手腕 $\theta_{rw} = \arccos \dfrac{\boldsymbol{v}_{rw} \cdot \boldsymbol{v}_{rla}}{\|\boldsymbol{v}_{rw}\|\|\boldsymbol{v}_{rla}\|}$	—

根据表 6.4 所示的主分值判据计算公式，得到躯干主分值 S'_{tr}、颈部主分值 S'_n、上臂主分值 S'_{ua}、前臂主分值 S'_{la}、手腕主分值 S'_w；由修正分值判据计算公式，得

到躯干修正分值 S''_{tr}、颈部修正分值 S''_{n}、上臂修正分值 S''_{ua}、前臂修正分值 S''_{la}。手腕分值 S_{w} 与手腕主分值 S'_{w} 相同，躯干分值 S_{tr}、颈部分值 S_{n}、上臂分值 S_{ua}、前臂分值 S_{la} 需要被修正，为人体各部位姿势主分值与相应修正分值之和，如式(6.38)～式(6.41)所示：

$$S_{tr} = S'_{tr} + S''_{tr} \tag{6.38}$$

$$S_{n} = S'_{n} + S''_{n} \tag{6.39}$$

$$S_{ua} = S'_{ua} + S''_{ua} \tag{6.40}$$

$$S_{la} = S'_{la} + S''_{la} \tag{6.41}$$

由身体各部位姿势 RULA 分值和 RULA 评分标准(附录 6)中计算 RULA 总分的 A 组评分表、B 组评分表和 RULA 分值评分表，得到每一帧人体姿势的 RULA 分值。

6.3 RULA 实时评价验证

为验证本章研究的 RULA 实时评价方法的准确性，在 Manghisi 等[6]研究的人机功效评估表第四部分[7](ergonomic assessment worksheet-section 4，EAWS4)的九个静态姿势为例(图 6.23)，基于渲染引擎 Unity3D 开发了本章研究的 RULA 实时评价系统，分别用 JACK 软件和 RULA 实时评价系统对上述九个静态姿势进行 RULA 人机功效评价。在 JACK 软件和 RULA 实时评价系统中搭建的实验场景如图 6.24 所示。当在 JACK 软件中建立数字人体模型时，使用 JACK 软件中的中国男性第 50 百分位数身高和体重建立数字人体模型[8]。

本书的 RULA 实时评价方法是以 Oculus Rift S、Kinect 和 LeapMotion 传感器捕捉的人体骨骼数据为输入数据进行实时评价的，因此 RULA 实时评价系统可对实验者的连续动作实时产生 RULA 分值。在 RULA 实时评价系统中进行评价时，实验者连续摆出图 6.23 的九个静态姿势，每个姿势保持 5s。图 6.25 是 RULA 实时评价系统评价九个静态姿势的 RULA 实时分值曲线。RULA 实时评价系统也可在交互界面实时显示当前姿势的 RULA 分值。图 6.26 是该系统对姿势 2 的 RULA 实时评价。其中，图 6.26(a)是现实世界中保持姿势 2 的实验者，图 6.26(b)是在 Unity3D 软件中开发的 RULA 实时评价界面，在该界面的中心有代表实验者在虚拟环境中的虚拟人以及虚拟人的骨骼模型，界面的四周会实时显示系统对实验者当前姿势的身体各部位和 RULA 总分的评价分值。

站立 躯干直立	站立 手举过头顶	站立 躯干弯曲
姿势1	姿势2	姿势3
跪姿 躯干直立	跪姿 躯干弯曲	跪姿 手举过头顶
姿势4	姿势5	姿势6
坐姿 躯干直立	坐姿 躯干弯曲	坐姿 手举过头顶
姿势7	姿势8	姿势9

图 6.23　选自 EWAS4 的九个静态姿势

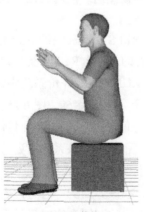

 (a) JACK软件　　　　　　　　(b) RULA实时评价系统

图 6.24　九个静态姿势的 RULA 实时评价实验场景

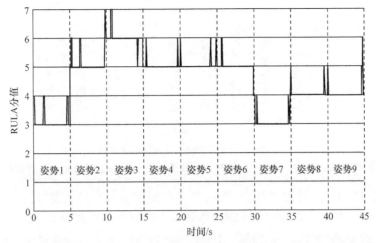

图 6.25　RULA 实时评价系统评价九个静态姿势的 RULA 实时分值曲线

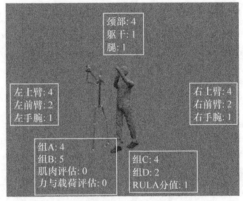

(a) 保持姿势2的实验者　　　　　(b) RULA实时评价界面

图 6.26　RULA 实时评价系统对姿势 2 的 RULA 实时评价

　　JACK 软件和 RULA 实时评价系统对九个静态姿势的 RULA 评价结果如图 6.27 所示。本章开发的 RULA 实时评价系统的更新速率是每秒 30 帧，因此对静态姿势 RULA 分值的计算是选取实验者稳定保持该姿势的数据帧，对其取平均值得到的。由评价结果可以看出，在九个静态姿势中，有七个姿势在 JACK 软件和本章开发系统评价的 RULA 分值相同。姿势 5 和姿势 8 的 RULA 分值不同，本章系统评价的 RULA 分值比 JACK 软件低 1 分。

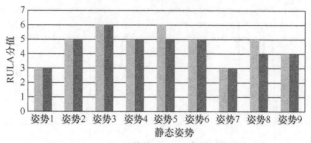

图 6.27　JACK 软件和 RULA 实时评价系统对九个静态姿势的 RULA 评价结果

根据 JACK 软件和 RULA 实时评价系统评价九个静态姿势的肢体各部分 RULA 分值。其中，两者对九个静态姿势的手腕评价结果均为 1 分。

图 6.28 是两者对躯干、颈部、上臂、前臂的 RULA 评价结果对比。可以看出，对于姿势 3 的躯干和颈部分值，RULA 实时评价系统比 JACK 软件中的评价结果均高 1 分。对于姿势 5 的躯干分值，RULA 实时评价系统比 JACK 软件中的评价结果低 1 分，对于上臂分值，RULA 实时评价系统比 JACK 软件中的评价结果高 1 分。对于姿势 8 的颈部分值，RULA 实时评价系统比 JACK 软件中的评价结果低 1 分。

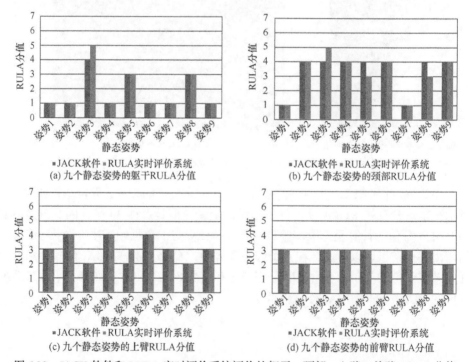

图 6.28　JACK 软件和 RULA 实时评价系统评价的躯干、颈部、上臂、前臂 RULA 分值

因此，本章开发的 RULA 实时评价系统对九个静态姿势 RULA 分值、身体各部分的 RULA 分值与 JACK 软件中的基本一致，证明了本章研究的基于全身运动捕捉数据的 RULA 实时评价方法具有评分可靠性。

6.4 可装配性评价中的人机功效影响因子模型

装配复杂度是可装配性的一种评价指标，考虑了装配中的人机功效、产品几何公差、装配复杂性和装配质量[9]。基本装配复杂度(basic complexity criteria, CXB)评价方法[10]是一种实用的装配复杂度评价标准，可用于人工装配基本复杂性的主动识别和评估，帮助设计师在装配过程中防止代价高的错误，并在新制造概念的早期设计阶段创造良好的基本装配条件，大大提高了产品质量[11]。

CXB 方法包括 16 个高复杂度(high complexity, HC)标准和 16 个低复杂度(low complexity, LC)标准。若某装配操作符合 HC 标准，则该操作为棘手、苛刻型操作；若某装配操作符合 LC 标准，则该操作为简单、快速型操作。因此，以减少符合 HC 标准的数量、增加符合 LC 标准的数量为目标，主动降低装配复杂度，可以大大降低装配错误率、产品报废率，显著提高装配质量，实现降本增效的目的。

在 CXB 方法的 16 条评价标准中，人机功效评价是其中第 7 条评价标准[12]，即 HC 为较差的人机功效(对操作者有有害影响的风险)，LC 为较优的人机功效(对操作者没有有害影响的风险)。

CXB 方法基于标准的人机功效评价方法的评价结果进行评价[10]，如 RULA 快速上肢分析模型，因此本书以 RULA 方法为人机功效评价方法，为可装配性评价提供人机功效影响因子的评价依据。

本书开发的 RULA 实时评价系统可以得到装配仿真过程中的 RULA 分值，形成该装配任务的实时 RULA 分值曲线。根据实时 RULA 分值曲线，可以得到该装配任务的 RULA 最大值(某时刻或时间区间)和 RULA 均值(通过积分得到)。

RULA 人机功效评价方法中根据 RULA 分值的大小将姿势分为四个级别，级别越高表示该姿势越会对操作者产生伤害，需要立刻对当前姿势进行研究以改变姿势。因此，装配任务中最高 RULA 分值对应的姿势对操作者的有害影响的风险最大。

根据实时 RULA 分值曲线，可对装配任务整个过程姿势进行分析，找到 RULA 最大值，以定位装配过程中的最差姿势，在该姿势下操作者有最大的受伤风险。RULA 均值表示某装配任务每帧 RULA 分值相对较多的中心位置，表示该任务 RULA 分值平均水平，可反映操作者对该任务的疲劳程度。因此，将 RULA 最大值和 RULA 均值作为人机功效综合评价的判据，据此辅助可装配性设计。

6.5　虚拟环境中考虑人机功效的可装配性评价实验

6.5.1　某传动装置中前传动实际装配案例分析

高集成度传动装置结构复杂，其中前传动箱的惰轮装配需要操作者将身体探入箱体中进行操作，操作者的头部、颈部、躯干和四肢与前传动箱的箱体均有可能发生碰撞和干涉，这在虚拟环境中属于空间关系复杂的装配仿真任务。因此，本书选取前传动箱惰轮齿轮和惰轮轴的装配任务作为人机功效评价对象。

图6.29是前传动箱的三维模型，在装配前传动惰轮齿轮和惰轮轴时，先将惰轮齿轮从前传动空隙穿过去，完成惰轮齿轮的装配，再进行惰轮轴的装配操作。可见，操作者在执行装配任务时，肢体受到前传动箱紧凑空间的限制，视线会受到前传动箱壁面的遮挡。

在虚拟环境中进行该装配任务，对视角观察有如下要求。

(1) 操作者需清楚感知手臂、手所在的装配区域，以保证交互的准确性和效率。

(2) 操作空间狭窄，碰撞情况复杂，肢体容易与箱体发生干涉，操作者需感知自身与周围环境的空间位置关系、观察到全身装配姿态，以感知肢体在虚拟环境中的位置、保证装配姿态的正确性。

(3) 操作者手部会执行视野被遮挡且空间狭小的装配任务，需要观察到手部的装配操作。

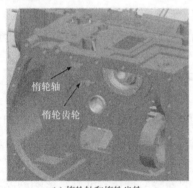
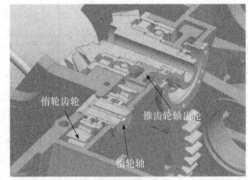

(a) 惰轮轴和惰轮齿轮　　　　　　　　　　　(b) 前传动箱剖面

图6.29　某综合传动装置前传动箱的三维模型

6.5.2　实验场景搭建与实验步骤

首先在JACK软件、原系统(没有多视角融合)、改进系统(有多视角融合)中分别搭建图6.30所示的某传动装置前传动箱装配实验场景。在装配区域的地面摆放前传动箱，在前传动箱右侧放置一个工作台，工作台上摆放着待装配的惰轮齿轮和惰轮轴。当在JACK软件中建立数字人体模型时，使用JACK软件中的中国男性第 50 百分位数身高和体重建立数字人体模型[13]。

(a) JACK软件　　　　　　(b) 原系统　　　　　　(c) 改进系统

图 6.30　前传动箱装配实验场景搭建

在前传动箱装配任务中有四个装配任务，分别是抓取惰轮齿轮、装配惰轮齿轮、抓取惰轮轴和装配惰轮轴。前传动箱装配实验步骤如下。

(1) 虚拟人从初始位置出发走向工作台，从工作台上抓取惰轮齿轮。

(2) 虚拟人拿着惰轮齿轮走向前传动箱，将惰轮齿轮装配至指定位置。

(3) 虚拟人起身走向工作台，从工作台上抓取惰轮轴。

(4) 虚拟人拿着惰轮轴走向前传动箱，将惰轮轴装配至指定位置。

(5) 虚拟人返回初始位置。

在原系统和改进系统进行实验前，用户会观察实验初始场景，了解视角的使用方法。

6.5.3　实验的软硬件设备

1. 图形工作站、其他硬件设备与图形工作站的连接

实验使用图形工作站(Intel Xeon Gold6128, NVIDIA Quadro RTX 6000, 128GB RAM, Microsoft Windows10)驱动 Vive 设备运行实验程序。Oculus Rift S 头显通过图像显示接口(display port，DP)和 USB 3.0 端口与工作站连接，Kinect 和 LeapMotion 手势捕捉装置的跟踪数据通过 USB 3.0 端口传输到工作站。

2. 人体运动捕捉设备

实验者的头部佩戴 Oculus Rift S 头显(单眼分辨率 1440 × 1280dpi，刷新率为 80Hz，视场角为 110°)，以将沉浸式虚拟现实环境呈现给实验者和捕捉实验者的头部运动。Kinect 装配在支架上，摆放在实验者面前，基于 Kinect V2 SDK、LeapMotion SDK 和 SteamVR，开发全身运动捕捉功能，实现虚拟人运动的实时控制。LeapMotion 手势捕捉装置安装在 Oculus Rift S 头显，基于 LeapMotion SDK 获取手部运动数据。图 6.31 是实验者的人体运动捕捉设备。LeapMotion 体感控制器采用立体视觉原理，通过测量光线的往返时间来判定距离，以及定位空间物体的坐标，可对双手姿态和位置进行捕捉，用人手操作取代了传统的手柄操作，在

真正意义上实现了对实际产品装配过程的模拟[13,14]。

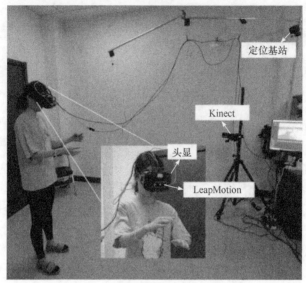

图 6.31　实验者的人体运动捕捉设备

3. 实验的软件开发

软件开发平台为 Unity 2019.4.7f。虚拟人的运动控制是基于 Kinect V2 SDK、LeapMotion SDK 和 SteamVR，利用 Kinect、LeapMotion 和 Oculus Rift S 设备采集的人体运动跟踪数据实现的。实验中的交互功能是在 LeapMotion SDK 和 SteamVR 交互工具集的基础上开发的，如触发实验开始球、抓放奖杯等。在硬件和软件设置下，实验程序的刷新速率在 30Hz 以上。

6.6　可装配性评价实验

6.6.1　前传动箱装配实验过程

图 6.32 是虚拟人在 JACK 软件中的前传动箱装配实验过程的四个任务。在实验过程中，对抓取惰轮齿轮、装配惰轮齿轮、抓取惰轮轴和装配惰轮轴四个任务的关键帧静态姿势进行 RULA 人机功效评价。

(a) 抓取惰轮齿轮　　　(b) 装配惰轮齿轮　　　(c) 抓取惰轮轴　　　(d) 装配惰轮轴

图 6.32　JACK 软件中的前传动箱装配实验任务

图 6.33 是用户在原系统中进行前传动箱装配的实验过程。其中，每个子图中的左图是观察者以全局视角观察到的实验场景，右图是用户在虚拟头显中观察到的实验场景。在实验过程中，系统采集用户的全身运动数据进行 RULA 实时评价。

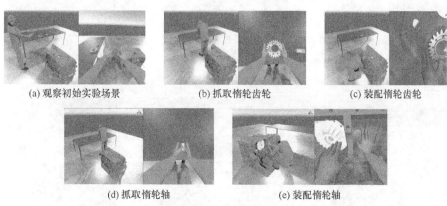

(a) 观察初始实验场景　　　　　(b) 抓取惰轮齿轮　　　　　(c) 装配惰轮齿轮

(d) 抓取惰轮轴　　　　　(e) 装配惰轮轴

图 6.33　用户在原系统中进行前传动箱装配的实验过程

图 6.34 是用户在改进系统中进行前传动箱装配的实验过程。其中，每个子图中的左图是观察者以全局视角观察到的实验场景，中图是用户在虚拟头显中观察到的实验场景，右图是现实世界中的实时情况。在实验过程中，系统采集用户的全身运动数据进行 RULA 实时评价。

(a) 观察初始实验场景

(b) 抓取惰轮齿轮

(c) 装配惰轮齿轮

(d) 抓取惰轮轴

(e) 装配惰轮轴

图 6.34　用户在改进系统中进行前传动箱装配的实验过程

6.6.2　前传动箱装配 RULA 评价结果

图 6.35 是 JACK 软件评价各装配任务静态姿势的 RULA 分值。其中，抓取惰轮齿轮时的 RULA 分值为 4 分，装配惰轮齿轮时的 RULA 分值为 7 分，抓取惰轮轴时的 RULA 分值为 4 分，装配惰轮轴时的 RULA 分值为 5 分。

图 6.36 是原系统与改进系统对抓取惰轮齿轮、抓取惰轮轴任务的 RULA 分值曲线，对于两个抓取任务，原系统与改进系统的 RULA 分值趋势均基本相同。

由图 6.36(a)可见，原系统和改进系统对抓取惰轮齿轮任务的 RULA 最大值均为 5 分。对图 6.36(a)中所示的抓取惰轮齿轮的 RULA 实时分值进行积分，得到原系统的 RULA 均值为 3.93 分，改进系统的 RULA 均值为 4.04 分。对实验者稳定保持 JACK 软件中任务姿势时的数据帧取平均值(简称为区间均值)，原系统的区间均值为 3.98 分，改进系统的区间均值为 4.09 分。两个系统的 RULA 区间均值均与 JACK 评价的 4 分 RULA 分值相近。表 6.5 是原系统与改进系统抓取惰轮齿轮任务的 RULA 结果。

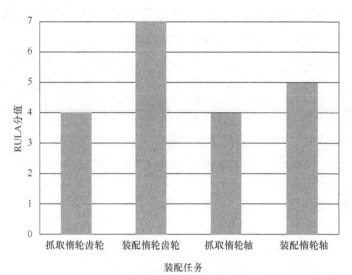

图 6.35　JACK 软件中前传动箱各装配任务的 RULA 分值

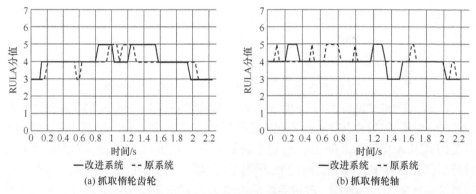

(a) 抓取惰轮齿轮　　　　　　　　　　(b) 抓取惰轮轴

图 6.36　原系统与改进系统抓取任务 RULA 分值曲线

表 6.5　原系统与改进系统抓取惰轮齿轮任务的 RULA 结果

系统	最大值/分	均值/分	区间均值/分	JACK 软件分值	两系统 RULA 曲线趋势比较
原系统	5	3.93	3.98	4	趋势基本相同
改进系统	5	4.04	4.09	4	

　　由图 6.36(b)可见，原系统和改进系统对抓取惰轮轴任务的 RULA 最大值均为 5 分。对图 6.36(b)中所示的抓取惰轮轴的 RULA 实时分值进行积分，得到原系统

的 RULA 均值为 4.15 分，改进系统的 RULA 均值为 3.96 分。对实验者稳定保持 JACK 软件中任务姿势时的数据帧取平均值，原系统的区间均值为 4.21 分，改进系统的区间均值为 4.12 分。两个系统的 RULA 区间均值也与 JACK 软件评价的 4 分 RULA 分值相近。表 6.6 是原系统与改进系统抓取惰轮轴任务的 RULA 结果。

表 6.6　原系统与改进系统抓取惰轮轴任务的 RULA 结果

系统	最大值/分	均值/分	区间均值/分	JACK 软件分值	两系统 RULA 曲线趋势比较
原系统	5	4.15	4.21	4	趋势基本相同
改进系统	5	3.96	4.12	4	

图 6.37 是原系统与改进系统对装配惰轮齿轮、装配惰轮轴任务的 RULA 分值曲线，对于两个装配任务，改进系统的 RULA 分值曲线均高于原系统。

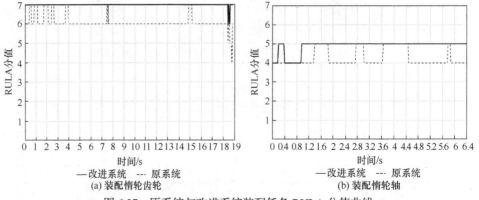

(a) 装配惰轮齿轮　　　　　　　　　　　(b) 装配惰轮轴

图 6.37　原系统与改进系统装配任务 RULA 分值曲线

由图 6.37(a)可见，原系统和改进系统对装配惰轮齿轮任务的 RULA 最大值均为 7 分。对图 6.37(a)中所示的装配惰轮齿轮的 RULA 实时分值进行积分，得到原系统的 RULA 均值为 6.08 分，改进系统的 RULA 均值为 6.99 分。对实验者稳定保持 JACK 软件中任务姿势时的数据帧取平均值，原系统的区间均值为 6 分，改进系统的区间均值为 7 分。改进系统的 RULA 区间均值与 JACK 软件评价的 7 分 RULA 分值相同，原系统的 RULA 区间均值比 JACK 软件评价的 RULA 分值低 1 分。表 6.7 是原系统与改进系统装配惰轮齿轮任务的 RULA 结果。

表 6.7　原系统与改进系统装配惰轮齿轮任务的 RULA 结果

系统	最大值/分	均值/分	区间均值/分	JACK 软件分值	两系统 RULA 曲线趋势比较
原系统	7	6.08	6	7	改进系统高于原系统近 1 分
改进系统	7	6.99	7	7	

由图 6.37(b)可见，原系统和改进系统对装配惰轮轴任务的 RULA 最大值均为 5 分。对图 6.37(b)中所示的装配惰轮轴的 RULA 实时分值取平均值，得到原系统的 RULA 均值为 4.25 分，改进系统的 RULA 均值为 4.88 分。对实验者稳定保持 JACK 软件中任务姿势时的数据帧取平均值，原系统的区间均值为 4.13 分，改进系统的区间均值为 5 分。改进系统的 RULA 区间均值与 JACK 软件评价的 5 分 RULA 分值相同，原系统的 RULA 区间均值比 JACK 软件评价的 RULA 分值低 0.87 分。表 6.8 是原系统与改进系统装配惰轮轴任务的 RULA 结果。

表 6.8　原系统与改进系统装配惰轮轴任务的 RULA 结果

系统	最大值/分	均值/分	区间均值/分	JACK 软件分值	两系统 RULA 曲线趋势比较
原系统	5	4.25	4.13	5	改进系统高于原系统近 1 分
改进系统	5	4.88	5	5	

可见对于装配任务，改进系统的 RULA 区间均值与 JACK 软件评价的 RULA 分值相近，而原系统的 RULA 区间均值比 JACK 软件评价的 RULA 分值低近 1 分。

出现上述情况的原因是，在原系统进行惰轮齿轮、惰轮轴装配任务时，用户仅能以第一人称视角进行观察，并不能观察到自己的头顶与箱体的空间位置关系。因此，在原系统中，用户会倾向于以更舒适但可能不正确的姿势进行装配。

图 6.38 是用户分别在原系统与改进系统中装配惰轮齿轮，其中，每个子图中的左图是观察者以全局视角观察到的实验场景，右图是用户在 HMD 中观察到的实验场景。可见，图 6.38(a)中由于躯干弯曲程度不足，用户头部与前传动箱发生穿透。而用户在如图 6.38(b)所示的改进系统中可以通过 WIM 观察到全身装配姿态，感知到自己的肢体与前传动箱的相对位置关系。因此，用户躯干的弯曲程度比图 6.38(a)中的弯曲程度大，其头部并未与箱体发生穿透。

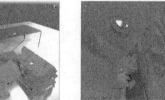

(a) 在原系统中装配惰轮齿轮　　　　　　　　(b) 在改进系统中装配惰轮齿轮

图 6.38　惰轮齿轮装配任务

对原系统和改进系统的惰轮齿轮、惰轮轴装配任务中的躯干 RULA 实时分值进行分析，得到如图 6.39 所示趋势图。

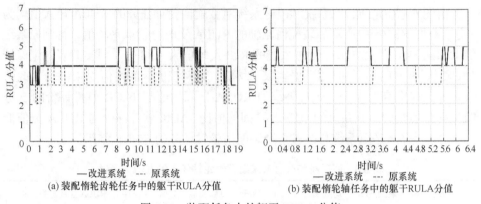

图 6.39 装配任务中的躯干 RULA 分值

由图 6.39 可见，对于惰轮齿轮、惰轮轴装配任务，改进系统的躯干 RULA 分值基本高于原系统。对图 6.39(a)中实验者稳定保持 JACK 软件中任务姿势时的数据帧取平均值，得到原系统的躯干 RULA 区间均值为 3.23 分，改进系统的躯干 RULA 区间均值为 4.25 分，而 JACK 软件对装配惰轮齿轮任务的躯干评价分值为 4 分。对图 6.39(b)中实验者稳定保持 JACK 软件中任务姿势时的数据帧取平均值，得到原系统的躯干 RULA 区间均值为 3.37 分，改进系统的躯干 RULA 区间均值为 4.22 分，而 JACK 软件对装配惰轮轴任务的躯干评价分值为 4 分。由此可见，改进系统的躯干 RULA 区间均值和 JACK 软件评价的躯干评价分值更加接近，原系统的躯干 RULA 区间均值低于 JACK 软件评价的躯干评价分值。

6.7　考虑人机功效评价的可装配性评价结果分析

6.6 节对比了 JACK 软件、原系统、改进系统对抓取惰轮齿轮任务、装配惰轮齿轮任务、抓取惰轮轴任务、装配惰轮轴任务的 RULA 分值，可以得到以下结果：

(1) 改进系统的 RULA 区间均值与 JACK 软件基本一致，因此本书开发的改进系统可用于虚拟现实中 RULA 人机功效实时评价。

(2) 本书开发系统可以得到实验者完成任务整个过程的实时 RULA 分值曲线，实验者在装配仿真过程中可以实时观察到当前身体姿态的 RULA 评价结果，并适当调整自己的姿态以判断不同姿势下的 RULA 分值变化情况。因此，利用本书开发系统，设计人员可以得到装配设计人机功效的实时反馈，判断操作者在装配过程中的受伤风险，并根据实时反馈进行设计优化。而 JACK 软件只能得到如图 6.35 所示静态姿势的 RULA 分值，而且 JACK 软件中评价的静态姿势是操作者手动调节关键帧得到的，具有一定的主观性，反映的不一定是整个任务过程中的最差姿势。例如，图 6.36(a)所示的抓取惰轮齿轮任务，虽然改进系统的 RULA

区间均值为 4.09 分，与 JACK 软件中的 RULA 分值基本一致，但从 RULA 实时曲线图中可以看出，在 0.82～1s 和 1.22～1.58s 过程中，改进系统的 RULA 分值保持在 5 分，说明在该时间段内用户的姿势最差，在该姿势下操作者有最大的受伤风险。

(3) 对于抓取任务，原系统与改进系统的 RULA 分值基本相同，但对于装配任务，原系统分值基本比改进系统低 1 分，说明在紧凑空间下，本书开发系统相比于原系统，为用户提供了更充分的周围环境空间信息，提高用户在紧凑空间下的碰撞感知与姿态控制能力。因为本书的抓取任务是在开放空间下进行的，用户仅需以第一人称视角观察手部区域，而装配任务是在紧凑空间下进行的，用户仅在第一人称视角下无法观察到自己的头顶、四肢等是否与前传动箱体发生穿透，无法观察到装配姿势是否正确，而通过本书开发的多视角融合最优模型，用户可观察到自己的全身运动姿态，保证以正确的姿势完成任务。改进系统可以保证用户在整个任务过程中的姿态正确性。以图 6.40 所示的用户在完成惰轮齿轮装配后，起身前往工作台去抓取惰轮轴为例进行说明。其中，每个子图中的左图是观察者以全局视角观察到的实验场景，右图是用户在 HMD 中观察到的实验场景。

(a) 原系统　　　　　　　　　　　　　　　(b) 改进系统

图 6.40　用户起身准备去抓取惰轮轴

在图 6.40(a)所示的原系统中，用户起身后，其视角朝向工作台，前传动箱不在视野范围内，用户的腿部与前传动箱明显发生穿透，该姿势明显不合理。而在图 6.40(b)所示的改进系统中，用户可以从 WIM 中观察到自己的全身运动姿态，避免了当前传动箱不在其视野范围内时，用户肢体与前传动箱体穿透情况的发生。

6.8　本　章　小　结

本章以 Oculus Rift S、Kinect 和 LeapMotion 捕捉的全身运动数据为基础，以 RULA 方法为依据，研究了用于计算人体各部分姿势角度的四个向量投影矢状面，以及人体各部位姿势的 RULA 主分值和修正分值判据计算公式，建立了基于全身运动捕捉数据的 RULA 实时评价方法，对比了实现该方法的系统与 JACK 软件对九个静态姿势评价的 RULA 分值，证明了 RULA 实时评价方法的评分可靠性。

本章介绍了可用于评价可装配性的基本装配复杂度评价标准，人机功效评价是装配复杂度评估中的一条重要标准，分析了某传动装置前传动箱装配案例，在 JACK 软件、原系统、改进系统中搭建了前传动箱装配实验场景，对比了 JACK 软件中各任务静态姿势的 RULA 分值，以及原系统、改进系统各任务的 RULA 实时分值，证明了本书开发的改进系统可有效提高用户在紧凑空间下的碰撞感知与姿态控制能力，具有为虚拟现实辅助可装配性评价提供人机功效影响因子的评价依据的工程应用价值。

(1) 建立了 S、S_{xoz}、$S_{h\text{-}y}$ 和 $S_{\text{tr-bd}}$ 四个投影矢状面，作为虚拟现实中每一帧 RULA 分值的计算基础，分别用于计算躯干、上臂、前臂、颈部主分值，躯干扭转、颈部扭转修正分值，躯干侧弯修正分值和颈部侧弯、上臂修正分值。

(2) 计算了各关节向量在各矢状面投影后的角度，以此为判断依据，推导了人体各部位姿势的主分值和修正分值判据计算公式，再根据 RULA 量表的评分规则，得到基于全身运动数据的 RULA 分值，最后，在 JACK 软件和 RULA 实时评价系统中对九个静态姿势进行 RULA 评价，对比了两者的 RULA 总分值，以及躯干、颈部、上臂、前臂和手腕分值，RULA 实时评价系统的上述分值均与 JACK 软件中的基本一致，且 RULA 实时评价界面可实时显示实验者当前姿势的 RULA 评价分值，证明了本章研究的基于全身运动捕捉数据的 RULA 实时评价方法的评分可靠性。

(3) 介绍了一种实用的装配复杂度评价标准(CXB 方法)，人机功效评价是 CXB 方法的 16 条评价标准中的第 7 条评价标准，说明了人机功效因素与产品可装配性之间的关系。分析了实时 RULA 分值曲线，提出了 RULA 最大值和 RULA 均值作为人机功效综合评价的判据。其中，RULA 最大值可定位装配过程中的最差姿势，在该姿势下操作者有最大的受伤风险；RULA 均值表示该任务 RULA 分值的平均水平，可反映该任务下操作者的疲劳程度。

(4) 设计了虚拟现实环境中前传动箱惰轮齿轮和惰轮轴的装配任务，在 JACK 软件、原系统、改进系统搭建的实验场景中分别进行了装配人机功效仿真，对比了虚拟现实系统中每个任务的实时 RULA 分值曲线、RULA 最高值、RULA 均值、RULA 区间均值以及 JACK 软件对两个抓取任务和两个装配任务静态姿势的 RULA 分值，证明了改进系统可在虚拟环境中对产品装配的人机功效进行高精度虚拟仿真，以在设计阶段创造良好的装配人机功效条件，降低对操作者产生有害影响的风险，提高产品质量。

参 考 文 献

[1] Hoffmeister K, Gibbons A, Schwatka N, et al. Ergonomics climate assessment: A measure of operational performance and employee well-being[J]. Applied Ergonomics, 2015, 50: 160-169.

[2] McAtamney L, Nigel Corlett E. RULA: A survey method for the investigation of work-related upper limb disorders[J]. Applied Ergonomics, 1993, 24(2): 91-99.

[3] Smith M J, Bayeh A D. Do ergonomics improvements increase computer workers' productivity: An intervention study in a call centre[J]. Ergonomics, 2003, 46(1/2/3): 3-18.

[4] Konz S. NIOSH lifting guidelines[J]. American Industrial Hygiene Association Journal, 1982, 43(12): 931-933.

[5] 谢凯. 高速列车司机室设备可维修性评估方法研究[D]. 北京: 北京交通大学, 2011.

[6] Manghisi V M, Uva A E, Fiorentino M, et al. Real time RULA assessment using Kinect V2 sensor[J]. Applied Ergonomics, 2017, 65: 481-491.

[7] Schaub K G, Mühlstedt J, Illmann B, et al. Ergonomic assessment of automotive assembly tasks with digital human modelling and the ergonomics assessment worksheet[J]. International Journal of Human Factors Modelling and Simulation, 2012, 3(3-4): 398-426.

[8] 罗晓利, 李海龙, 秦凤姣, 等. 基于 JACK 的机务人员工作负荷评估[J]. 中国安全生产科学技术, 2015, 11(4): 192-196.

[9] Falck A C, Ortengren R, Rosenqvist M, et al. Basic complexity criteria and their impact on manual assembly quality in actual production[J]. International Journal of Industrial Ergonomics, 2017, 58: 117-128.

[10] Falck A C, Ortengren R, Rosenqvist M, et al. Criteria for assessment of basic manual assembly complexity[J]. Procedia CIRP, 2016, (44): 424-428.

[11] Falck A C, Ortengren R, Rosenqvist M, et al. Proactive assessment of basic complexity in manual assembly: Development of a tool to predict and control operator-induced quality errors[J]. International Journal of Production Research, 2017, 55(15): 4248-4260.

[12] Falck A C, Ortengren R, Rosenqvist M. Assembly failures and action cost in relation to complexity level and assembly ergonomics in manual assembly (part 2)[J]. International Journal of Industrial Ergonomics, 2014, 44(3): 455-459.

[13] 姚寿文, 林博, 王瑀, 等. 传动装置高沉浸虚拟实时交互装配技术研究[J]. 兵器装备工程学报, 2018, 39(4): 118-125.

[14] Wang Y, Wu Y J, Jung S, et al. Enlarging the usable hand tracking area by using multiple leap motion controllers in VR[J]. IEEE Sensors Journal, 2021, 21(16): 17947-17961.

附　　录

附录 1　基本信息统计问卷

Q1. 年龄 _____

Q2. 性别 _____

Q3. 您是否佩戴镜片眼镜或者隐形眼镜？　是　/　否

Q4. 您的视力是否正常或经过矫正后达到正常水平？　是　/　否

Q5. 请评价您对 VR 设备(如 Oculus Rift S、HTC Vive 等)的熟悉程度。

非常不熟悉	不熟悉	了解	熟悉	非常熟悉
1	2	3	4	5

说明：1 级为非常不熟悉，即从未使用过 VR；2 级为不熟悉，即使用过 VR 一次或两次；3 级为了解，即多次使用 VR；4 级为熟悉，即经常使用 VR；5 级为非常熟悉，即是 VR 的资深玩家。

附录 2　实验参数调查问卷

请根据你在刚进行完的实验中的感受，回答下列问题，用√选出你的答案。Q1~Q7 问题中，数字 1~7 代表你对问题中描述情况的认可程度。1 代表非常不同意，2 代表不同意，3 代表比较不同意，4 代表中立(一般)，5 代表比较同意，6 代表同意，7 代表非常同意。

Q1. 在本组实验中，我可以直观地感知到自己的肢体与环境中物体的距离。

非常不同意	不同意	比较不同意	中立(一般)	比较同意	同意	非常同意
1	2	3	4	5	6	7

Q2. 在本组实验中，我可以十分轻松地避免自己的肢体与墙体碰撞。

非常不同意	不同意	比较不同意	中立(一般)	比较同意	同意	非常同意
1	2	3	4	5	6	7

Q3. 在本组实验中，我可以十分轻松地抓取奖杯和放置奖杯。

非常不同意	不同意	比较不同意	中立(一般)	比较同意	同意	非常同意
1	2	3	4	5	6	7

Q4. 在本组实验中，我可以准确地抓取奖杯和放置奖杯。

非常不同意	不同意	比较不同意	中立(一般)	比较同意	同意	非常同意
1	2	3	4	5	6	7

Q5. 在本组实验中，我可以准确地感知自己的肢体与环境中物体的距离。

非常不同意	不同意	比较不同意	中立(一般)	比较同意	同意	非常同意
1	2	3	4	5	6	7

Q6. 在完成当前任务的过程中，我投入了十分多的脑力和注意力(如思考、决策、计算、记忆、观察、搜寻等)。

非常不同意	不同意	比较不同意	中立(一般)	比较同意	同意	非常同意
1	2	3	4	5	6	7

Q7. 在本组实验中，我认为完成这个任务十分简单。

非常不同意	不同意	比较不同意	中立(一般)	比较同意	同意	非常同意
1	2	3	4	5	6	7

附录 3　系统可用性量表调查问卷

请根据你在刚进行完的实验中的感受，回答下列问题，用√选出你的答案。勾选时请不要过多思考，尽量快速地完成各个问题。

Q1～Q10 问题中，数字 1～5 代表你对问题中描述情况的认可程度。1 代表非常不同意，2 代表不同意，3 代表中立(一般)，4 代表同意，5 代表非常同意。

Q1. 我愿意使用本组实验的观察方式。

非常不同意	不同意	中立(一般)	同意	非常同意
1	2	3	4	5

Q2. 我发现本组实验的观察方式过于复杂。

非常不同意	不同意	中立(一般)	同意	非常同意
1	2	3	4	5

Q3. 我认为本组实验的观察方式用起来很容易。

非常不同意	不同意	中立(一般)	同意	非常同意
1	2	3	4	5

Q4. 我认为我需要专业人士的帮助才能使用本组实验的观察方式。

非常不同意	不同意	中立(一般)	同意	非常同意
1	2	3	4	5

Q5. 我发现系统里的各项功能很好地整合在一起了。

非常不同意	不同意	中立(一般)	同意	非常同意
1	2	3	4	5

Q6. 我认为系统中存在大量的不一致。

非常不同意	不同意	中立(一般)	同意	非常同意
1	2	3	4	5

Q7. 我能想象大部分人都能快速学会使用本组实验的观察方式。

非常不同意	不同意	中立(一般)	同意	非常同意
1	2	3	4	5

Q8. 我认为本组实验的观察方式使用起来非常麻烦。

非常不同意	不同意	中立(一般)	同意	非常同意
1	2	3	4	5

Q9. 使用本组实验的观察方式时我觉得非常有信心。

非常不同意	不同意	中立(一般)	同意	非常同意
1	2	3	4	5

Q10. 在使用本组实验的观察方式之前我需要大量的学习。

非常不同意	不同意	中立(一般)	同意	非常同意
1	2	3	4	5

附录4 实验后调查问卷

Q1. 请根据总体使用体验，对下列实验组进行排序，将最喜欢的方式排在第一位，最不喜欢的方式排在最后一位(在排序栏中填入观察方式对应的实验组编号)。

实验组 1(　　　　)　　　　排序：　　　第一名：＿＿＿＿＿＿＿＿＿

实验组 2(　　　　)　　　　　　　　　　第二名：＿＿＿＿＿＿＿＿＿

实验组 3(　　　　)　　　　　　　　　　第三名：＿＿＿＿＿＿＿＿＿

实验组 4(　　　　)　　　　　　　　　　第四名：＿＿＿＿＿＿＿＿＿

实验组 5(　　　　)　　　　　　　　　　第五名：＿＿＿＿＿＿＿＿＿

实验组 6(　　　　)　　　　　　　　　　第六名：＿＿＿＿＿＿＿＿＿

实验组 7(　　　　)　　　　　　　　　　第七名：＿＿＿＿＿＿＿＿＿

Q2. 在整个实验中，对于第一、第三人称视角的主辅组合方式，我更喜欢的是(　　　)

A. 第一人称视角为主视角，第三人称视角为辅助视角

B. 第三人称视角为主视角，第一人称视角为辅助视角

Q3. 对于以下三种辅助视角的呈现方式，你最喜欢的是(　　　)，最不喜欢的是(　　　)

A. HH PIP

B. HUD PIP

C. WIM

Q4. 实验过程中对各种观察方式的使用体验，是否有任何感想或者评价？

附录5　问卷星中一三视角融合实验调查问卷示例

实验组1-实验参数调查问卷

本问卷共有9个问题，请根据你在刚进行完的实验中的感受，回答下列问题，请选出你的答案。

对于每一个问题，数字1~7代表你对问题中描述情况的认可程度。1代表非常不同意，2代表不同意，3代表比较不同意，4代表中立(一般)，5代表比较同意，6代表同意，7代表非常同意。

*1. 在本组实验中，我可以直观地感知到自己的肢体与环境中物体的距离。
　　　○1 ○2 ○3 ○4 ○5 ○6 ○7

*2. 在本组实验中，我可以十分轻松地避免自己的肢体与墙体碰撞。
　　　○1 ○2 ○3 ○4 ○5 ○6 ○7

*3. 在本组实验中，我可以十分轻松地抓取奖杯和放置奖杯。
　　　○1 ○2 ○3 ○4 ○5 ○6 ○7

*4. 当前的辅助视角展示界面会妨碍我顺利完成任务。
　　　○1 ○2 ○3 ○4 ○5 ○6 ○7

*5. 在本组实验中，我可以准确地抓取奖杯和放置奖杯。
　　　○1 ○2 ○3 ○4 ○5 ○6 ○7

*6. 在本组实验中，我可以准确地感知自己的肢体与环境中物体的距离。
　　　○1 ○2 ○3 ○4 ○5 ○6 ○7

*7. 在本组实验中，我有十分强烈的恶心感和呕吐感。
　　　○1 ○2 ○3 ○4 ○5 ○6 ○7

*8. 在完成当前任务的过程中，我投入了十分多的脑力和注意力(如思考、决策、计算、记忆、观察、搜寻等)
　　　○1 ○2 ○3 ○4 ○5 ○6 ○7

*9. 在本组实验中，我认为完成这个任务十分简单。
　　　○1 ○2 ○3 ○4 ○5 ○6 ○7

附录6　RULA 评分标准

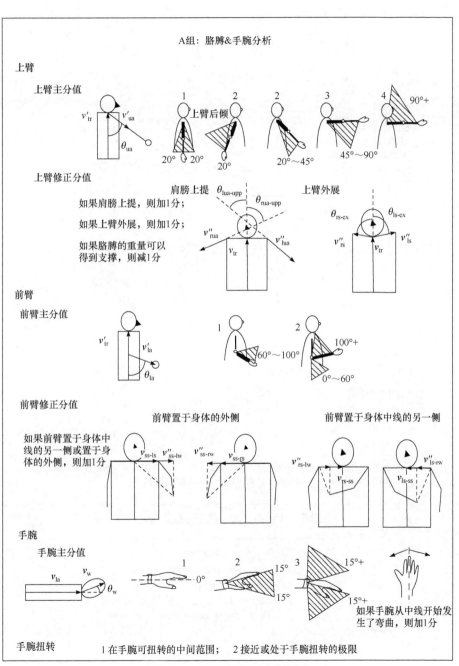

图 I　A组中胳膊和手腕分析

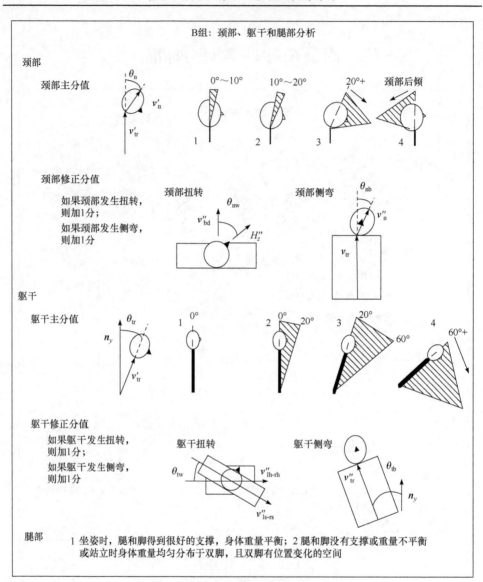

图Ⅱ　B组中颈部、躯干和腿部分析

如果装配姿势属于以下情况，则加1分：
(1) 长时间(长于1min)保持静止状态；
(2) 1min内重复该姿势超过四次。

图Ⅲ　肌肉评估

0	1	2	3
没有阻力或者是小于 2kg 的间歇性负荷或阻力	2~10kg的间歇性负荷或阻力	2~10kg的静态负荷或者周期性负荷	大于10kg的静态负荷、重复性负荷冲击、瞬态负荷

图Ⅳ　力和载荷评优

表Ⅰ　A组评分表

A组评分表

上臂分值	前臂分值	手腕分值 1		2		3		4	
		手腕扭转分值 1	2	1	2	1	2	1	2
1	1	1	2	2	2	2	3	3	3
	2	2	2	3	3	3	3	3	4
	3	2	3	3	3	3	3	4	4
2	1	2	3	3	3	3	4	4	4
	2	3	3	3	4	4	4	4	5
	3	3	4	4	4	4	4	5	5
3	1	3	3	4	4	4	4	5	5
	2	3	4	4	4	4	5	5	5
	3	4	4	4	4	4	5	5	5
4	1	4	4	4	4	4	5	5	5
	2	4	4	4	4	5	5	5	6
	3	4	4	4	5	5	5	6	6
5	1	5	5	5	5	5	6	6	7
	2	5	6	6	6	6	7	7	7
	3	6	6	6	7	7	7	7	8
6	1	7	7	7	7	7	8	8	9
	2	8	8	8	8	8	9	9	9
	3	9	9	9	9	9	9	9	9

表Ⅱ　RULA分值评分表

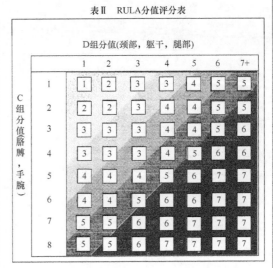

C组分值（臂膊，手腕）

表Ⅲ　B组评分表

B组评分表

颈部分值	躯干分值 1		2		3		4		5		6	
	腿部分值 1	2	1	2	1	2	1	2	1	2	1	2
1	1	3	2	3	3	4	5	5	6	6	7	7
2	2	3	2	3	4	5	5	5	6	7	7	7
3	3	3	3	4	4	5	5	6	6	7	7	7
4	5	5	5	6	6	7	7	7	7	7	8	8
5	7	7	7	7	7	8	8	8	8	8	8	8
6	8	8	8	8	8	8	8	9	9	9	9	9

图Ⅴ　RULA评价分值计算